化学工业出版社“十五五”普通高等教育规划教材

大学物理实验

第2版

彭玉平 主 编
余 冬 副主编
朱小飞 金芳洲 李庆容 刘卫平 刘向绯 参 编

College Physics Experiments

化学工业出版社
·北京·

内容简介

《大学物理实验》（第2版）共分为四个部分，主要内容包括实验基础理论和33个实验。

实验基础理论中介绍了关于有效数字处理的基本方法、不确定度的评估与表达、计算机辅助数据处理的基本方法。33个实验分为三个层次，方便学生循序渐进的学习，逐步提高动手能力。教材在编写中对传统的做法稍作变化，注重加强理论和相关知识的介绍，使得学生能够在没有接受理论学习的情况下也能顺利阅读教材，从而顺利完成实验操作。

本书符合教育部高等学校大学物理课程教学指导委员会制定的《理工科类大学物理课程教学基本要求》。可作为普通高等院校非物理类专业学生的学习教材，也可作为教师和相关人员的参考用书。

图书在版编目（CIP）数据

大学物理实验 / 彭玉平主编. — 2版. — 北京 ：化学工业出版社，2026. 3. —（化学工业出版社“十五五”普通高等教育规划教材）. — ISBN 978-7-122-50038-0

Ⅰ. O4-33

中国国家版本馆CIP数据核字第2026VS7396号

责任编辑：陶艳玲　晏鸿珏　甘九林　　装帧设计：史利平

责任校对：刘　一

出版发行：化学工业出版社

（北京市东城区青年湖南街13号　邮政编码100011）

印　　装：三河市双峰印刷装订有限公司

787mm×1092mm　1/16　印张13　字数321千字

2026年3月北京第2版第1次印刷

购书咨询：010-64518888　　售后服务：010-64518899

网　　址：http：//www. cip. com. cn

凡购买本书，如有缺损质量问题，本社销售中心负责调换。

定　　价：39.00元

前　言

本教材依据教育部高等学校大学物理课程教学指导委员会制定的《理工科类大学物理教学基本要求》，结合物理实验作为高校第一门独立开设的实践课程特点，以及大学一年级学生的物理概念与实验基础水平编写而成。编写内容以编者所在学校实际开设的物理实验项目为基础，在贯彻教学基本要求的同时，注重突出实验技能与方法的训练，并适当拓展知识体系。教材中补充了部分大学物理理论课程未涵盖的知识点，并增加了各实验相关知识的概述，以帮助学生更好地理解实验原理，从而顺利完成各项操作训练。

教材共收录 33 个实验项目，在结构上延续通行的"三层次"编排方式，分为基本技能训练实验、综合技能训练实验，以及提高、近代与设计性实验三部分。各部分的实验内容尽可能与物理理论教学体系相呼应，以利于学生系统掌握知识。在第一层次中，优先选择那些与高中物理知识衔接紧密的实验项目，降低学生理解门槛，使其能将主要精力集中于基本实验技能的训练、关键实验方法的学习以及对实验基础理论的掌握与运用。第二层次的实验内容在知识深度上有所加强，训练目标向综合性过渡。第三层次则进一步提升技能训练要求，注重培养学生初步的实验设计能力，从而全面提高其实践与综合应用能力。

在编写方式上，本教材与传统教材有所不同，更加注重对理论知识的阐释与理解。为帮助尚未系统学习相关物理理论的学生顺利阅读并掌握教材内容，我们在每个实验开头增设了"实验原理与概念"部分，简要介绍实验涉及的主要理论和基本概念，以辅助学生理解实验内容并完成实际操作。

本教材的编写工作具体分工如下：

彭玉平（绪论、实验基础理论、实验 10、实验 12、实验 17、实验 24、实验 25、实验 26、实验 27）；

金芳洲（实验 4）；

朱小飞（实验 6、实验 7、实验 8、实验 9、实验 11）；

李庆容（实验 13、实验 14、实验 15、实验 16、实验 18、实验 20、实验 22、实验 23）；

余冬（附录、实验 1、实验 2、实验 3、实验 5、实验 19、实验 21、实验 28、实验 31、实验 32、实验 33）；

刘向绯（实验 29）；

刘卫平（实验 30）。

姜大华教授参与了本教材的前期筹划工作，审阅了绪论、误差理论及部分实验内容，并提出了许多宝贵建议，谨此致以诚挚谢意。

编者

2026 年 1 月

目　　录

绪　论

大学物理实验是高等学校一门独立开设的必修课程，旨在对学生进行系统、严格的科学实验基本训练。作为学生进入大学后首个系统接触实验方法与技能的环节，本课程不仅为后续专业学习与科学研究奠定坚实的实践基础，更是培养学生综合能力、科学素养与创新精神的重要途径，是造就高素质科技人才不可或缺的关键一环。

一、物理实验课的目的

本课程致力于实现以下核心目标。

1. 掌握基本测量方法与仪器使用

学习常用物理量的基本测量方法，如比较法、放大法、转换法、模拟法、补偿法、干涉法等，并理解其原理与应用场景。掌握常见实验仪器的构造原理、规范操作方法及维护要点，涵盖测长仪、计时仪、测温仪、变阻器、电表、直流电桥、通用示波器、信号发生器、分光计、基础光源与电源等。

2. 培养误差分析与数据处理能力

学习实验误差的基本理论，掌握分析误差来源、评估测量不确定度及合理处理实验数据的科学方法。训练在实际实验中判断主要误差、优化测量方案、在保证精度的前提下寻求简便与经济途径的能力。

3. 提升理论联系实际与综合应用能力

通过实验操作，深化对物理理论的理解，促进理论知识向实践能力的转化。在解决具体测量问题的过程中，培养观察现象、分析问题、设计与实施实验方案的综合能力，并了解相关现代技术应用，拓展科学视野。

4. 养成严谨求实的科学态度与工作作风

实验过程注重培育实事求是的科学精神、严肃认真的操作习惯、主动探索的钻研态度以及遵守规范的安全意识。这些素养是未来从事任何科学或技术工作的基石。

二、如何上好物理实验课

为达成上述目标，需遵循科学的学习流程，认真完成以下三个环节。

1. 课前预习——撰写预习报告

预习是保障实验顺利、高效进行的前提。应仔细研读教材，明确实验目的，理解基本原理与方法，熟悉主要操作步骤、仪器关键调整要点及安全注意事项。在此基础上，整理并撰写预习报告，内容应包括：实验名称、目的、原理简述、仪器清单、拟进行的实验内容与步骤设计。

2. 课堂实验——规范操作与数据记录

进入实验室，须携带预习报告及专用数据记录页。操作时应集中精神，观察细致，思维活跃，做到手眼脑协调。数据记录须规范、真实、完整，注意有效数字的规则，原始数据不得抄袭或随意涂改。实验结束后，须将数据交指导教师审阅签字，并按规程整理仪器、关闭电源，经许可后方可离开。

3. 课后完成——数据处理与实验报告

实验报告是实验工作的全面总结与成果表达，应视为一份严谨的科学文档。报告要求书写工整、逻辑清晰、论述有据。完整报告通常包含以下部分：

实验名称；

实验目的；

实验原理：简要阐述所依据的物理定律、计算公式、电路图、光路图等核心原理；

实验仪器：列出所用主要设备及其型号或规格；

实验步骤：简述实际采用的方法、操作流程及关键调整过程；

数据处理与图表：包括计算过程、绘制图表、误差估算与分析等；

实验结果：规范表述最终测量结果，如包含不确定度；

讨论与总结：对实验现象、结果可靠性、误差来源进行深入分析，可总结心得体会，并提出改进设想或拓展问题。

通过认真完成上述全过程，学生方能切实提升实验技能，深入理解科学研究的完整范式，实现本课程所期望的全面培养目标。

第一篇　实验基础理论

一、有效数字及其基本知识

1. 有效数字的概念

物理实验中取得的结果中能够正确、有效地反映被测量物理量大小的所有数字称为有效数字，它由若干位准确数字和最后一位可疑数字组成。即有效数字从性质上分为准确数字和可疑数字：前者从仪器上准确读取，是确定的；后者则是估读的，是不确定的、有疑问的，它只保留一位。

构成测量结果的所有有效数字的个数称为有效数位。有效数位取决于两个方面，即被测量物理量的大小和测量工具的精度。用同样的测量工具测量不同的物理量，其有效数字个数不同，例如，用同一米尺测量书本的长度为22.50cm，测量银行卡的长度为8.56cm，前者结果比后者多一个有效数字，这反映了被测量值大小的不同。而用不同的测量工具测量同一物理量，其有效数字个数也不同，例如，用米尺和游标卡尺测量同一长度，米尺测量结果为25.5mm，而游标卡尺测量结果为25.52mm，游标卡尺测量结果的有效数字个数要多一个，这反映了测量仪器的精度。有效数字要反映被测量值的大小和测量工具的精度，是不能随意取舍的。

注意：实验中我们记录和运算得到的结果必须满足有效数字的要求，不能随意取舍，需根据仪器精度或相应的规则得到。

2. 有效数字的运算法则

在进行数据运算时，可能涉及多个分量，涉及的运算也多种多样，加减法、乘除法、乘方、开方等，计算中会导致出现很多位数，甚至出现无限多的情况。我们不可能全部记下来，这样的工作既烦琐也无实际意义，因此我们必须掌握恰当的数字保留方法。我们保留得到的结果应满足有效数字构成的规则，即只有一位可疑数字，而无需保留太多。

有效数字运算的基本原则是：准确数字与可疑数字运算得可疑数字。显然两可疑数字相互运算仍是可疑数字，两准确数字运算仍为准确数字。

（1）加减运算

要求运算结果的可疑数字的位置与参加运算的数中可疑数字位置最靠前的位置保持一致。例如

$$1.35\underline{6}+11.\underline{2}+22.8\underline{2}=35.\underline{376}=35.\underline{4}$$

$$10\underline{7}-11.\underline{4}=9\underline{5}.\underline{6}=9\underline{6}$$

上述两个例题结果的可疑数字位置都是与参加运算的最高位可疑数字对齐。运算时可对参加运算的数进行修约，可比最高的可疑位多保留一位，运算后再保留到需要的位置上。

（2）乘除运算

要求结果的有效数字的个数与参加运算的数中有效数字个数最少的保持一致。例如

$$22.33\times12.3=275$$

$$105.5\div2.8=38$$

该法则可以通过竖式演算，利用有效数字的构成原则和基本运算原则得到。

(3) 乘方、立方、开方运算

$$(3.22)^2=10.4 \qquad \sqrt{15.6}=3.95$$

乘方、立方、开方运算法则与乘除运算规则相同，乘方和开方运算的有效数字的位数应与最少的有效数字位数保持一致。

(4) 运算中的系数和常量的处理

运算中我们经常会遇到系数或常量等问题，例如：三角形面积计算公式中的1/2、圆锥体体积公式中的1/3、圆面积计算中的π、电子电量e等问题，它们的位数可能有无限多。实际处理中，这些量参与运算，但不涉及结果的有效数字个数的确定，运算时它们的有效数字位数可适当多取一位。当然，我们必须准确判断所处理的是否为系数或常量，若不是，则不能这样处理。

(5) 其他运算

① 对数运算　例如：$\lg x$，当$x=10.5$时，$\lg x=1.021$，结果小数点前的称为首数，不算有效数字，小数点后有效数字个数与x的有效数字个数相同。

② 自然对数　例如：$\ln x$，当$x=10.5$时，$\ln x=2.351$，结果小数点前的称为首数，不算有效数字，小数点后有效数字个数与x的有效数字个数相同。

③ 指数函数　例如：e^x，当$x=2.55$时，$e^x=12.81$，结果小数点后的有效数字个数与x小数点后的有效数字个数一致。

④ 正、余弦函数　$\sin x$、$\cos x$，当角度的误差为$1'$时，函数值取小数点后4位；角度误差为$1°$时，函数值取小数点后3位。

3. 应用科学记数法和单位变换时，注意保证有效数字的位数不能改变，后面的零不能随意取舍，否则将改变有效数位

例如：

$$13.00\text{cm}=1.300\times10^{-2}\text{m}=1.300\times10^{2}\text{mm}=1.300\times10^{5}\mu\text{m}$$

4. 有效数字的舍、入规则

对于运算结果按照有效数字要求进行取舍保留时，如果按照近似运算中常用的4舍5入的法则，所有的5都进行了进位处理，这将导致运算过程中的系统误差。为此，应当采用较为科学的方法，即“四舍六入、五的前位配偶数”的法则，使5的舍入机会各占一半，以减小运算过程中的系统误差。此方法也称为“四舍六入五凑偶”。例如，5在末尾

$$22.35\rightarrow22.4 \qquad 22.25\rightarrow22.2$$

$$15.375\rightarrow15.38 \qquad 15.385\rightarrow15.38$$

但是对于需要舍、入的5的后面还有非零数字，那么5仍然需要进位处理；5后面若是零，则按上述“四舍六入五凑偶”法则处理。例如

$$22.254\rightarrow22.3 \qquad 22.2501\rightarrow22.3 \qquad 22.250\rightarrow22.2 \qquad 22.350\rightarrow22.4$$

使用该法则时注意判断5的前后情况，综合考虑，不能一概而论。

二、常用数据处理方法

实验数据的科学处理是实验成败的一个关键环节，科学合理的处理分析数据能够帮助我

们发现其内在规律，得出较为明确的实验结果。因此我们必须重视数据的科学处理方法。实验中的数据、记录、整理、计算、作图分析都必须具有条理性和严密的逻辑性。我们常用的数据处理方法一般有四种：列表法、作图法、逐差法和最小二乘法。正确合理地利用这些方法能够帮助我们分析得到数据关系，找到实验的规律，从而发现物理现象的内在本质。同时也能帮助我们分析总结实验操作中的经验，进而提高实验技能。

1. 列表法

列表法就是将数据列成表格的形式来分析、处理数据的方法。实际上，在实验工作中，不仅进行数据处理时才列表，而且在进行测量时，甚至在预习准备阶段，就应该对待测的数据准备记录用的表格。

在记录和处理数据时，将数据排列成表格形式，既可以有条不紊，又能简明醒目。可以简单而明确地表示出有关物理量之间的对应关系，便于随时检查和发现实验中的问题，并有助于找出有关物理量之间的规律。

用列表法处理数据时，应遵循下列原则。

① 要求简单明了，便于看出有关量之间的关系，便于数据处理，必要时给出物理量之间的函数关系；

② 表格须有名称，各栏目（纵或横）均应标明名称、单位，若名称用自定义的符号，则需加以说明。单位只写在标题栏中，不要重复地记在表中各数字的后面，但各数字应与所用单位相符合；

③ 表中的数据主要包括原始测量数据（从原始记录纸上整理而来）和一些重要的中间计算结果。有时也可以给出最后实验结果。所有数据都要正确反映测量结果的有效数字；

④ 若是存在函数关系的测量数据，则应按自变量由小到大或由大到小的顺序排列。例如表 1 中半导体热敏电阻的电阻与温度的关系。

表 1 半导体热敏电阻的电阻与温度的关系

温度 t/℃	20.0	25.0	30.0	35.0	40.0	45.0
电阻 R/Ω	2198	1869	1530	1267	1034	890
$T=273.2+t$/K	293.2	298.2	303.2	308.2	313.2	318.2
$1\times10^{-3}/T$/(1/K)	3.411	3.353	3.298	3.245	3.193	3.143
$\ln RT$	7.695	7.533	7.333	7.144	6.941	6.79

2. 作图法

用作图法处理数据主要是利用所测的数据画出两个物理量的平面关系曲线，所用数据可以是直接测量的数据，也可以是经过一定的计算所得的中间数据。作图法处理数据的作用有两个：一是用来直观而形象地对实验进行描述，即从图上便可看出测的量是什么物理量、所用仪器的精度、误差的大小、数据的分布特点、期望值以及变量间的函数关系等；二是利用所作的关系曲线进行有关的计算。作图法是广泛应用的实验数据处理基本方法，是实验课程中的重点训练内容。

（1）作图法的基本原则

a. 选用恰当的坐标纸　作图一定要用铅笔、直尺等工具在坐标纸上完成，因为我们作图的目的不仅是定性地观察，还要进行定量的计算，求出有关结果。不用坐标纸，就不能保证结果的准确程度。一般用得较多的是直角坐标纸，其横、纵方向的画格线都是均匀的，最小画格间距的大小为 1mm，在厘米格的格线较粗。除了直角坐标纸以外，还有对数坐标纸和半对数坐标纸，其画格线在两个方向或在一个方向上间距是不均匀的。我们现阶段实验作图都采用直角坐标纸，对于实验中出现的对数关系可以通过合适的转换后尽量采用直角坐标纸作图。下面介绍的是直角坐标纸的作图要领。

用直尺画出坐标轴，标出其正方向，横轴一般表示自变量，纵轴一般表示因变量。坐标纸的大小和坐标轴的比例选取要合适，原则上实验数据中的可靠数字在图中也应是可靠的，要使图线比较匀称地充满整个图纸，不要缩在一边或一角，同时也不能超出图纸范围。坐标轴最好与坐标纸的粗格线重合。

b. 对坐标轴进行分度　标出各坐标轴的物理量符号、单位，在两轴线上均匀标注出整分度。一般以两坐标轴交点为起点，在坐标轴上每间隔相等长度标注分度，即指出图纸上的每单位长度表示多少实际的物理量。坐标比例选择要恰当，例如可选取1∶1、1∶2、1∶5、1∶10等比例以方便作图，尽量避免选择1∶3、1∶7这类的比例。例如图纸上实际的1cm可表示实际电压1V、2V、10V等。

注意：坐标轴尽量不要标x、y，而是要根据实际的物理量的常用符号来标注；对于带有科学记数法的数据，可在坐标轴的箭头处带上$\times 10^n$等；对于部分数据起点不为零的情况，应在两坐标轴交点处标明各自的起点值，无须从零开始标注，例如，动态法测金属杨氏模量实验中的共振频率起点即为几百赫兹，作图时可将略低于最低频率的某个整数频率值作为起点。

c. 描坐标点　一般用符号“+”在图中标记相应的坐标点（当同一个图上有多条图线时，为了区别不同的关系曲线，或不同条件下测得的曲线，可分别采用“○”，“×”，“□”，“△”等符号），要使数据对应的坐标准确地落在符号的中心。符号的大小（如“+”的横、竖线的长度）应能大致反映出测量值的误差。如用米尺测量长度的数据，“+”画线的长度应为1mm左右。只用铅笔在图中点一个很小的黑点的做法是绝对错误的。实际操作中所描的点既不能太大也不能太小，描点的位置要准确。

d. 曲线拟合　这是作图成败的一个关键，很多初学者都易犯错。首先我们要明确所做曲线的类型，认真观察点的分布特点；然后，以所描出的坐标点为基准，用直尺或曲线尺（板）画出平滑曲线。画曲线时要注意几点：曲线要平滑，直线要直，要充分考虑曲线的走势。切忌依次用直线连接成折线；所画线的宽度不能超出所描点的直径；不可反复描画曲线；由于每一个点都存在误差，所以曲线不一定要通过所有的数据点，而是应尽可能地通过或接近大多数数据点，并使不在线上的数据点尽可能均匀对称地分布在曲线的两侧。有些点不在曲线上，是测量误差的表现，是正常现象。对于个别偏离过大（大于$3S_x$）的数据点应当舍去并进行分析或重新测量核对。

作图线分两种情况：一类为变量间有函数关系时，需画出连续、平滑的曲线；另一类为变量之间没有函数关系，图线可以是用直线逐点连接起来的折线，如我们熟知的股票走势图，某公司一年12个月的业绩走势图，它们都不存在函数关系，故可用直线依次连接。前一类是我们重点要研究的。

e. 图名和图注　应在图的上方或下方标明图的名称，并在适当的空处工整地标注必要的实验条件和说明，例如注明所用不同的描点符号各代表的意义。必要时，在图中适当的地方写上作者的名字和作图日期。

（2）作图法的应用

利用所作的图线，定量地求得待测的物理量或得出经验方程，是作图法的一个重要用途，称此为图解法。求得经验公式的工作，要用到相关的理论知识，针对数据（图线）的变化趋势，根据理论进行推断，应用解析几何的知识，建立起经验公式的形式(如拟合多项式或指数函数式)，求出经验公式中的待定常数，再用实验数据进行检验。这已超出本教材范围。此处仅重点讲述定量求待测物理量的值的问题。这时一般针对的图线为直线，主要任务是求直线的斜率和截距，对于不是直线关系的函数，可以用适当的方法将其化为直线关系。

下面以用伏安法测线性电阻为例来说明作图法的典型应用（见表 2，图 1)。

表 2 伏安法测线性电阻数据表

U/V	0.00	1.00	2.00	3.00	4.00	5.00	6.00	7.00	8.00	9.00	10.00
I/mA	0.00	2.00	4.01	6.05	7.85	9.70	11.83	13.75	16.02	17.86	19.94

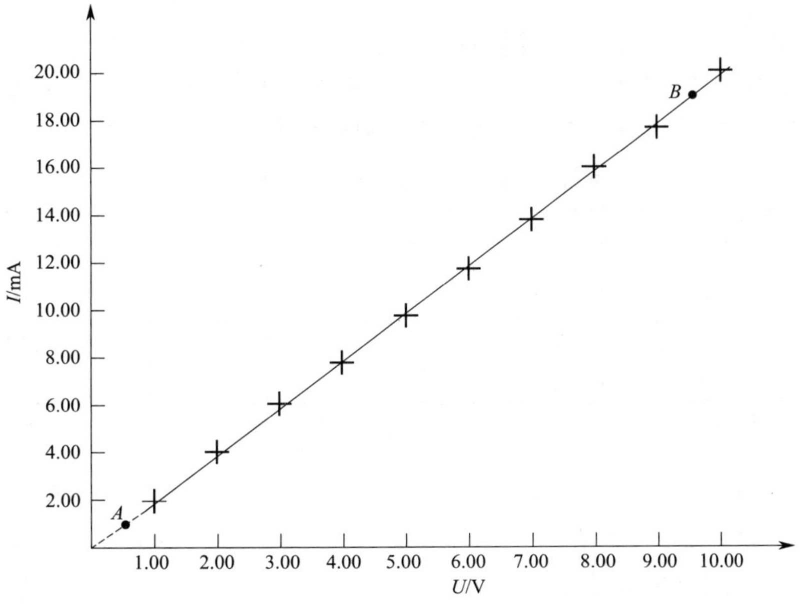

图 1 电阻伏安特性曲线

从图中选择直线与坐标格点相交、又相距较远的两点（A、B)，它们的坐标分别为 $A(0.50,0.95)$，$B(9.50,18.85)$，用两点法求出直线斜率为

$$k=\frac{(18.85-0.95)\text{mA}}{(9.50-0.50)\text{V}}=\frac{17.90\text{mA}}{9.00\text{V}}$$

则

$$R=\frac{1}{k}=\frac{9.00\text{V}}{17.90\times10^{-3}\text{A}}=503\Omega$$

对于函数关系为 $y=a+bx$ 的直线方程，除了求直线的斜率以外，还可以求截距。若坐标起点为零，则可将直线用虚线延长，得到与纵坐标轴的交点，即可求得截距 a；若起点不为零，求截距的计算公式为

$$a=\frac{x_2y_1-x_1y_2}{x_2-x_1}(\text{单位})$$

式中，(x_1, y_1)、(x_2, y_2) 为直线上任意两点的坐标。当函数关系为非线性时，图像不是直线，而是曲线。此时，可以通过变量代换的方法化为新变量间的线性关系，即新变量间的关系为直线，称此方法为“曲线改直”或“曲线直化”例如：单摆的周期 T 与摆长 L 的关系在零级近似下为

$$L=\frac{g}{4\pi^2}T^2$$

令

$$x=T^2,\ m=\frac{g}{4\pi^2}$$

得到新的关系式

$$L=mx$$

L 与 x 之间的关系为线性的，分别用 x 和 L 为横、纵坐标得到的关系曲线即为一条直线。利用两点法求出直线的斜率 m，即可求出重力加速度 g

$$g=4\pi^2 m$$

3. 逐差法

逐差法主要应用在测量数据为等间距变化的实验数据处理中。将数据按大小平均分为两组，求每两组相应位置的数据差，然后对全部差值取平均，可充分利用全部数据。

例 1 在超声声速测量中，取得共振干涉法数据见表 3。

表 3 共振干涉法测量超声声速数据表

测量系列	L_1	L_2	L_3	L_4	L_5	L_6
坐标/mm	35.760	40.355	45.334	50.013	54.858	59.522
测量系列	L_7	L_8	L_9	L_{10}	L_{11}	L_{12}
坐标/mm	64.090	68.734	73.711	78.505	83.220	87.782
逐差($6\Delta L$)	L_7-L_1	L_8-L_2	L_9-L_3	$L_{10}-L_4$	$L_{11}-L_5$	$L_{12}-L_6$
	28.330	28.379	28.377	28.492	28.362	28.260

即

$$\begin{aligned}&(L_7-L_1)+(L_8-L_2)+(L_9-L_3)+(L_{10}-L_4)+(L_{11}-L_5)+(L_{12}-L_6)\\=&(L_7+L_8+L_9+L_{10}+L_{11}+L_{12})-(L_1+L_2+L_3+L_4+L_5+L_6)\end{aligned}$$

$$6\Delta L=\frac{28.330+28.379+28.377+28.492+28.362+28.260}{6}=28.367(\text{mm})$$

$$\overline{\Delta L}=4.7278\text{mm}$$

若将相邻的两个量相减再求和，则只有首尾两数据被使用，其他数据均两两相消了，不能有效使用测量的所有数据。

4. 最小二乘法（线性拟合）

此方法又叫一元线性回归，是一种以最小二乘法为基础的实验数据处理方法，仅针对两变量满足线性关系时使用。其基本原理是：对于一条最佳的拟合直线，其上各点的值与测量值之差的平方和，在所有的拟合直线中应该是最小的。

假设两变量 x，y 之间满足线性关系

$$y=a+bx \tag{1}$$

并设自变量 x 在测量中误差极小可以忽略，只考虑函数 y 的误差。对于一组测量值（x_i，y_i）$(i=1,2,\cdots,n)$，可以定义一个函数

$$Q=\sum_{i=1}^{n}\varepsilon_i^2=\sum_{i=1}^{n}(y_i-y)^2=\sum_{i=1}^{n}(y_i-a-bx_i)^2 \tag{2}$$

对于最佳的拟合直线（正确的待定系数 a 和 b），Q 应取极小值。按照函数取极小值的条件，应有

$$\frac{\partial Q}{\partial a}=0,\ \frac{\partial Q}{\partial b}=0 \tag{3}$$

$$\frac{\partial^2 Q}{\partial a^2}>0,\ \frac{\partial^2 Q}{\partial b^2}>0 \tag{4}$$

由式(4) 得到一个关于 a 和 b 的二元一次方程组

$$\begin{cases}\sum_{i=1}^{n}(y_i-a-bx_i)=0\\ \sum_{i=1}^{n}(y_i-a-bx_i)x_i=0\end{cases} \tag{5}$$

注意现在的方程组中，x_i，y_i 均为已知常数，而 a 和 b 是未知数。解此方程组，求得

$$b=\frac{\overline{xy}-\overline{x}\,\overline{y}}{\overline{x^2}-\overline{x}^2},\ a=\overline{y}-b\overline{x} \tag{6}$$

其中

$$\begin{aligned}&\overline{x}=\frac{1}{n}\sum_{i=1}^{n}x_i \qquad \overline{y}=\frac{1}{n}\sum_{i=1}^{n}y_i\\ &\overline{xy}=\frac{1}{n}\sum_{i=1}^{n}x_iy_i \qquad \overline{x^2}=\frac{1}{n}\sum_{i=1}^{n}x_i^2\end{aligned} \tag{7}$$

都是在解方程组过程中整理归纳出的结果。可以证明，求出的 a、b 可以保证式(4) 成立。

例 2　利用最小二乘法处理伏安法测线性电阻的实验数据。实验的原始数据记录如表 2 所示。注意在伏安法中，选用的自变量为电压 U、I 为函数。所以对应于最小二乘法的函数关系应为

$$I=bU$$

由表 2 中的数据（去除原点）求出

$$\overline{U}=5.50\text{V},\overline{I}=10.95\times10^{-3}\text{A},\overline{U^2}=38.50\text{V}^2,\overline{IU}=76.36\times10^{-3}\text{VA}$$

$$\overline{IU}=76.36\times10^{-3}\text{VA},\overline{U}^2=30.25\text{V}^2,\overline{I}\,\overline{U}=60.23\cdot10^{-3}\text{VA}$$

代入式(6) 的第一式中，求得

$$b=\frac{I}{U}=\frac{(76.36-60.23)\times10^{-3}\text{V}\cdot\text{A}}{(38.50-30.25)\text{V}^2}=1.96\times10^{-3}\text{A}\cdot\text{V}^{-1}$$

电阻

$$R=\frac{U}{I}=\frac{1}{b}=510\Omega$$

值得说明的一点是：用伏安法测电阻，因电流表和电压表有内阻而使测量结果带有系统误差，必要时，应对结果进行修正，这时要知道电表的内阻，具体做法在相应的实验中再详细描述。

三、测量与误差

1. 测量及其分类

测量是将待测物理量与标准物理量比较得出其量值的过程。测量得到的任何一个物理量必须包含数值和单位，两者缺一不可，缺少任何一个将没有物理意义。国际上规定了七个基本物理量，分别是：长度、时间、质量、电流、热力学温度、物质的量和发光强度。其他物理量的单位均由基本单位导出，称为导出单位，一般导出单位也有专门的名称和符号，例

如，功的单位为“牛顿·米”，也叫“焦耳”。

测量的分类可以按方式和条件分类。

测量按方式分类，可分为直接测量和间接测量。直接测量，就是用测量工具直接得到测量结果的一种测量方式，其测量结果称为直接测量量，比如用直尺测量书本长度、用电子秤称量砝码质量等。间接测量，是将直接测量的结果通过函数关系运算得到结果的方式，其结果称为间接测量量，比如伏安法测电阻时，我们通过测得电阻两端的电压除以通过的电流得到的电阻值。直接测量和间接测量不是固定不变的，我们使用不同的测量方法，待测物理量有时是直接测量量，而有时它又是间接测量量。比如：我们用欧姆表测量电阻时它是直接测量量，而用伏安法测量时它是间接测量量；电功率的测量，我们用功率表测量时，其结果为直接测量，用测量电流和电压，然后相乘计算时，则为间接测量。实际实验中我们要得到的物理量大多数是间接测量量，但它们是以直接测量为基础的，我们必须能分清楚哪些是直接测量，哪些是间接测量，从而便于我们进行数据处理分析。

按条件分类，测量可分为等精度测量和不等精度测量。测量的条件包含测量的人、仪器、方法、环境等一切与测量相关的东西，只有当所有条件完全相同时我们的测量结果才是等精度测量，有任何一个发生改变时，即为不等精度测量。我们进行处理的数据必须是等精度测量结果，实际实验室测量中，在条件改变对测量结果影响不大或要求不高时我们可以认为是等精度测量。

2. 误差的基本知识

每一个待测物理量在一定条件下都具有确定大小的值，称其为待测物理量的真值。实验工作主要就是测量这个真值。但事实是，实验时，由于理论的近似性，实验仪器性能的局限性，测量方法的不完善，环境条件的不稳定，测量人员感觉器官的功能限制等，使测量结果不可能绝对准确，待测物理量的真值与我们的测量值之间总会存在某些差异，称之为测量误差。即

$$\text{测量误差}=\text{测量值}-\text{真值}$$

测量误差存在于一切测量数据之中，没有误差的测量结果是不存在的。随着科学技术水平的不断提高，测量误差可以被控制得越来越小，但永远不会降为零。即真值是永远测不出来的，是我们力求接近的。

称测量误差与被测量的真值之比为相对误差，即

$$\text{相对误差}=(\text{测量误差}/\text{被测量的真值})\times 100\%$$

因而测量误差有时又称为绝对误差。绝对误差和相对误差均反映单次测量结果与物理量的真值之间的差异。

由于真值是无法知道的，为了考查测量结果相对于真值的偏离，误差理论指出，可以用对同一物理量等精度多次（n 次）重复测量结果的算术平均值来代替物理量的真值（实际处理中，我们也可用公认值、理论值、修正值等取代真值进行计算）。相应地，称测量值与算术平均值之差为残差。用 $x_i(i=1,2,3,\cdots,n)$ 表示第 i 次的测量值，用 x_0 表示物理量的真值，$\bar{x}$ 表示 n 次测量结果的平均值，δ_i 表示第 i 次测量值的绝对误差，v_i 表示第 i 次测量值的残差，则有

$$\delta_i=x_i-x_0 \tag{8}$$

$$v_i=x_i-\bar{x} \tag{9}$$

$$\overline{x}=\frac{1}{n}\sum_{i=1}^{n}x_i \tag{10}$$

$\overline{x}$ 又叫期望值，是对测量结果的最佳估计。对于验证性实验，常用由理论推导出的值（理论值）或公认的标准值为真值 x_0。

测量的目的就是要尽可能准确地测出待测物理量的值，而所有的测量结果又都具有误差，因而人们不能追求绝对准确的测量，只能设法尽可能地提高测量的准确度，减小误差。为达到这一目的，就要对误差产生的原因及各种情况下产生的误差的性质进行分析研究。由此发展起一门以概率论和数理统计理论为基础的科学理论——测量误差理论。大学物理实验教材一般不详细叙述误差理论，而只对与处理实验数据有关的误差理论内容作简要的介绍。

按照误差产生的原因及其性质，误差可以分为系统误差和随机（偶然）误差，下面分别加以介绍，重点放在随机误差。

（1）系统误差

此类误差由系统本身产生，我们的系统包括：实验的人、环境、仪器、方法等。在相同条件下，多次重复测量同一物理量时，测量值对真值的偏离（包括大小和正负）总是相同的，这类误差称为系统误差，系统误差的来源大致如下。

理论公式的近似性：例如单摆的周期公式 $T=2\pi\sqrt{\frac{l}{g}}$ 成立的条件之一是小角摆动（摆角 $<5°$），而在实验中，这个条件是不易实现的。

仪器结构不完善：如温度计、指针电表的刻度不准、天平两臂的长度不精确相等。

环境条件的改变：如在 20℃条件下校准的仪器拿到－20℃环境中使用。

测量者受生理、心理因素的影响：如记录某一信号时有滞后或超前的倾向，对标志线读数时总是偏左或偏右、偏上或偏下等。

系统误差的特点是稳定性，不能用增加测量次数的方法使它减小。在实验中发现和消除系统误差是很重要的，因为它常常是影响测量结果准确程度的主要因素。发现与消除系统误差，靠的是实践经验的积累与丰富。由所积累的经验，对某一测量任务的系统误差是可以定量估计的，称之为“已定系统误差”。对于已定系统误差，一般都有相应的消除和补救办法，所以在进行误差分析时，不把它列为讨论的内容。

还有一类系统误差，只知道它存在于某个大致范围，而不知道它的具体数值，称之为“未定系统误差”。测量仪器的误差就属于这一类。以砝码为例：一个名义质量为 100g 的三等砝码，它的质量误差为±2mg，这意味着：凡是质量在 99.998g 到 100.002g 之间的砝码都被当作 100g 砝码的合格产品。对于前面的这个 100g 的砝码，在没有经过校准之前，你不能知道这一系统误差的数值，然而它又有稳定不变的误差值。由于其误差值不能确定，只能取在可正、可负的一个确定的范围区间，称为该仪表、量具的极限误差，又称允差，在厂家出厂时已经给出。对于分度、分量程仪表，其允差常以仪表的精度等级给出，对于刻度量具，一般取其最小刻度值或其最小刻度值的 1/2 作为该仪器的极限误差（允差）。

（2）随机误差

随机误差又叫偶然误差，它是由于偶然的不确定或无法控制的因素造成的每一次测量值的无规律涨落，是随机产生的。测量值对真值的偏离时大时小，与真值之差时正时负，但对大量测量数据而言，误差取值遵从统计规律：虽然具体取什么值不确定，但当测量次数 n 足够大时，取各种值的概率（该值重复出现的次数与测量总次数之比当 $n\rightarrow\infty$ 时的极限）却是确定的。当 n 足够大时，随机误差的取值具有如下特点。

单峰性：绝对值小的误差出现的概率比绝对值大的误差出现的概率大，很显然，值为零的误差（或残差）出现的概率最大，也就是说，接近算术平均值的测量结果出现的次数最多。

对称性：绝对值相同的正负误差出现的概率相同。

有界性：误差出现的概率随其绝对值的增大而趋于零。

抵偿性：随机误差的算术平均值随着测量次数 n 的增加而减小，当 n 趋于无穷大时而趋于零。

随机误差的如上特性，使之构成为概率统计中的一种随机变量。这种随机变量的概率分布函数的形式为

$$p(\delta)=\frac{1}{\sigma\sqrt{2\pi}}e^{-\frac{\delta^2}{2\sigma^2}}(-\infty<\delta<+\infty,\sigma>0) \tag{11}$$

具有这种形式的概率分布函数的分布称为正态分布（高斯分布）。这里的 δ 即可理解为我们所说的随机误差。函数关系 $p(\delta)$-δ 如图2所示。按照概率论，所有取值的误差的概率总和应该等于1，用数学公式表示则有

$$p(-\infty,\infty)=\int_{-\infty}^{\infty}p(\delta)d\delta=1 \tag{12}$$

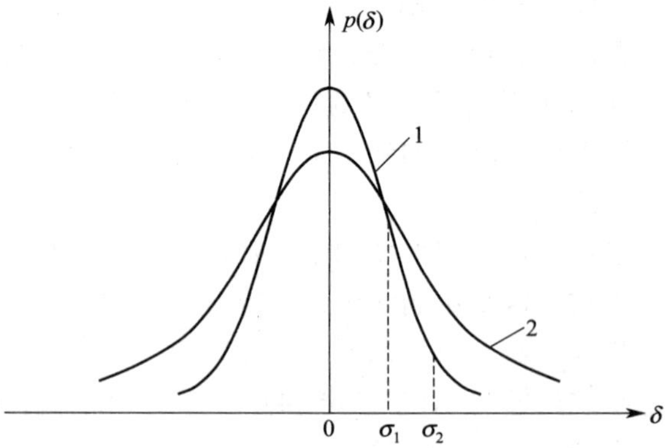

图2 随机变量正态分布

称为归一化条件。式(11) 分母中的 $\sqrt{2\pi}$ 正是因这一条件要求而出现的。

式(11) 中的 σ 为相应概率分布的特征量，对于随机误差，它等于某一个特征误差（不是具体哪一次的测量误差），一般称为测量列的标准误差。σ 的数值特征是

$$\begin{cases} p(-\sigma,\sigma)=\int_{-\sigma}^{\sigma}p(\delta)d\delta=68.3\% \\ p(-2\sigma,2\sigma)=\int_{-2\sigma}^{2\sigma}p(\delta)d\delta=95.4\% \\ p(-3\sigma,3\sigma)=\int_{-3\sigma}^{3\sigma}p(\delta)d\delta=99.7\% \end{cases} \tag{13}$$

式(13) 表明，多次重复测量误差值出现在 $-\sigma$ 到 $+\sigma$ 范围内的总的概率为68.3%，出现在 -2σ 到 $+2\sigma$ 范围内的总的概率为95.4%，出现在 -3σ 到 $+3\sigma$ 范围内的总概率为99.7%。表明绝对值大于 3σ 的误差出现的概率不超过千分之三。所以，又称 3σ 为极限误差。式(13) 的三个百分数，称为测量值在相应误差区间内的置信度，也叫置信概率。标准

误差 σ 数学计算公式为

$$\sigma=\sqrt{\frac{1}{n}\sum_{i=1}^{n}\delta_i^2}=\sqrt{\frac{1}{n}\sum_{i=1}^{n}(x_i-x_0)^2} \tag{14}$$

式中 n 代表测量次数，式(15) 给出的 σ 称为单次测量的标准误差，又叫方均根误差。σ 值的大小反映测量误差的离散程度。σ 值越小，离散程度就越小，曲线峰又高又陡；σ 值越大，测量误差的离散程度就越大，峰则低而平缓。如图 2 中曲线 1 和 2 所示，$\sigma_2>\sigma_1$。

综上所述，σ 对于我们考察测量结果的好坏是一个很重要的参量。然而式(14) 中的 $\delta_i=x_i-x_0$，因为 x_0 通常无法知道，所以 δ 也就无法确定。因此，只好用 $\bar{x}$ 取代 x_0，因而要用 v_i 取代 δ_i，由此而得到另一个特征量 S_x，其数学表达式为

$$S_x=\sqrt{\frac{1}{n-1}\sum_{i=1}^{n}v_i^2}=\sqrt{\frac{1}{n-1}\sum_{i=1}^{n}(x_i-\bar{x})^2} \tag{15}$$

称为“贝塞尔公式”。S_x 称为单次测量的标准偏差。如同 $\bar{x}$ 是 x_0 的最佳估计值一样，S_x 则是 σ 的最佳估计值。

相同条件下不同测量列的算术平均值也各不相同，因而算术平均值也是一个随机变量，即算术平均值也有标准偏差，随机误差理论给出算术平均值的标准偏差的计算公式为

$$S_{\bar{x}}=\sqrt{\frac{1}{n(n-1)}\sum_{i=1}^{n}(x_i-\bar{x})^2}=\frac{1}{\sqrt{n}}S_x \tag{16}$$

四、测量不确定度的计算方法

不确定度的定义及意义：通过上述分析，我们发现测量误差应当是确定的量值，但由于真值并不知道，也就意味着测量值与真值的差异即误差应当是未知的，因此用误差来评价测量质量的好坏就不科学了，为此，我们引入新的物理量——不确定度，来表征测量结果。不确定度用 U 表示，表示被测量值的不确定程度。它不是一个确定的值，而是与测量结果相关联的一个量，与测量结果共同构成一个数值区间，即（$X-U$，$X+U$），被测量的真值可能属于其中，此概率由实验前定出。不确定度 U 越小说明测量结果的重复性好，数据集中，精度高，结果可信赖程度越高；反之则结果可信赖程度降低。

1. 直接测量结果的不确定度的计算方法

(1) A 类不确定度分量的定义及计算方法

对于符合统计规律、用统计方法评定的不确定度定义为 A 类不确定度，与测量的随机误差相对应。实际处理中可以直接用测量列的算术平均值的标准偏差来表示。即

$$u_A=S_{\bar{x}}=\frac{S_x}{\sqrt{n}}=\sqrt{\frac{1}{n(n-1)}\sum_{i=1}^{n}(x_i-\bar{x})^2} \tag{17}$$

注意到 $S_{\bar{x}}$ 是从正态分布导出的，只有在测量次数 n 足够大时，式(17) 的结果才与实际情况吻合。实际实验工作中，测量次数总是不太大，大约 3～6 次。这时随机误差的分布相对于正态分布已有明显的偏离，此时应将式(17) 修正为

$$U_A=t_p u_A \tag{18}$$

U_A 即 A 类不确定度，由于它代表测量值的不确定程度，只可取一位有效数字，表征测量值在该位数上不可靠。式(18) 中 t_p 是一个大于 1 的放大因子，称为“t 因子”。其取值由实验规定的置信概率 p 和实验的重复次数 n（或自由度 $\nu=n-1$）共同决定。表 4 摘取了

少量的 t_p 值，供实验使用。对于较低要求的实验，可以不考虑 t_p 的影响。

表 4 t_p 取值表

p	n										
	3	4	5	6	7	8	9	10	15	20	∞
0.68	1.32	1.20	1.14	1.11	1.09	1.08	1.07	1.06	1.04	1.03	1
0.90	2.92	2.35	2.13	2.02	1.94	1.86	1.83	1.76	1.73	1.71	1.65
0.95	4.30	3.18	2.78	2.57	2.46	2.37	2.31	2.26	2.15	2.09	1.96
0.99	9.93	5.81	4.60	4.03	3.71	3.50	3.36	3.25	2.98	2.86	2.58

注：表中横向为测量次数，纵向为选取的置信概率。

例 3 用千分尺测量一根钢管的直径，各次测量值分别为：42.350，42.450，42.370，42.330，42.330，42.450，42.350，42.290，42.400，单位为 mm。求置信概率 $p=0.68$，0.95，0.99 时，该测量列的 A 类不确定度。

解：算术平均值
$$\overline{d}=\frac{1}{9}\sum_{i=1}^{9}d_i=42.369\text{mm}$$

由式(17)：
$$u_A=\sqrt{\frac{1}{9\times 8}\sum_{i=1}^{9}(d_i-\overline{d})^2}=0.021\text{mm}$$

$n=9$，查表得 $p=0.68$，$t_p=1.07$；$p=0.95$，$t_p=2.31$；$p=0.99$，$t_p=3.36$。由式(18)，按有效数字一般运算规则，应有

$$p=0.683\ 时, U_A=t_p u_A=1.07\times 0.021\text{mm}=0.022\text{mm}$$
$$p=0.95\ 时, U_A=t_p u_A=2.31\times 0.021\text{mm}=0.048\text{mm}$$
$$p=0.99\ 时, U_A=t_p u_A=3.36\times 0.021\text{mm}=0.070\text{mm}$$

按照标准不确定度有效数字只能取一位的规定，三种置信概率下的 A 类不确定度分别为 0.03mm、0.05mm 和 0.07mm。相应地应取 $\overline{d}=42.37\text{mm}$。

(2) B 类不确定度的计算方法

B 类不确定度对应的是非统计分量，用非统计方法评定的，目前主要考虑的是由仪器引起的。

在物理实验中，经常遇到一些不能或不需多次重复测量的情况，大体有三种：第一，仪器精度较低，偶然误差很小，多次测量读数相同，不必进行多次测量；第二，对测量结果的准确程度要求不高，只测一次就够了；第三，因测量条件的限制，不可能进行多次测量。对于一次测量是不能用统计方法评定其不确定度的。称为 B 类不确定度。

评定 B 类不确定度的方法不是唯一的，通常都是借助于仪器的允差 $\delta_{仪}$ 来对 B 类不确定度进行评定。

仪器允差 $\delta_{仪}$ 即仪器最大允许误差，简称仪器误差。仪器误差是指在正确使用仪器的条件下，测量结果的最大误差。不同的仪器其允差 $\delta_{仪}$ 的取值方法是不同的，我们需根据仪器的种类来选取。直尺类取最小刻度的一半，如果最小刻度为 1mm，则取 0.5mm；游标卡尺类，$\delta_{仪}$ 取最小分度，如 50 线游标卡尺，取 0.02mm；数字仪表，$\delta_{仪}$ 也取最小分度；指针式电表，$\delta_{仪}$ 的通用计算公式为

$$\delta_{仪}=\frac{仪器级别}{100}\times 量程 \tag{19}$$

例如量程为 1000mA 的 0.5 级电流表测量结果的 $\delta_{仪}$ 为

$$\delta_{仪}=\frac{0.5}{100}\times1000\text{mA}=5\text{mA}$$

（用此量程测量的任何电流，其 $\delta_{仪}$ 均为 5mA，不随待测量变化，因此选用适当的量程可减小误差）

$\delta_{仪}$ 实质上是仪器的极限误差，即在正确使用仪器的条件下，测量结果的误差超过 $\delta_{仪}$ 的概率不到 0.3%。而同一批出厂的同一种仪器，各自实际给测量造成的误差是不同的，即产品质量在 $[-\delta_{仪},\delta_{仪}]$ 范围内是服从一定的概率分布的。常用的仪器，其质量指标较多服从正态分布，还有一些服从三角分布或均匀分布。如图 3 所示。

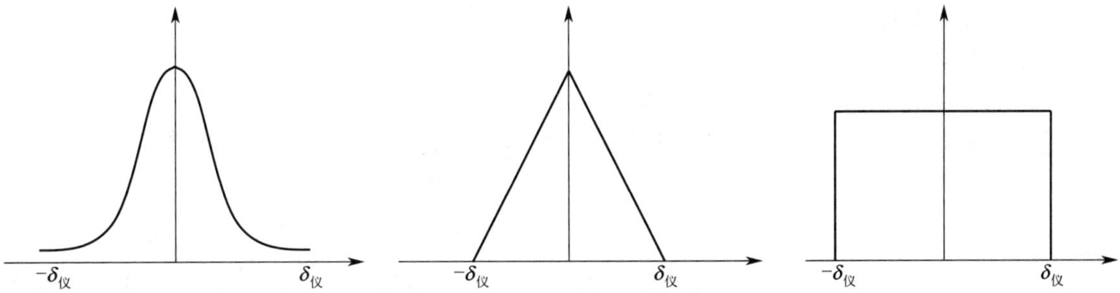

图 3　仪器误差的三种概率分布

考虑到对测量结果置信度的不同要求以及仪器误差服从的不同概率分布，约定对一次直接测量中由仪器误差引起的 B 类不确定度的评定公式为

$$U_B=k_p\frac{\delta_{仪}}{C} \tag{20}$$

式中，k_p 称为“置信因子”，其取值与置信概率 p 有关，表 5 给出这一依赖关系的部分值。

表 5　置信概率 p 与置信因子 k_p 的关系

p	0.500	0.683	0.900	0.950	0.955	0.990	0.997
k_p	0.675	1.00	1.65	1.96	2.00	2.58	3.00

C 称为“置信系数”。根据概率统计理论，对于均匀分布，取 $C=\sqrt{3}$；对于三角分布，取 $C=\sqrt{6}$；对于正态分布，取 $C=3$。几种常见仪器和量具的质量指标在最大允许误差 $\Delta_{仪}$ 范围内的分布与置信系数 C 的关系如表 6 所示。

表 6　几种仪器的分布特征

仪器名称	米尺	游标卡尺	千分尺	物理天平	秒表
误差分布	正态分布	均匀分布	正态分布	正态分布	正态分布
C	3	$\sqrt{3}$	3	3	3

可以看出，当要求置信概率为 0.997 时，对服从正态分布的测试仪表，其一次测量结果的标准不确定度可以用 $\delta_{仪}$ 直接来评定，即 $U_B=\delta_{仪}$。

（3）合成不确定度 U_C

因为多次测量中的每一次测量就是一次单次测量，也要用仪器、仪表、量具进行，因而也存在一个 B 类不确定度分量，总的不确定度应该由两个不确定度分量共同决定。由于二者是相互独立的，根据误差理论可以用方和根法进行合成，用 A、B 两类不确定度分量由方

和根法合成的总不确定度 U_C 称为合成不确定度，即

$$U_C=\sqrt{U_A^2+U_B^2}=\sqrt{(t_p u_A)^2+\left(k_p\frac{\delta_{仪}}{C}\right)^2} \tag{21}$$

U_A、U_B 二者中，若一个是另一个的3倍以上，则可以忽略其中较小的一个。

2. 间接测量结果不确定度的计算方法

间接测量结果的不确定度，即函数的不确定度，它是由相关的各自独立的直接测量的不确定度决定的。因此，可以由直接测量的不确定度通过计算求出，称为“不确定度的传递（或合成）”。

（1）不确定度传递的数学依据

设有函数关系

$$N=f(x,y,z)$$

x，y，z 相互独立，对上式两边求微分，由多元函数微分法则可以得到

$$\mathrm{d}N=\frac{\partial f}{\partial x}\mathrm{d}x+\frac{\partial f}{\partial y}\mathrm{d}y+\frac{\partial f}{\partial z}\mathrm{d}z \tag{22}$$

式中，$\mathrm{d}N$，$\mathrm{d}x$，$\mathrm{d}y$，$\mathrm{d}z$ 分别为物理量 N，x，y，z 的微分；$\frac{\partial f}{\partial x}$，$\frac{\partial f}{\partial y}$，$\frac{\partial f}{\partial z}$分别为函数 N 对自变量 x，y，z 的偏导数（即只对某一个自变量求导，同时将其他自变量看成常数）。

当对函数式两边求对数后，再对两边求微分，得到

$$\frac{\mathrm{d}N}{N}=\frac{\partial \ln f}{\partial x}\mathrm{d}x+\frac{\partial \ln f}{\partial y}\mathrm{d}y+\frac{\partial \ln f}{\partial z}\mathrm{d}z \tag{23}$$

（2）不确定度传递的基本公式

因为 $\mathrm{d}x$，$\mathrm{d}y$，$\mathrm{d}z$ 均为小量，当把它们看成直接测量结果的不确定度时，则可以用“方和根法则”得到不确定度的基本传递公式：

$$U_N=\sqrt{\left(\frac{\partial f}{\partial x}U_x\right)^2+\left(\frac{\partial f}{\partial y}U_y\right)^2+\left(\frac{\partial f}{\partial z}U_z\right)^2} \tag{24}$$

和

$$U_r=\frac{U_N}{N}=\sqrt{\left(\frac{\partial \ln f}{\partial x}U_x\right)^2+\left(\frac{\partial \ln f}{\partial y}U_y\right)^2+\left(\frac{\partial \ln f}{\partial z}U_z\right)^2} \tag{25}$$

分别称为合成不确定度与合成相对不确定度。自变量不确定度前面的导数称为各不确定度的传递系数，它反映各自对函数不确定度起作用的程度。对于加、减运算的函数关系，直接用式(24) 求测量量的不确定度 U_N 比较方便，对于乘、除运算的函数关系，可先用式(25) 式求出相对不确定度 U_r，再求 U_N 较为方便。表7中列出一些常用函数的传递公式。

表7　一些常用的函数关系的不确定度传递公式

函数表达式	不确定度传递公式
$N=x\pm y$	$U_N=\sqrt{U_x^2+U_y^2}$
$N=xy$	$\frac{U_N}{N}=\sqrt{\left(\frac{U_x}{\bar{x}}\right)^2+\left(\frac{U_y}{\bar{y}}\right)^2}$
$N=x/y$	$\frac{U_N}{N}=\sqrt{\left(\frac{U_x}{\bar{x}}\right)^2+\left(\frac{U_y}{\bar{y}}\right)^2}$
$N=\frac{x^k\cdot y^n}{z^m}$	$\frac{U_N}{N}=\sqrt{k^2\left(\frac{U_x}{\bar{x}}\right)^2+n^2\left(\frac{U_y}{\bar{y}}\right)^2+m^2\left(\frac{U_z}{\bar{z}}\right)^2}$

续表

函数表达式	不确定度传递公式
$N=kx$	$U_N=kU_x,\frac{U_N}{N}=\frac{U_x}{\overline{x}}$
$N=\sqrt[n]{x}$	$\frac{U_N}{N}=\frac{1}{n}\frac{U_x}{\overline{x}}$
$N=\sin x$	$U_N=\lvert\cos\overline{x}\rvert U_x$
$N=\ln x$	$U_N=\frac{U_x}{\overline{x}}$

例 4 （直接测量量不确定度计算）用游标卡尺测量某物体长度为 L（cm）：4.390、4.388、4.390、4.346、4.352、4.344，计算 L 的合成标准不确定度。

解：(1) 算术求平均值 $\overline{L}=\frac{1}{6}\sum_{i=1}^{6}L_i=4.369(\text{cm})$

(2) 求 A 类不确定度（取 $p=0.683$，且 $n=6$，查表得 $t_p=1.11$）

$$U_A=t_p u_A=t_p\sqrt{\frac{1}{n(n-1)}\sum_{i=1}^{n}(L_i-\overline{L})^2}$$

$$=1.11\times\sqrt{\frac{1}{6\times(6-1)}\sum_{i=1}^{6}(L_i-4.369)^2}=0.0669=0.07(\text{cm})$$

(3) 求 B 类不确定度（$p=0.683$ 时，$k_p=1$，游标卡尺 $C=\sqrt{3}$）

$$U_B=k_p\frac{\delta_{仪}}{C}=1\times\frac{0.002}{\sqrt{3}}=0.00115(\text{cm})$$

(4) 求合成不确定度

$$U=\sqrt{U_A^2+U_B^2}=\sqrt{(0.07)^2+(0.00115)^2}=0.07(\text{cm})$$

(5) 相对不确定度

$$U_r=\frac{U}{\overline{L}}\times100\%=\frac{0.07}{4.369}\times100\%=1.6\%$$

例 5 （直接测量量不确定度计算）用螺旋测微计测量一钢管的直径 d，其测量值为 42.350mm、42.350mm、42.370mm、42.330mm、42.300mm、42.400mm、42.350mm、42.480mm、42.290mm，螺旋测微计的 $\Delta_{仪}$ 为 0.004mm。试求置信概率为 0.683 时，该测量列的平均值、A 类标准不确定度、B 类不确定度及合成标准不确定度。

解：算术平均值 $\overline{x}=\frac{1}{9}\sum_{i=1}^{9}x_i=42.369\text{mm}$

$$u_A=\sqrt{\frac{\sum_{i=1}^{9}(x_i-42.369)^2}{9\times(9-1)}}=0.021(\text{mm})$$

$$U_B=k_p\frac{\Delta_{仪}}{C}=1.00\times\frac{0.004}{3}=0.0013(\text{mm})$$

合成不确定度

$$U=\sqrt{(t_p u_A)^2+U_B^2}=\sqrt{(1.07\times0.021)^2+(0.0013)^2}=0.03(\text{mm})$$

例 6 （间接测量量不确定度计算）用单摆测重力加速度 g，其计算公式为

$$g=\frac{4\pi^2 n^2 L}{t^2}$$

其中 L 为摆长，n 为每次测量摆动的周期数，t 为 n 次摆动所用时间。实验一共测 4 次，每次摆动 50 个周期，用精度为 0.1s 的停表测每次所用的时间 t，记录数据列入表 8。

表 8　单摆周期与时间记录表

次第 i	1	2	3	4
t_i/s	99.32	99.35	99.26	99.22

用钢卷尺测得摆线长 $l=0.972$m，只测一次。用游标卡尺测得小球直径 $d=1.265$cm，也只测一次。摆幅小于 3°，取 $p=0.683$。

解：直接测量的物理量为摆长 L 和每次摆动时间 t。L 为一次测量，由摆线长 l 和小球半径 r 组成；t 为 4 次重复测量。

（1）求 L 的不确定度

其 A 类不确定度为 0，只有 B 类。它由测摆线长引入的不确定度和测量小球直径引入的不确定度组成。但由于测量小球直径用的是游标卡尺，其允差比测摆线长用钢卷尺的允差要小一个数量级，故可以忽略不计，只需考虑测摆线长引入的不确定度。钢卷尺的产品质量分布服从均匀分布，$C=\sqrt{3}$，$p=0.683$ 时，$k_p=1.00$，因此有

$$U_B(L)=\frac{\delta_{仪}}{\sqrt{3}}=\frac{0.5}{\sqrt{3}}=0.29(\text{mm})$$

（2）求 t 的不确定度

$$\bar{t}=\frac{1}{4}\sum_{i=1}^{4}t_i=99.288(\text{s})$$

$$S_{\bar{t}}=\sqrt{\frac{1}{4\times(4-1)}\sum_{i=1}^{4}(t_i-99.288)^2}=0.029(\text{s})$$

$$U_A(t)=S_{\bar{t}}=0.029\text{s}$$

（3）求合成不确定度

因为函数为乘除关系，故先求合成相对不确定度较为方便，测得的摆长为

$$L=l+r=l+\frac{1}{2}d=972+\frac{1}{2}\times 12.65$$

$$=978.33(\text{mm})$$

由表 7 可知

$$U_r=\sqrt{\left(\frac{U_L}{L}\right)^2+\left(\frac{U_t}{t}\right)^2}\times 100\%=\sqrt{\left(\frac{U_B(L)}{L}\right)^2+2^2\left(\frac{U_A(t)}{\bar{t}}\right)^2}\times 100\%$$

$$=\sqrt{\left(\frac{0.29}{978.33}\right)^2+4\times\left(\frac{0.029}{99.288}\right)^2}\times 100\%=0.0038\times 100\%=0.38\%$$

而
$$\bar{g}=\frac{4\pi^2 n^2 L}{\bar{t}^2}=\frac{4\times 3.14^2\times 50^2\times 0.98}{99.29^2}=9.80(\text{m}\cdot\text{s}^{-2})$$

则
$$U_C(g)=U_r\cdot\bar{g}=0.0038\times 9.80=0.04(\text{m}\cdot\text{s}^{-2})$$

（4）报道测量结果

$$\begin{cases}g=\bar{g}\pm U_C(g)=(9.80\pm 0.04)\text{m}\cdot\text{s}^{-2}\\ U_r=0.38\% \qquad (p=0.683)\end{cases}$$

特别强调：上述的不确定度处理是较为严格的一种评估方法，实际操作起来显得较为繁琐。对于初学者，在要求不高的情况下可以简化处理直接测量量的不确定度计算。因为现阶段我们教学的重点在于理解不确定度的概念，掌握其基本的处理方法。因此在后续课程中计算直接测量量的不确定度时可忽略 t_p、k_p、C，即省去对这三个量的分析，从而简化我们的计算。简化后的计算为

$$U_A = S_{\overline{x}} = \sqrt{\frac{1}{n(n-1)}\sum_{i=1}^{n}(x_i - \overline{x})^2} \qquad U_B = \delta_{仪}$$

$$U = \sqrt{U_A^2 + U_B^2}$$

其他的处理不变。

3. 不确定度结果表达

在数据分析取得不确定度后，我们需按照规范合理的方式给出结果，使其能够直观地判断出实验的效果。

（1）结果表达形式

$$\begin{cases} X = (\overline{X} \pm U) \quad (单位) \\ U_r = \dfrac{U}{\overline{X}} \times 100\% \end{cases}$$

这是我们实验最后表达测量结果的统一格式，这里面包含了三个要素：$\overline{X}$、U、U_r，三者缺一不可。连接符号“±”不能简单地作为加或减进行计算，这是不需要算出的，表达出的是 $\overline{X}$ 和 U 构成的测量值的不确定度区间范围，即（$\overline{X}-U$，$\overline{X}+U$），在不确定度意义描述中我们已介绍过。结果表述中若仅有 U 还不能准确反映出测量质量（在 U 相同时，而 $\overline{X}$ 不同时，其测量质量是不一样的），因此，我们还必须结合相对不确定度 U_r，才能准确反映出测量的质量好坏。

（2）结果表达中的有效数字的保留

正如我们前面介绍的有效数字运算的情形，需按照一定的规则取舍多余的数字，结果表达中也不是保留越多的有效数位就越好，保留太多数位并没有实际意义，因此我们在使用科学合理的方法基础上，尽量使得结果简单明了。

结果表达中有效数字取舍时需按照一定的顺序进行处理，注意三个量 $\overline{X}$、U、U_r 的取舍方法各不相同，同时也要将它们和有效数字运算中的取舍方法加以严格区分，切勿混淆。

a. 首先判断不确定度 U。我们要求它的有效数字只能取一位，运算中多出的部分采取全入的方法，即“非零进位法”。例如，运算得到质量不确定度为 $U=0.134g$，应保留为 $U=0.2g$，“3”进行了进位，不能舍去。如果舍去“3”，结果为 $U=0.1g$，可见不确定度减小了，意味着测量精度的提高，显然这是不合理不科学的。因此我们必须进位，哪怕适当降低了测量精度。

b. 其次判断测量平均值 $\overline{X}$。$\overline{X}$ 的尾数的位置应当和 U 的位置保持一致，多出的部分按照有效数字运算中的处理方法进行，即“四舍六入，五的前位配偶数”。例如，当不确定度 U 保留在百分位上时，测量平均值 $\overline{X}$ 也需保留在百分位。

c. 最后判断相对不确定度 U_r。要求 U_r 保留 1～2 个有效数字均可。

例如例 4 中的结果表达应为

$$\begin{cases} L=(4.37\pm0.07)\text{cm} \\ U_r=1.6\% \end{cases}$$

例 5 的结果表达应为

$$\begin{cases} d=(42.37\pm0.03)\text{mm} \\ U_r=0.05\% \end{cases}$$

在结果表达中我们还需要注意 $\overline{X}$ 和 U 的单位必须保持一致，用科学记数法表达时的要求一样，且指数保持一致。单位改变时，不能随意增减“0”。

五、数据的计算机辅助处理

在当前随着计算机应用技术的不断进步，计算机在实验中的应用越来越广泛，不仅可以用来进行虚拟各种实验，还可用于数据采集、处理；不仅可以提高实验的精度，还可以快速处理各种数据、仿真设计，极大地提高工作效率。现在常见的可以用于处理实验数据的软件有：Excel、Matlab、Mathematica、Foxtable 等。不同的处理软件其处理能力不一样，对计算机的要求也不一样，同时对使用者的要求也不一样，有些软件需要我们系统学习才能很好地使用它。我们接下来将介绍的是 Excel 的使用，它是一种操作相对简单、条件要求不高、使用较为普遍同时又能满足我们现阶段使用要求的软件。

物理实验中数据处理常常需要对数据进行统计计算，一般方法计算量大且易出错。熟练地使用 Excel 不仅可以减少烦琐的工作提高准确度，还可以利用其作图功能得到准确直观的各种合成图像。Excel 提供了 300 余种函数，涵盖了绝大多数基本函数。常用的函数有：平均值 AVERAGE、测量列的标准差 STDEV、偏差的平方和 DEVSQ、直线的斜率 SLOPE、直线的截距 CORREL 等。

1. 利用 Excel 进行一般函数计算

① 建立空白工作表，输入需处理的数据（图 4）。

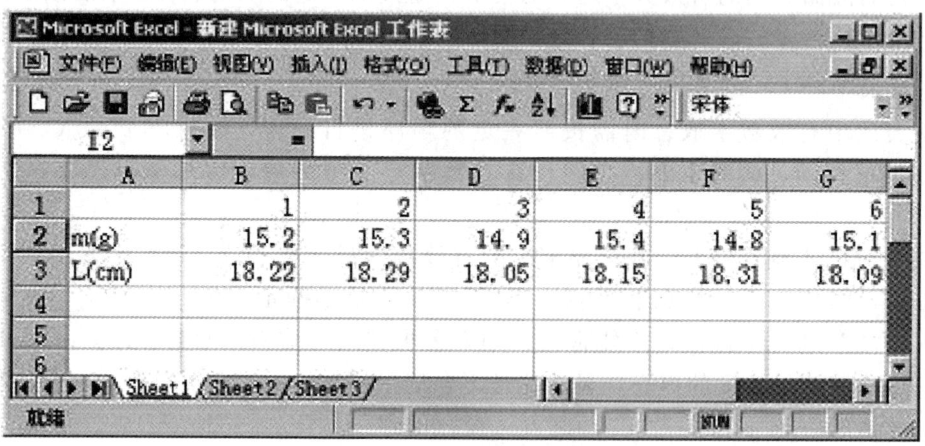

图 4　表中输入数据

② 选择空白单元格，单击［f_x］命令，弹出［粘贴函数］对话框，在函数分类中选择［统计］，如可进行下述计算：平均值 AVERAGE；测量列的标准差 STDEV 等（图 5）。

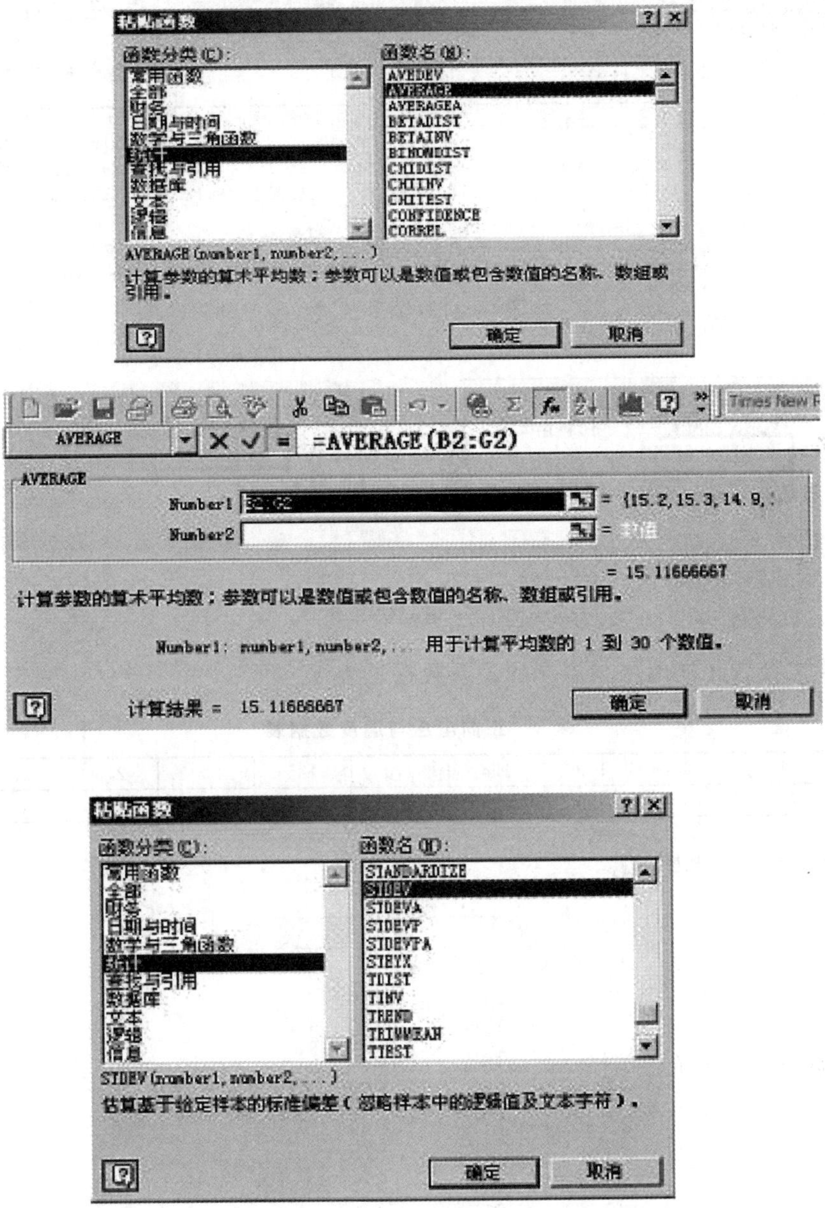

图 5 计算过程（一）

③ 求平均值的标准偏差：选择 J_2 单元格，输入［$=I_2/SQRT(6)$］按回车，即可在 J_2 显示 m 和 L 的平均值的标准偏差。最后计算结果见图 6。

④ 对长度 L（或更多的测量列）的计算可以重复上述的操作，也可以利用填充的方法。具体操作：选择 I_2 单元格，将鼠标移至右下角出现图 7(a)，按住鼠标左键拖动至 I_3 单元格，如图 7(b) 所示，即完成填充。此方法更为简便快捷。

2. 利用 Excel 生成图像、曲线拟合

在数据处理中经常涉及图解法处理数据，利用图像分析数据的内在联系或者求解其函数关系。

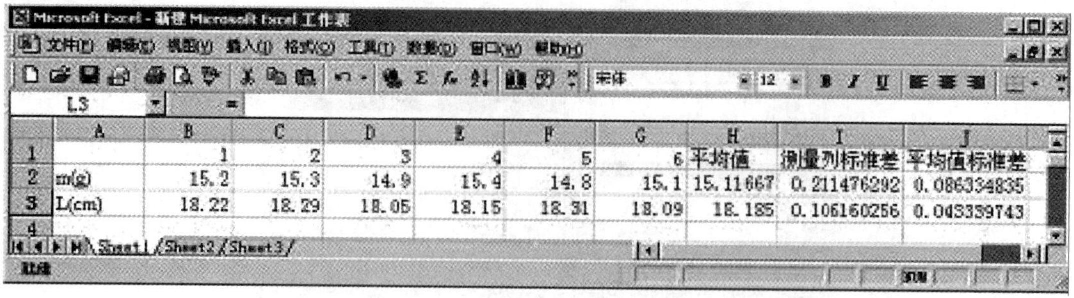

	A	B	C	D	E	F	G	H	I	J
1		1	2	3	4	5	6	平均值	测量列标准差	平均值标准差
2	m(g)	15.2	15.3	14.9	15.4	14.8	15.1	15.11667	0.211476292	0.086334835
3	L(cm)	18.22	18.29	18.05	18.15	18.31	18.09	18.185	0.106160256	0.043339743

图6 计算结果（二）

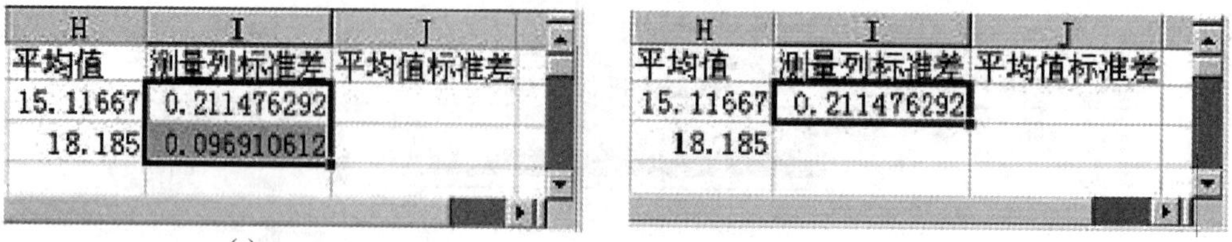

(a)

H	I	J
平均值	测量列标准差	平均值标准差
15.11667	0.211476292	
18.185	0.096910612	

(b)

H	I	J
平均值	测量列标准差	平均值标准差
15.11667	0.211476292	
18.185		

图7 填充法计算

如测得某二极管正向电压与温度的关系数据见表9。

表9 正向电压与温度数据表

T/K	110	125	140	155	170	185	200	215	230	245
U/mV	776	730	690	652	608	575	535	490	448	382

将其输入Excel，见图8。

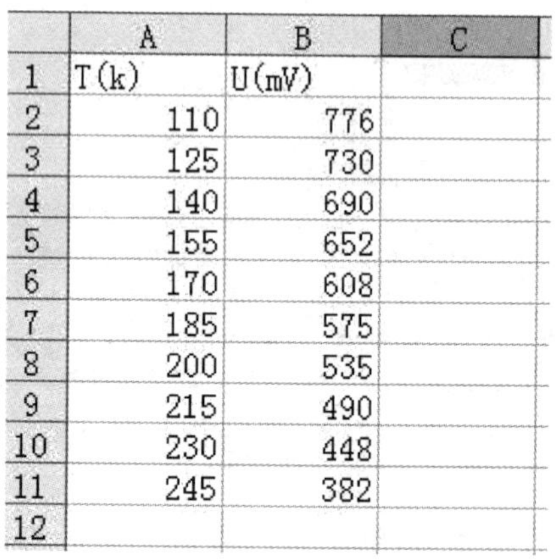

	A	B	C
1	T(k)	U(mV)	
2	110	776	
3	125	730	
4	140	690	
5	155	652	
6	170	608	
7	185	575	
8	200	535	
9	215	490	
10	230	448	
11	245	382	
12			

图8 输入数值

选中A2：B11区域，在“插入”栏中点击“图表”，选择“XY散点图”，即可作图9。

点击“工具”菜单栏中的“数据分析”命令，下拉后选择“回归”，点击“确定”，在弹出的对话框中依次选择：输入X、Y数值的区域；输出选择“输出区域”或“新工作表组”；残差中选择“线性拟合图”。点击确定，得到图10、图11。

若图为分散点，则可在图上点击右键，选择“图表类型”，然后选择需要的曲线类型，即可出现拟合的曲线。

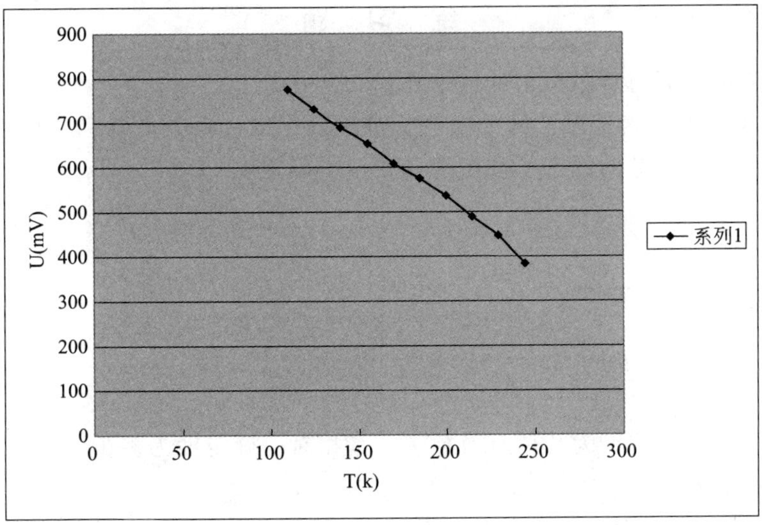

图 9　散点图

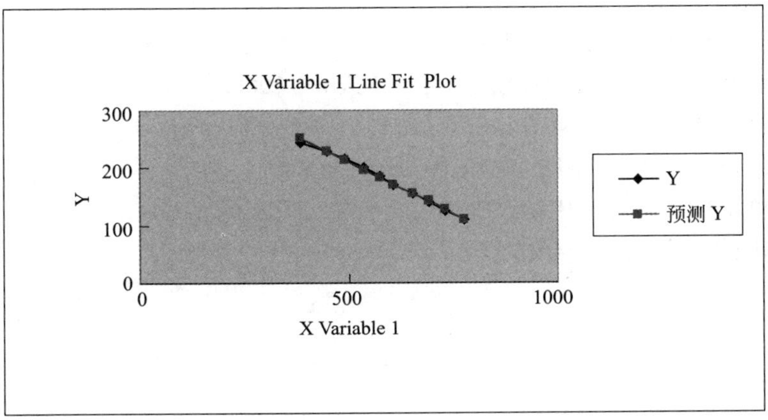

图 10　线性拟合图

SUMMARY OUTPUT

回归统计	
Multiple	0.99799
R Square	0.995984
Adjusted	0.995482
标准误差	3.052448
观测值	10

方差分析

	df	SS	MS	F	gnificance F
回归分析	1	18487.96	18487.96	1984.232	7.12E-11
残差	8	74.53952	9.31744		
总计	9	18562.5			

	Coefficien	标准误差	t Stat	P-value	Lower 95%	Upper 95%	下限 95.0%	上限 95.0%
Intercept	387.6586	4.815658	80.49962	6.32E-13	376.5537	398.7636	376.5537	398.7636
X Variabl	-0.35705	0.008016	-44.5447	7.12E-11	-0.37553	-0.33856	-0.37553	-0.33856

RESIDUAL OUTPUT

观测值	预测 Y	残差
1	110.5892	-0.58915
2	127.0134	-2.01337
3	141.2953	-1.2953
4	154.8631	0.136862
5	170.5733	-0.57326
6	182.3559	2.644143
7	196.6378	3.362212
8	212.705	2.295039
9	227.701	2.29901
10	251.2662	-6.26618

图 11　线性拟合数据

练 习 题

① 请回答测量数据与测量数字的区别是什么？

② 何为 A 类标准不确定度？何为 B 类标准不确定度？两类不确定度有何联系及区别？

③ 计算下列间接测量的标准不确定度和相对不确定度。

a. 单摆的长度：$L=L_0+\frac{d}{2}$，其中 $L_0=(70.00\pm0.06)\text{cm}$，$d=(1.002\pm0.004)\text{cm}$。

b. 球的体积：$V=\frac{\pi}{6}d^3$，$d=(3.168\pm0.003)\text{cm}$。

c. 弹性模量：$E=\frac{8LDP}{\pi d^2 lb}$

④ 指出以下各实验结果为几位有效数字，其相对不确定度为多少？

a. 真空中的光速：$C=(299792500\pm10)\text{m/s}$。

b. 单摆的周期：$T=(1.896\pm0.006)\text{s}$。

c. 阿伏伽德罗常数：$N=(6022169\pm40)\times10^{20}$ 个/千克分子。

⑤ 下列测量结果的表达式是否正确？若有错误请更正，并说明理由。

a. 用秒表测量单摆的周期为：$T=(1.78\pm0.6)\text{s}$。

b. 用测距仪测量某段公路的长度为：$L=12\text{km}\pm100\text{cm}$。

c. 用磅秤测出某磁铁的质量为：$M=(2.796\times10^2\pm0.4)\text{kg}$。

d. 用万用表测出某电阻两端的电压为：$U=(8.96\pm1.3)\text{V}$。

e. 用声速测定仪测出空气中的声速为：$v=341.6(1\pm0.2\%)\text{m/s}$。

f. 用温度计测出室温：$t_R=(22\pm0.3)℃$。

第二篇　基本技能训练实验

实验1　用扭摆法测量刚体的转动惯量

【实验目的】

① 掌握基本测量工具（游标卡尺、米尺、螺旋测微器、电子秤等）的用法；

② 观察刚体的定轴摆动，学习用累积放大法测量摆动周期；

③ 学习用复合体测定扭摆弹簧的扭转常数；

④ 学习用扭摆法测量刚体的转动惯量，并与理论值进行比较；

⑤ 验证刚体定轴转动的平行轴定理。

【实验仪器】

扭摆装置，数字式定数计时器，电子秤（MP12001型），游标卡尺，钢卷尺，塑料圆柱体，塑料实心球体，金属圆筒，金属细长杆，两个可以套在杆上移动的金属滑块（即金属厚壁圆筒），金属载物盘。

【实验原理】

1. 刚体及其转动惯量

（1）刚体

如果物体在运动过程中的形变较小，以致于可以忽略，则该物体可视为不发生形变的刚体。

（2）定轴转动定律与转动惯量

刚体中所有质元绕同一固定轴转动的运动，称为定轴转动。刚体定轴转动的动力学方程为

$$M=J\beta \tag{1.1}$$

式(1.1)即为刚体定轴转动定律。式中 M 为刚体所受的合外力矩，β 是刚体绕定轴的转动角加速度，J 称为刚体绕定轴转动的转动惯量。对比定轴转动定律和质点运动定律 $F=ma$，可以看出：转动惯量是刚体转动时惯性大小的量度，是表明刚体自身特性的一个物理量。

刚体定轴转动惯量与刚体的质量、质量的分布及转轴的位置有关，其定量关系式是

$$J=\int_V r^2\,\mathrm{d}m=\int_V \rho r^2\,\mathrm{d}V \tag{1.2}$$

式中，r 是质元 $\mathrm{d}m$ 到转轴的距离。对于一部分质量分布均匀、形状规则的刚体，可根据式(1.2)计算出该刚体定轴转动惯量理论值，见表1.1。

表 1.1 几种常见刚体的转动惯量

刚体	转 轴	刚体性质	转动惯量
圆环	过环心与环面垂直	质量为 m，直径为 d	$\frac{1}{4}md^2$
圆柱	柱轴（几何轴）	质量为 m，直径为 d	$\frac{1}{8}md^2$
细棒	过中心并与棒垂直	质量为 m，长度为 l	$\frac{1}{12}ml^2$
细棒	过端点并与棒垂直	质量为 m，长度为 l	$\frac{1}{3}ml^2$
圆筒	筒轴（几何轴）	质量为 m，内、外直径为 d_1、d_2	$\frac{1}{8}m(d_1^2+d_2^2)$
圆筒	过质心并与筒轴垂直	质量为 m，高为 l，内、外直径 d_1、d_2	$\frac{1}{16}m(d_1^2+d_2^2)+\frac{1}{12}ml^2$
球体	沿直径	质量为 m，直径为 d	$\frac{1}{10}md^2$

（3）平行轴定理

有两根平行转轴，相距为 d，其中一轴经过某刚体的质心，称为质心轴。若刚体对质心轴的转动惯量为 J_c，则刚体对另一转轴的转动惯量为

$$J_d=J_c+md^2 \tag{1.3}$$

式中，m 为刚体的总质量。

2. 扭摆法测转动惯量

对于质量均匀分布、形状规则的刚体，可以用式(1.2)进行积分运算求得其转动惯量，但对一些形状不规则或质量不均匀分布的刚体，通常采用实验方法来测定。扭摆法是利用弹性恢复力矩使刚体进行摆动的测量方法，实验装置如图 1.1 所示。

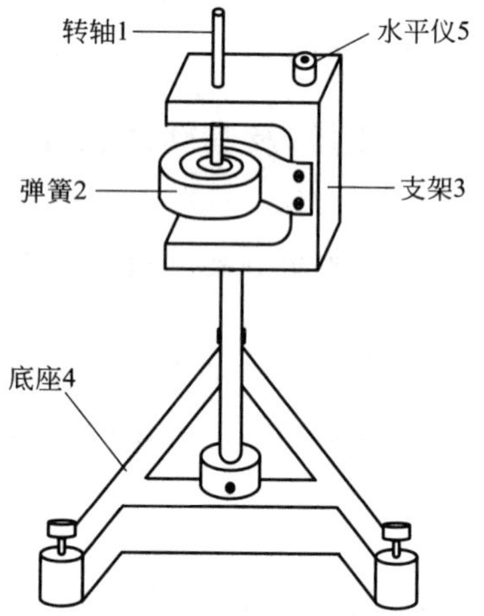

图 1.1 扭摆装置示意图

（1）扭摆

图 1.1 中 1 为扭摆的转轴，测量时，待测物体被固定在该轴上。在转轴与支架之间装有一个薄片螺旋弹簧，用以产生恢复力矩。底座 4 上其中两个脚配有高度调节螺钉，用来调节支架水平（转轴垂直），由气泡水平仪 5 监测调节。

测量时，将固联在转轴上的待测物体在水平面内转过一个角度 θ，此时，弹簧产生恢复力矩 M。按照胡克定律，在弹性限度内，弹簧的恢复力矩 M 与刚体转过的角度（角位移）成正比，即

$$M=-K\theta \tag{1.4}$$

式中，系数 K 为弹簧的扭转常数。由式(1.1) 和式(1.4) 可得

$$\beta=-\frac{K}{J}\theta \tag{1.5}$$

式(1.5) 表明在弹性恢复力矩 M 的作用下，角加速度与角位移成正比。

而

$$\beta=\frac{d^2\theta}{dt^2} \tag{1.6}$$

由式(1.5)和式(1.6)得到

$$\frac{d^2\theta}{dt^2}=-\frac{K}{J}\theta \tag{1.7}$$

令

$$\omega^2=\frac{K}{J} \tag{1.8}$$

则有

$$\frac{d^2\theta}{dt^2}+\omega^2\theta=0 \tag{1.9}$$

可见，刚体绕转轴的往复摆动为简谐运动。ω 为简谐运动的固有频率，摆动的周期 T 为

$$T=\frac{2\pi}{\omega}=2\pi\sqrt{\frac{J}{K}} \tag{1.10a}$$

由式(1.10a)可知，如果扭转常数 K 已知，则只要在实验中测得刚体的摆动周期 T，即可求出转动惯量的测量值

$$J=\frac{K}{4\pi^2}T^2 \tag{1.10b}$$

以上的讨论中，我们忽略了转动时受到的摩擦力矩和空气阻力矩，所以认为扭摆作简谐运动，K 是常数，摆动周期与转角无关［见(1.10a)式］。由于摩擦力矩和空气阻力矩总不可能完全消除，所以实验中弹簧的扭转常数 K 与扭摆角度变化的范围有关。实验表明，仅当转角在 40°～90°之间时，K 的值才基本相同，可以视为常数。

本实验首先需要求出 K 的计算公式。

由式(1.10a)，有

$$T^2=\frac{4\pi^2}{K}J \tag{1.10c}$$

当待测载物盘的转动周期为 T_0，转动惯量为 J_0，有

$$T_0^2=\frac{4\pi^2}{K}J_0$$

将载物盘与规则刚体（圆柱体）组成复合刚体，其转动周期为 T_1，转动惯量为 J_0+J_1（J_1 是圆柱体的转动惯量），则有

$$T_1^2=\frac{4\pi^2}{K}(J_0+J_1) \tag{1.10d}$$

将以上二式相减，即得到扭转常数

$$K=4\pi^2\ \frac{J_1}{T_1^2-T_0^2} \tag{1.11}$$

式中，$J_1=\frac{1}{8}md^2$，T_1 和 T_0 以实验测得的值代入，即可求出 K。

(2) 周期的测量

本实验采用数字式定数计时器，用累积放大法测量摆动周期。定数计时器包括主机和光电探头两部分。如图 1.2 所示，光电探头是一个装有一个红外发射管和一个红外接收管的小框，两只红外管分别装在框的上下两个框边上，并且上、下对齐。小框通过一根支柱被固定

在底座上，支柱高度可调。

通电后，主机接收到直流稳定的光电信号，处于待机状态。当有遮挡物（如一根细杆），从两个红外管中间通过时，电路中将出现一个脉冲信号，主机便计数一次。很显然，当遮挡物处于周期摆动状态时，仪器的相邻两次计数之间的时间间隔为半个周期。因此，脉冲计数 n 和摆动周期数 N 之间的关系为

$$N=\frac{1}{2}(n-1) \tag{1.12}$$

如果仪器一次工作记下摆动 n 次所用的时间为 t，便可以求得摆动周期

$$T=\frac{t}{N} \tag{1.13}$$

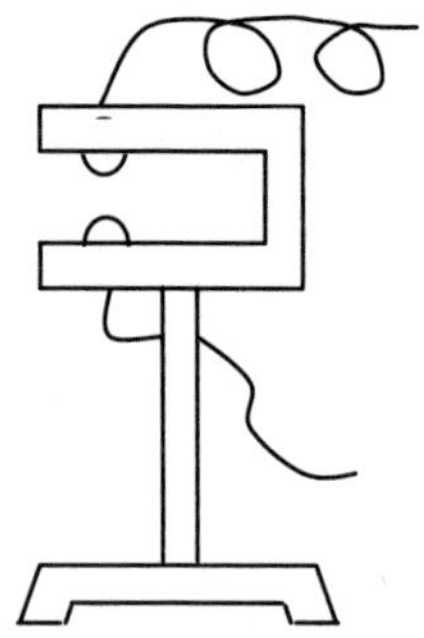

图 1.2 光电探头示意图

实际工作时，仪器的计数统计工作是在内部自动进行的，仪器显示的是相应于一定摆动周期数的时间。所以在使用时，先在主机上设定所要求测量的周期数 N（比如 10 个），然后按下“复位”按钮，使数字显示为“0000”，再使刚体摆动，固定在刚体上的挡光杆来回穿过小框，仪器自动计数，并按式(1.12）进行统计。一旦达到计数要求 n（如 21 个），仪器自动停止工作，并在数字表上显示相应的时间 t ，从而可以求得摆动周期 $T=t/N$。

【实验内容】

① 测量各个刚体的质量和几何尺寸，记录数据于表 1.2 中。

② 调节扭摆装置，使其转动平面处于水平状态（即使转轴处于铅直状态）。方法：通过调节底座上的高低螺钉，使气泡水平仪的气泡位于小窗的中央。

③ 打开定数计时器的电源开关，用纸片挡光的方法检查计时器是否开始计时，以及达到预定计数次数时，计时器是否停止计时。

④ 用复合体测扭摆常数 K，记录数据于表 1.3 中。

a. 将载物盘安装在扭摆转轴上并锁紧，调整光电探头的位置，使其处于挡光杆的平衡位置处，并使杆位于框的空隙中央，既能遮住发射、接收红外线的小孔，又不会与框边接触。

b. 对计时器主机设定周期数为 $N=10$，并按复位按钮，使显示数字为“0000”。

c. 使载物盘扭转一个角度 θ（$40°<\theta<90°$），保证载物盘周期摆动，测出载物盘的摆动周期 T_0。重复测量 3 次。

d. 将塑料圆柱体放在载物盘上，并使其几何柱轴与转轴重合，构成“复合体”，重复 c 的操作，测出复合体的摆动周期 T_1。重复测量 3 次。

e. 用金属圆筒替换塑料圆柱，测定“金属圆筒＋载物盘”复合体的摆动周期 T_2。记录数据于表 1.3 中。

f. 取下载物盘，依次将球体和金属细杆（杆的中心必须与扭摆转轴重合）安装在扭摆转轴上并锁紧，测定球体和细杆的摆动周期 T_3 和 T_4。重复测量 3 次，记录数据于表 1.3 中。

g. 验证平行轴定理（$J_d=J_c+md^2$）。

将两个滑块对称地固定在杆两边的凹槽内，凹槽中点（即滑块质心）离转轴的距离 d 分别为 5.00cm、10.00cm、15.00cm 和 20.00cm，测定摆动周期，记录数据于表 1.4 中。

【数据处理】

(1) 参照表 1.1 的理论公式，计算几种刚体的转动惯量理论值，完成表 1.2

表 1.2　刚体定轴转动惯量的理论值

<table>
<tr><th>刚体</th><th colspan="4">几何尺寸/mm</th><th>质量 m/g</th><th>转动惯量理论值 /($kg\cdot m^2$)</th></tr>
<tr><td rowspan="3">圆柱</td><td colspan="2">$d_1=$</td><td colspan="2" rowspan="3">$\bar{d}=$</td><td rowspan="3"></td><td rowspan="3">$J_1=$</td></tr>
<tr><td colspan="2">$d_2=$</td></tr>
<tr><td colspan="2">$d_3=$</td></tr>
<tr><td rowspan="3">圆筒</td><td>$d_{内1}=$</td><td rowspan="3">$\bar{d}_{内}=$</td><td>$d_{外1}=$</td><td rowspan="3">$\bar{d}_{外}=$</td><td rowspan="3"></td><td rowspan="3">$J_2=$</td></tr>
<tr><td>$d_{内2}=$</td><td>$d_{外2}=$</td></tr>
<tr><td>$d_{内3}=$</td><td>$d_{外3}=$</td></tr>
<tr><td>球体</td><td colspan="4">$D=$</td><td></td><td>$J_3=$</td></tr>
<tr><td>细竿</td><td colspan="4">$l=$</td><td></td><td>$J_4=$</td></tr>
<tr><td rowspan="6">滑块</td><td>$d_{内1}=$</td><td rowspan="3">$\bar{d}_{内}=$</td><td>$d_{外1}=$</td><td rowspan="3">$\bar{d}_{外}=$</td><td rowspan="6"></td><td rowspan="6">$J_5=$</td></tr>
<tr><td>$d_{内2}=$</td><td>$d_{外2}=$</td></tr>
<tr><td>$d_{内3}=$</td><td>$d_{外3}=$</td></tr>
<tr><td colspan="2">$h_1=$</td><td colspan="2" rowspan="3">$\bar{h}=$</td></tr>
<tr><td colspan="2">$h_2=$</td></tr>
<tr><td colspan="2">$h_3=$</td></tr>
</table>

(2) 求扭转常数 K

由式(1.11) 求出扭转常数

$$K=4\pi^2\frac{J_1}{\overline{T}_1^2-\overline{T}_0^2}$$

式中，圆柱转动惯量理论值 $J_1=\frac{1}{8}m\bar{d}^2$，$m$、$\bar{d}$ 的值见表 1.2；$\overline{T}_0$ 和 $\overline{T}_1$ 的值见表 1.3。

(3) 计算几种刚体的转动惯量的实验值，完成表 1.3

$$J_0=\frac{K}{4\pi^2}\overline{T}_0^2$$

记 $\alpha=\frac{K}{4\pi^2}$，则有

$$J_0=\alpha\overline{T}_0^2$$

由式(1.10)，可得复合体的转动惯量

$$J_0+J'=\frac{K}{4\pi^2}\overline{T}^2=\alpha\overline{T}^2$$

式中，$\overline{T}$ 为复合体的摆动周期，J'是待测刚体的转动惯量实验值

$$J'=\alpha\overline{T}^2-J_0$$

表 1.3　刚体定轴转动惯量的实验值

刚体	10 个周期时间 t/s			平均周期 $\overline{T}$/s	转动惯量实验值 /($kg\cdot m^2$)	$\frac{\lvert J_{理}-J_{实}\rvert}{J_{理}}\times100\%$
	1	2	3			
载物盘				$\overline{T}_0=$	$J_0=\alpha\overline{T}_0^2=$	
圆柱＋载物盘				$\overline{T}_1=$	$J_1'=\alpha\overline{T}_1^2-J_0=$	
圆筒＋载物盘				$\overline{T}_2=$	$J_2'=\alpha\overline{T}_2^2-J_0=$	

续表

刚体	10个周期时间 t/s			平均周期 $\overline{T}$/s	转动惯量实验值 /(kg·m²)	$\frac{\lvert J_{理}-J_{实}\rvert}{J_{理}}\times 100\%$
	1	2	3			
圆球				$\overline{T}_3=$	$J_3'=\alpha\overline{T}_3^2=$	
细杆				$\overline{T}_4=$	$J_4'=\alpha\overline{T}_4^2=$	

（4）验证平行轴定理，完成表1.4

表1.4 平行轴定理验证

滑块距转轴距离 d/cm		5.00	10.00	15.00	20.00
10个周期时间 t/s	1				
	2				
	3				
平均周期 $\overline{T}$/s					
$J_{实}=\alpha\overline{T}^2$/(kg·m²)					
$J_{理}=J_C+m_{滑}d^2$/(kg·m²)					
$U_r=\frac{\lvert J_{理}-J_{实}\rvert}{J_{理}}\times 100\%$					

$m_{滑}=m_{滑1}+m_{滑2}=$________ (g)，$J_C=2J_5+J_4=$________ (kg·m²)

【注意事项】

① 实验中，注意保证扭摆的转角介于40°～90°。

② 刚体与转轴要固联，无松动。

③ 正确使用游标卡尺。实验所用卡尺的分度为0.02mm。

④ 做验证平行轴定理实验时，滑块应该安装到位，保证刚体系统共轴转动。

【思考题】

① 实验要求扭摆的转角介于40°～90°，为什么？转角太小或太大会有什么影响？

② 实验中扭摆弹簧的扭转常数如何测得？

③ 刚体的摆动周期是否会随摆幅的减小而变化？

④ 物体的质心轴和扭摆的载物转轴不重合对测量结果有什么影响？为什么？

⑤ 验证平行轴定理时，为什么不用一个滑块而要用两个滑块对称放置？

实验 2　用光杠杆测定金属的线膨胀系数

在一维情况下，固体受热后长度变化的现象称为线膨胀。在相同条件下，不同材料的固体线膨胀的程度不尽相同，于是引进线膨胀系数用来表示固体的这种膨胀差异。测定固体的线膨胀系数，实际上就是在一定温度范围内测量固体的微小伸长量。本实验采用光杠杆法，运用光学原理将微小伸长量放大，获得较为精确的测量结果。

【实验目的】

① 了解光杠杆的结构及其光学放大原理；

② 掌握用光杠杆测量金属线膨胀系数的方法；

③ 练习用作图法处理实验数据。

【实验仪器】

金属线膨胀测定仪，铜管，光杠杆，望远镜及标尺（镜尺），数字温度显示仪，温度传感器（热电偶），钢卷尺，游标卡尺。

【实验原理】

1. 光杠杆及其放大原理

（1）光杠杆

光杠杆是一个带有平面反射镜的等腰三角形 3 足（A_1、A_2、A_3）支架，如图 2.1(a) 所示。其中后足尖 A_1 位于等腰三角形的顶点，d 称为光杠杆的“臂长”。平面镜可以做前俯后仰的调节，以便在进行测量时使其镜面与望远镜的光轴垂直。

（2）光杠杆的光学放大原理

图 2.1 中 M 表示被测物的端面。实验中 A_1 足放在端面 M 上，可随端面 M 的移动而移动，A_2 和 A_3 足所在的底边基本不动。KG 是一个标尺（米尺），其刻度经平面镜反射后，可以从望远镜中读出。标尺（米尺）和望远镜装在同一个支架上，构成“尺读望远镜”。“尺读望远镜”连同光杠杆组成光杠杆测量系统。

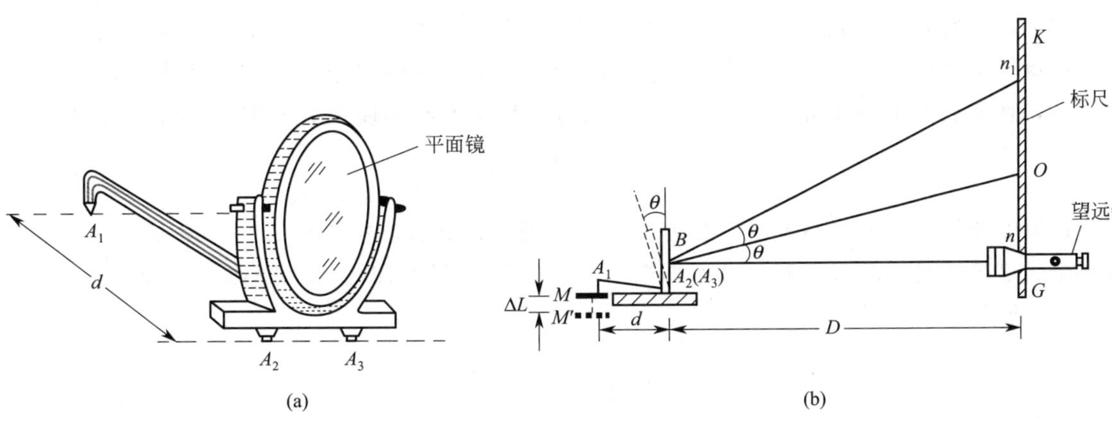

图 2.1　光杠杆放大系统原理图

当望远镜和光杠杆的反射镜已被调节到基本等高时，反光镜镜面也已处于垂直状态（其法线水平，沿 Bn）。调节望远镜，可以在望远镜中看到清晰的标尺反射像。此时，准确读出镜中标尺与望远镜水平准线重合处 n 的刻度，记为初始读数 S_0。在实验中，当 M 端面发生微小的位移 ΔL 时，会使平面镜以 $A_2(A_3)$ 为支点转过一个角度 θ，即镜面法线由 Bn 转到 BO 处。根据反射定律，望远镜中与水平准线重合的标尺刻度读数将变为 n_1 处的 S，按几何关系及在 α 很小的条件下的近似关系 $\tan\alpha \approx \sin\alpha \approx \alpha$，$n_1 n \approx 2On$，很容易导出

$$\frac{\Delta L}{A_1 B}=\frac{On}{Bn}=\frac{1}{2}\frac{n_1 n}{Bn}$$

或

$$\Delta L=\frac{On}{Bn}A_1 B=\frac{1}{2}\frac{n_1 n}{Bn}A_1 B$$

即将微小位移 ΔL 的测量转化为对宏观量 $n_1 n$ 和 Bn 的测量。若令 $A_1 B=d$，光杠杆反射镜面到标尺 KG 的距离 $Bn=D$，标尺两次读数之差 $\Delta S=S-S_0=n_1 n$，则上式化简为

$$\Delta L=\frac{d}{2}\frac{\Delta S}{D} \tag{2.1}$$

或

$$\Delta S=\frac{2D}{d}\Delta L \tag{2.2}$$

由式(2.2) 可见，微小位移 ΔL 被放大了 $2D/d$。这就是光杠杆的光学放大原理。在实际应用中，d 的值都比较小，一般约为 50～80mm，而 D 的值很大，通常为几米。若 $d=$ 50mm，$D=3$m，则其放大倍数将为 120。

2. 线膨胀系数

一般固体在温度升高时其体积都会增大，称此现象为热膨胀。当固体的直径相比其长度很小时，其沿直径方向的膨胀往往忽略，而主要考虑其沿长度方向的热膨胀——线膨胀。

实验表明，固体的温度由 t_0 升高到 t 时，其伸长量 $\Delta L=L-L_0$ 与固体的原长 L_0 的比值（即相对伸长量）与温度的变化量（$t-t_0$）成正比，即

$$\frac{\Delta L}{L_0}=\alpha(t-t_0) \tag{2.3}$$

式中，系数 α 称为固体的线膨胀系数，单位为℃$^{-1}$。它表示温度升高 1℃时，固体的相对伸长量。精确的实验表明，α 随物体温度的升高而增大，但对于大多数固体来说，在温度不太高，且变化范围不太大的情况下，α 可以近似地看作与温度无关的常数。由式(2.3) 得

$$\alpha=\frac{\Delta L}{L_0(t-t_0)} \tag{2.4}$$

在温度变化不太大的情况下，长度不太长的固体，其长度伸长量 ΔL 一般都很小，需要借助于光杠杆法进行测量，测量装置如图 2.2 所示。按照光杠杆放大原理公式(2.1)，金属管的伸长量为

$$\Delta L=\frac{d}{2D}(S-S_0) \tag{2.5}$$

由式(2.4) 和式(2.5) 得到

$$\alpha=\frac{d(S-S_0)}{2DL_0(t-t_0)} \tag{2.6}$$

式中，L_0 由实验室给出，d、D、S_0、S、t_0 和 t 为待测量。

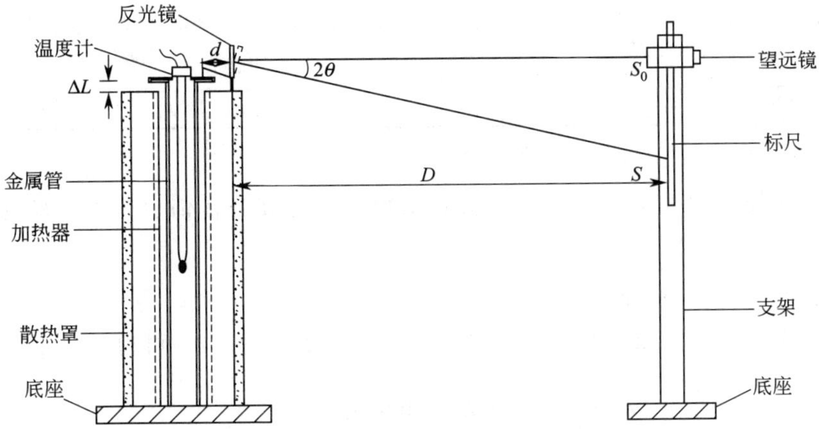

图 2.2 线膨胀系数测量装置示意

实验测量中并不是利用实验数据由式(2.6) 求 α，而是测标尺读数 S 与温度 t 的关系，由关系曲线的斜率求 α。

【实验内容】

① 检查光杠杆的臂是否固定好。光杠杆的前足尖 A_2、A_3 应放在加热器平台上的沟槽内，后足尖 A_1 应位于铜管的端面上。

② 调节光杠杆测量系统，参考方法如下。

a. 调等高 调整光杠杆的反光镜，使镜面大致竖直。然后调节望远镜大致与反光镜等高，调好后固定望远镜高度。

b. 目镜聚焦 调节望远镜光轴倾斜螺钉（位于目镜下方），使其光轴（镜筒）水平。然后调节目镜，从望远镜中看到清晰的“十”字准线。

c. 调对称（或共轴）微调反光镜竖直，利用望远镜筒上方的准星调节望远镜瞄准反光镜镜面中心。

d. 物镜聚焦 调节望远镜物镜聚焦旋钮，直至在望远镜中看到清晰的“反光镜”像。然后继续调节该旋钮，在望远镜中看到清晰的标尺像。

③ 测量铜管受热膨胀数据

a. 打开数字温度显示仪，记下升温前显示仪读数 t_0。

b. 打开加热器电源，调节加热电流，控制升温不要太快，以免产生较大误差。

c. 在 0～100℃范围内进行测量，自行选定测温区间，每隔 5℃测一个点，共测量 10 个温度点（$t_1, t_2, \cdots, t_{10}$），选择（$t_1 - t_0$）≥15℃开始测量。

d. 升到预定的温度 t_{10} 后，关掉加热器电源，自然降温。降温过程中从原定的最高温度点 t_{10} 开始记录标尺刻度，仍为每隔 5℃测一个点，直到升温时的起始温度 t_1 为止。

④ 用钢卷尺测量标尺到反光镜的垂直距离 D，用游标卡尺测光杠杆臂长 d。

【数据处理】

① 整理实验数据，完成表 2.1。

表 2.1 测定金属线膨胀系数数据表

序号 i	1	2	3	4	5	6	7	8	9	10
t/℃										
$S_{升}$/cm										
$S_{降}$/cm										
$\overline{S}$/cm										

L_0=50.00cm　t_0=___℃　d=___cm　D=___cm

② 用作图法处理数据，求出铜的线膨胀系数，并与其公认值（查本实验【附录】）作比较。

a. 作 $\overline{S}$-t 直线，t 为横坐标。

b. 求出直线的斜率。取直线上两点 $A(t_A,S_A)$、$B(t_B,S_B)$，可得

$$k=\frac{S_B-S_A}{t_B-t_A}(k\text{ 的单位为 cm}\cdot℃^{-1})$$

c. 将上式代入式(2.6) 得到

$$\alpha=\frac{dk}{2DL_0}(\alpha\text{ 的单位为}℃^{-1})$$

【注意事项】

① 望远镜和标尺支架要固定，避免晃动。

② 保证望远镜和反光镜镜面的清洁，勿用手指直接触摸。

③ 在测量过程中，仪器不得再进行调整，且要保证实验系统不受外界干扰。

④ 测定仪的加热电流旋钮旋至适当位置，使得温度上升不要过快，以减小实验误差。

【思考题】

① 本实验中哪个量的测量误差对结果影响最大？在操作时应注意什么？

② 光杠杆的调节方法是什么？在调节中要注意什么？

③ 分析测量结果 α 值偏大或偏小的原因。并思考一下记录升温前数字温度显示仪读数 t_0 的目的。

④ 就本实验装置而言，正确的测量结果的值应该比公认值大，还是小？为什么？

【附录】

几种常见固体的线膨胀系数

物质	温度变化范围/℃	$\alpha/10^{-6}℃^{-1}$
铝	0～100	23.8
铜	0～100	17.1
铁	0～100	12.2
金	0～100	14.3
银	0～100	19.6
康铜	0～100	15.2
石英玻璃	20～200	0.56

实验 3 模拟示波器的调节与使用

示波器是一种测量电信号的电压与时间关系的电子仪器。配合各种传感器，可把非电学量转换成电学量，可以用它来测量诸如压力、振动、声、光、热等非电信号。示波器不仅能像电压表那样测量信号的电压大小，而且可以测量信号的周期、频率、相位等多种参数，还可以用来观察快速变化信号的瞬时过程。因此，示波器在科学实验和工程技术中应用十分广泛的一种信号测试仪器。

示波器具有多种类型，随着科学技术的发展，示波器的功能也在不断增加，各种新产品相继问世，但它们的基本工作原理大致相同。本实验以普通双踪示波器为例，主要介绍示波器的基本工作原理和示波器的使用方法，为今后使用更复杂的示波器打下基础。

【实验目的】

① 了解示波器的主要结构与基本工作原理；

② 学会使用双踪示波器；

③ 学会使用函数信号发生器；

④ 学会用示波器观察信号波形，并测量信号周期及电压峰-峰值；

⑤ 学会用示波器观察李萨如图形，并测量正弦信号的频率。

【实验仪器】

YB43020B 型双踪示波器，FH1605P 函数信号发生器，标准信号源。

【实验原理】

示波器的规格和型号各异，但不论什么示波器都是由示波管、电压放大系统、扫描与触发系统以及电源四大部分构成，如图 3.1 所示。

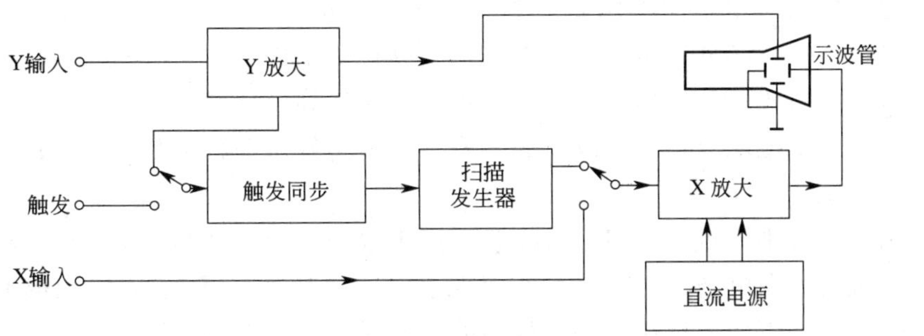

图 3.1 双踪示波器结构框图

1. 示波管

示波管是用于显示被测信号波形的器件，是示波器的核心，其结构如图 3.2 所示，大致可分成三部分，前端为荧光屏，中间为偏转系统，后端为电子枪。

（1）荧光屏

示波管前端玻璃屏的内表面上涂有一层荧光粉，当电子束打到荧光屏上时可使荧光粉发光，从而显示电子束的运动轨迹，即被测信号的波形。如果电子束长时间轰击荧光屏上某固定点，则这一点会被烧坏，形成暗斑，所以使用示波器时要避免电子束长时间轰击荧光屏上

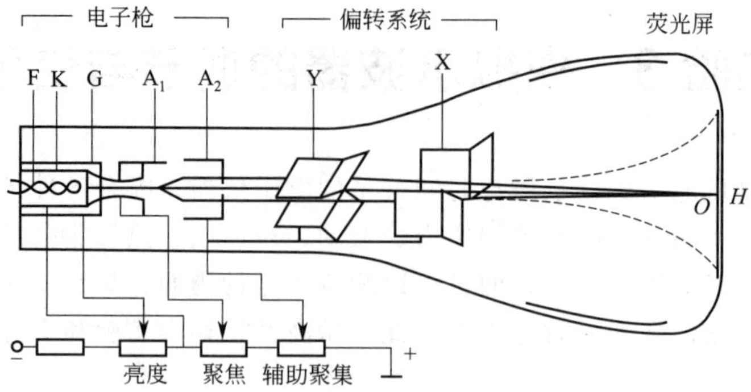

图 3.2 示波管结构示意图

固定一点。荧光屏前有一块透明的、带刻度的坐标板，可以供测量光点的坐标位置（电子的偏移距离）使用。

（2）电子枪

电子枪的作用是发射电子束，通过调节电场分布实现对电子束进行聚焦和控制到达荧光屏上的电子数量。

当阴极 K 被点燃的灯丝 F 加热之后，会向外发射电子，电子通过栅极 G 后形成一束电子束，栅极的电位相对阴极稍低，因此调节栅极相对阴极的电位，可以控制通过栅极的电子数目，只有初速度较大的电子才能通过栅极，然后经阳极加速后射向荧光屏。因而改变栅极电位，可以调节荧光屏上光点的亮度，示波器面板上的“辉度旋钮”就是起这一作用。

阳极相对栅极有很高的电位，对通过栅极的电子起加速作用，这些中速的电子在向荧光屏运动的过程中将向四周发散，在荧光屏上形成的不是一个很小的光点，而是模糊的一片。如果在电子运动的路径上建立一静电场，使发散的电子通过这一电场后重新会聚成一束细小的电子束。这一电场对电子的作用就像会聚透镜对光的作用一样，所以称为“静电透镜”。电子枪中静电透镜的电场分布实际上是由阴极、栅极、阳极、聚焦极的几何形状、相对位置及电位决定的，各电极的几何形状与相对位置已事先仔细设计确定，实际使用时通过调节聚焦极上的电位来改变电场分布。示波器面板上的“聚焦旋钮”就是起这一作用。

（3）偏转系统

示波管内有两组平行板，一组竖直放置（产生水平方向电场），称为 X 偏转板；一组水平放置（产生竖直方向电场），称为 Y 偏转板。通常在水平放置的 Y 偏转板上加上放大后的被测信号电压，当电子通过这一平行板间的电场时，受到电场作用，将获得竖直方向的速度，电子在荧光屏上产生的光点沿竖直方向的位置将随所加信号电压线性变化。经过定标（即用一个已知电压的信号加在水平放置的平行板上，测量电子在竖直方向的偏移，确定已知电压与电子偏移距离之间的比值关系），即可通过测量电子束在竖直方向的偏移距离确定被测信号的电压。同理，在竖直放置的 X 偏转板上加上电压，则可使电子束的运动沿水平方向发生偏转。

2. 电压放大系统

要使电子在荧光屏上产生的光点偏移一定的距离，必须在偏转板上加一定的电压。一般示波管偏转板的灵敏度不高，偏转 1cm 需要几十伏的电压。被测信号的电压一般较低，只有几伏、几毫伏，甚至更低。因此，为了使电子束能在荧光屏上获得明显的偏移，必须对待测信号的电压进行放大，“垂直（Y 轴）衰减器”就起这一作用，选用衰减器的不同挡位，可以对信号电压进行不同程度的放大。

一般各种型号的示波器的“垂直（Y 轴）衰减器”　［也称“垂直偏转系数旋钮（VOLTS/DIV）”］都设定了12挡位，每一挡位处的数值连同标记在该挡位所在区间范围内的单位（mV，V），称为“纵向偏转系数”，也叫“垂直偏转系数”，记为 Y（单位为 mV/div，V/div），表示当前荧光屏上竖直方向上的一个分度（div，即一个大格，1cm）所代表的电压值。设所测量信号电压波形的波峰与波谷之间的垂直距离为 y（单位为 div），则所测量的信号峰-峰电压值为

$$U=Yy(\text{mV 或 V}) \tag{3.1}$$

因此，我们可以借助该式测量待测信号的电压。

3. 扫描与触发系统

（1）扫描作用

把一个电压随时间变化的信号加在示波器水平放置的 Y 偏转板上，只能从荧光屏上观察到光点在竖直方向的运动。如果信号变化较快，看到的只是一条竖直的亮线，而看不到电压随时间变化的波形。此时，如果在竖直放置的 X 偏转板上加上一个电压与时间成正比的信号，使电子束在竖直方向运动的同时也沿水平方向匀速移动，把竖直方向的运动在水平方向“展开”，从而在荧光屏上显示出电压随时间变化的波形。如图 3.3 所示，加在 X 偏转板上的电压是“锯齿波”信号，它的特点是电压随时间线性增加到最大值，然后瞬间回到最小，此后周期性地重复变化。在 X 偏转板上锯齿波的作用下，电子束在水平方向上周期性地由左至右来回扫动，且回扫时间极短，此过程称为“扫描”。

如图 3.4 所示，分别在 Y 偏转板上加正弦电压和 X 偏转板上加锯齿波电压，形成竖直和水平方向电场，电子先后经过两个电场后在竖直和水平方向上都产生运动，这两个相互垂直的运动合成就会在荧光屏上显示出正弦信号波形（即电子的运动轨迹）。当扫描信号（锯齿波）的周期与竖直方向信号的周期相同时，可以在荧光屏上显示出一个完整周期的波形，如图 3.4 所示。同理，如果在 Y 偏转板上加其他类型的电信号，示波器的荧光屏上将会显示出相应的波形。

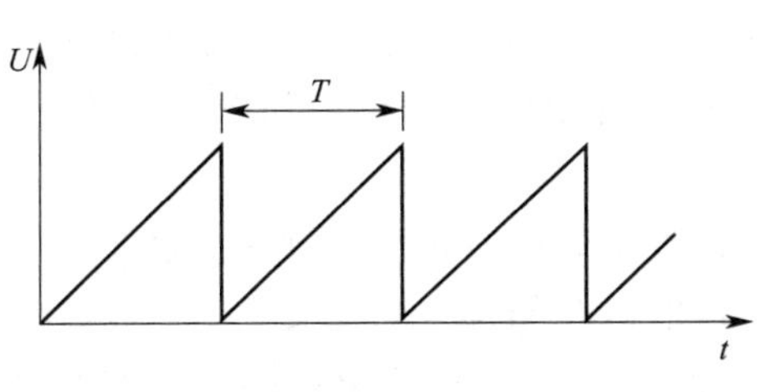

图 3.3　锯齿波波形图

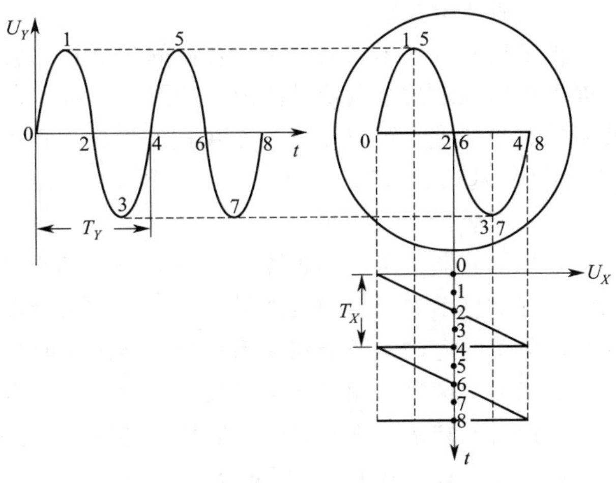

图 3.4　显示正弦波形原理图

对于双踪示波器，双通道（即双踪）观察时，是利用电子开关在显示屏上来实现两个信号的波形同时显示的。这种电子开关实际上是一个自动快速单刀双掷开关，它把经过两个输入端（CH1 通道与 CH2 通道）同时输入的两个信号经过放大后交替输入 Y 偏转板，可在荧光屏上的不同位置交替显示这两个信号。交替转换的速度足够快时，人的眼睛无法察觉，因此我们可以在荧光屏上同时观察到两个稳定的波形。

（2）同步触发作用

为了得到稳定的波形，扫描的信号的周期 T_x 必须是竖直方向信号的周期 T_y 的整数倍。设荧光屏上显示波形的周期数为 N，则

$$N=\frac{T_x}{T_y}=\frac{f_y}{f_x} \qquad (N=1,2,3,\cdots) \tag{3.2}$$

式中，T_x、f_x 为扫描信号的周期与频率；T_y、f_y 为竖直方向被测信号的周期与频率。

如果扫描信号周期不是竖直方向信号周期的整数倍，则每次扫描所得波形将不会完全重合，因而从荧光屏上看到的是不稳定的波形，这时可以调节示波器面板上的“扫描速率转换开关”与“扫描微调旋钮”，以扩展波形使得图形稳定。

“扫描速率转换开关（SEC/DIV）”，也称“水平（X 轴）衰减器”，使用时所选择的挡位上的数值连同标记在该挡位所在区间的时间单位（s，ms 或 μs），称为“水平偏转系数”，也称“时基系数”，记为 X（单位为 s/div，ms/div 或 μs/div），表示当前荧光屏上水平方向上的一个分度（div，即一个大格，多为 1cm）所代表的时间（周期）的值。设所测量信号一个周期的电压波形所占据的水平宽度为 x（单位为 div），则该信号的周期为

$$T=Xx \quad (\text{s、ms 或 μs}) \tag{3.3}$$

因此，我们可以借助该式对待测信号的周期或频率进行测量。

有时，单靠扫描速率转换开关与扫描微调不一定能达到很好的效果，为了使示波器上显示的波形稳定，还需要使用同步触发系统（电路），即由被观测的信号自身进行触发。所谓触发，就是使锯齿波在输入的信号达到某一条件（相位相同）时才开始扫描。因此被扫描的信号在荧光屏上的每一帧波形都是从同一个相位开始的，则各帧波形必然是完全重叠的，此时显示的波形是稳定的。

4. 信号电压和周期的测量

（1）直接测量法

被测信号输入示波器，选择合适的“垂直偏转系数 Y”和“时基系数 X”，在示波器荧光屏上调出稳定的被测信号波形。如图 3.5 所示，利用荧光屏前的刻度标尺分别读出波形的波峰到波谷的垂直距离 y 及一个周期波形所占据的水平长度 x，记下对应的“垂直偏转系数 Y”和“时基系数 X”，通过式(3.1) 和式(3.3) 即可测得电压和周期。

（2）李萨如图形法

如果示波器的 X、Y 偏转板上加的信号都是正弦波，当 f_x 与 f_y 之比为整数时，电子在荧光屏上显示的合运动轨迹是一个稳定的闭合曲线，称之为李萨如图形，如图 3.6 所示。此时，电子的运动是两个相互垂直的简谐运动的合成。

如果两个信号的频率不是整数比，图形不稳定。当接近整数比时，可以观察到图形沿顺时针或逆时针转动。李萨如图形的形状还随两个信号的幅值以及相位不同而变化。

如图 3.7 所示为几种不同频率比的李萨如图形。可以证明，封闭的李萨如图形在水平 X 轴、竖直 Y 轴上的切点数 N_x、N_y 与对应 X、Y 方向上正弦波信号的频率之间有如下关系

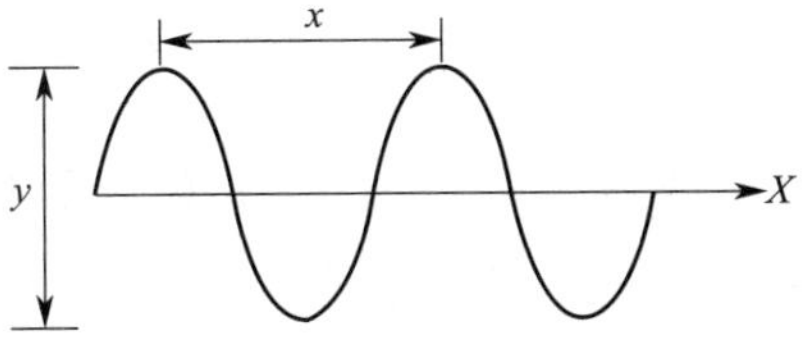

图 3.5　正弦信号波形图

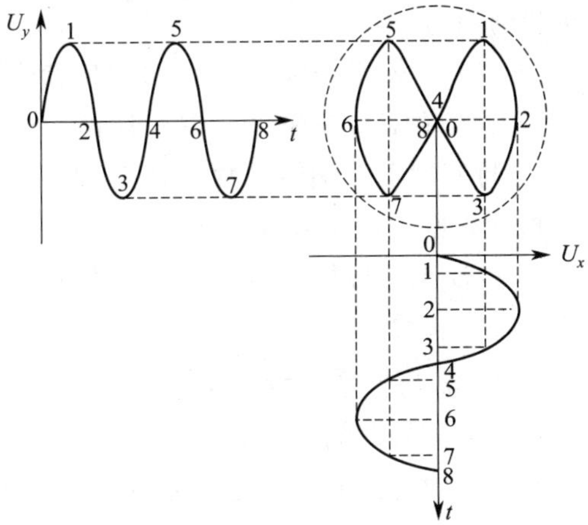

图 3.6　李萨如图形

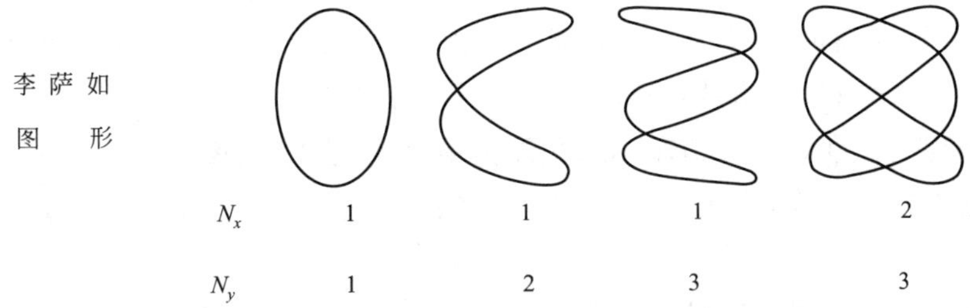

图 3.7　$N_x : N_y$ 为 1∶1，1∶2，1∶3，2∶3 时的李萨如图

$$\frac{f_y}{f_x}=\frac{N_x}{N_y} \tag{3.4}$$

如果两个正弦信号中的某一个频率已知，则把两个正弦信号分别输入示波器的 Y 轴（CH2 通道）与 X 轴（CH1 通道），调出稳定的李萨如图形，从李萨如图形上数出切点数 N_y 与 N_x，记下已知信号的频率，可由式(3.4) 得出待测正弦信号的频率。

利用李萨如图形测未知信号频率时，将"时基系数旋钮"逆时针旋到底，这时 CH1 通道输入的信号经放大后被接到 X 偏转板上，此时示波器内的扫描系统不再起作用；CH2 通道仍为垂直输入端（Y 轴），即由此输入的信号仍被接到 Y 偏转板上。

【实验内容】

1. 仪器的调整

① 打开示波器、函数信号发生器、标准信号源电源开关，预热 2～3min。

② 调整示波器的工作状态。

a. 顺时针调节"辉度旋钮"。

b. 按下水平扫描方式"自动"按键，"时基系数旋钮"（SEC/DIV）至毫秒（ms）挡。

c. 按下垂直方式"CH1"或"CH2"按键，调节对应的"垂直位移旋钮"使扫描亮线出现在荧光屏上。

③ 调节"辉度旋钮"和"聚焦旋钮"，使亮线清晰度和聚焦度合适。

2. 示波器校准信号的观察与测量

① 将示波器自生校准信号接入示波器通道 1（CH1）。

② 按下垂直方式"CH1"按键，适当调节"垂直偏转系数旋钮"和"时基系数旋钮"

即可找到信号。

③ 调节“水平位移旋钮”和“竖直位移旋钮”使信号显示在荧光屏中央。

④ 触发源对应按下“CH1”按键，调节“电平旋钮”，使波形稳定。

⑤ 调节“垂直偏转系数旋钮”和“时基系数旋钮”，观察波形变化；选择合适的挡位，读取相应数据记录于表3.1中。

⑥ 将校准信号接入示波器通道2（CH2），选择触发源“CH2”，调节对应通道2的功能旋钮，重复步骤②～⑤。

3. 观察与测量标准信号

将标准信号源的待测信号接入示波器通道“CH1”或者“CH2”，调节相应的功能旋钮，使被测信号的波形稳定显示在荧光屏上，选择合适挡位以便于观察和测量，将数据记录于表中。

4. 观察与测量函数信号

将函数信号发生器的信号接入示波器通道“CH1”或“CH2”，练习使用信号发生器，分别输出方波、正弦波、三角波，在示波器上观察各种波形。

5. 观察李萨如图形，用李萨如图形测量正弦信号频率

① 将被测正弦信号接入“CH2”通道，函数信号发生器输出的正弦信号接入“CH1”通道。

② 将“时基系数旋钮”逆时针旋到底。

③ 调节“CH1”和“CH2”通道的“垂直偏转系数旋钮”，使图形以合适的比例显示在荧光屏上。

④ 调节函数信号发生器的输出频率（即 f_x），使显示屏上出现不同切点数之比的李萨如图形，记下相应切点数 N_x、N_y 和频率 f_x 于表3.2中。

注意：测量中，也可将两通道信号互换进行测量。

【数据处理】

① 按照式(3.1)和式(3.3)计算被测信号的电压、周期和频率，完成相应表格。用坐标纸附上相应的信号波形图，并标注相应参数。

表3.1 被测信号的电压和周期（参考表格）

通道	垂直偏转系数 Y	垂直偏转距 y/cm	时基系数 X	一周期水平长度 x/cm	测量结果		
					U_{pp}/V	T/s	f/Hz
CH1							
CH2							

② 按照式(3.4)计算出被测正弦信号的频率。用坐标纸附上相应切点数之比的李萨如图形，并标注相应参数。

表3.2 用李萨如图形测量正弦信号频率（参考表格）

N_x					
N_y					
f_x/Hz					
f_y/Hz					

【注意事项】

① 在不使用“垂直偏转微调旋钮”和“扫描微调旋钮”的校准和扩展功能时，测量信号时需将它们沿逆时针方向旋至校准位置，使其关闭。

② 当电压测量不准确时，需要将示波器的校准信号输入某通道并调节相应通道的扩展旋钮对其校正，然后再测量；若周期测量不准确时，对“时基系数调节旋钮”校准采用相同的方法。

③ 当待测电压超出示波器测量的最大电压（$U_{pp}=5V/cm\times 8cm=40V$）时，可调节“垂直偏转微调旋钮”扩展测量范围，一般可扩展 2.5 倍；

④ 示波器的标尺刻度盘与荧光屏不在同一平面上，二者之间有一定距离，读数时要尽量减小视差。

⑤ 实验中标准信号是未知（即待测）信号，应当将稳定的李萨如图形下函数信号发生器显示的数据（待测信号）填入表中。

【思考题】

① 示波器完好，但荧光屏上有两种情况：a. 既没有扫描光点也没用扫描亮线；b. 只有扫描光点，试分析原因？如何调节？

② 示波器“CH1”通道接入信号，但荧光屏上只有一条竖直亮线，是什么原因？如何调节才能使波形在屏上沿水平方向展开？

③ 示波器“CH2”通道接入信号，但荧光屏上只有一条水平亮线，是什么原因？如何调节才能使波形在屏上沿竖直方向展开？

④“扫描速率转换开关”上标出的是扫描时间系数，如何测定扫描波的频率？如果荧光屏显示出一个完整波形，但图像向右缓慢移动，扫描波频率比被测信号频率高还是低？

【附录】

YB43020B 型双踪示波器使用说明

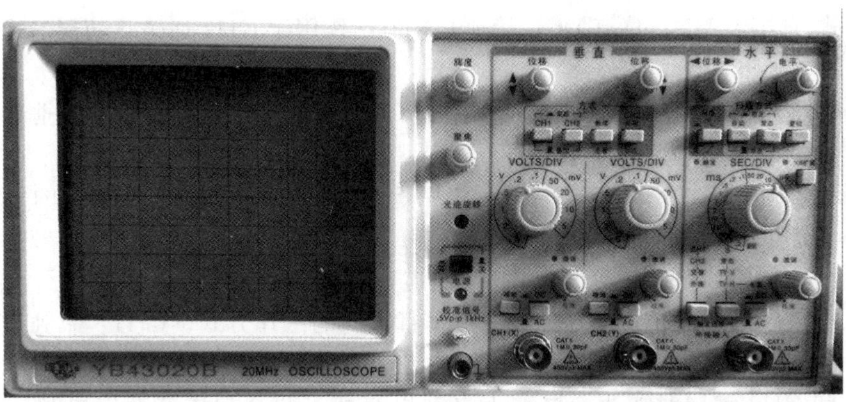

图 3.8　YB43020B 型双踪示波器操作面板示意图

图 3.8 是 YB43020B 型双踪示波器面板示意图。主要功能旋钮作用如下：

（1）示波管部分

显示屏（水平 10cm、竖直 8cm）：仪器测量显示终端。

电源开关（POWER）：按入此键，电源接通，指示灯亮。

辉度旋钮（INTENSITY）：控制光点和扫描线的亮度，顺时针方向旋转旋钮，使亮度增强。

聚焦旋钮（FOCUS）：聚焦电子束，使光迹调节到最清晰的程度。

光迹旋转（TRACE ROTATION）：由于磁场的作用，当光迹在水平方向微倾斜时，该旋钮可调节光迹与水平刻度平行。

校准信号输出端子（CAL）：提供输出幅度为0.5V、频率为1kHz的方波信号，用以校准本机Y轴偏转系数、X轴扫描时间系数。

接地端子：示波器外壳的接地端。

（2）垂直方向部分（VERTICAL）

通道1输入端［CH1 INPUT(X)］：常规使用，垂直通道1的输入口；在X-Y方式时，作为X轴的输入口。

耦合方式（交流AC、直流DC；接地GND）：CH1通道输入信号与放大器连接方式选择开关。交流（AC）：弹出此键，放大器输入与信号连接由电容器来耦合，信号中的直流分量被隔开，观察交流成分。直流（DC）：按下此键，放大器输入与信号输入端直接耦合，信号中的交流分量被隔开，观察直流成分或者频率较低的信号。接地（GND）：按下此键，输入信号与放大器断开，放大器的输入端接地，通道1输入的信号被屏蔽。

垂直衰减器开关（VOLTS/DIV），即垂直偏转系数旋钮：用于选择CH1通道的垂直偏转系数Y，共10档。只有在垂直偏转微调旋钮处于“校准”时，才能按VOLTS/DIV所选挡位在屏幕上读取并计算被测信号的电压值。如果使用的是10∶1的探极，计算时将垂直衰减器开关指示的幅度×10。

垂直偏转微调旋钮（VARLAGLE）：用于连接改变CH1通道垂直偏转系数Y。此旋钮在正常情况下应位于逆时针方向旋到底的校准位置。将旋钮顺时针旋到底，垂直方向的灵敏度下降了60%以上。

垂直位移（POSITION）：调节CH1通道光迹在屏幕上的垂直位置。

通道2输入端［CH2 INPUT（Y）］：垂直通道2的输入口，在X-Y方式时，作为Y轴输入口。

耦合方式（交流AC、直流DC；接地GND）：作用于CH2通道，功能与通道1的耦合方式相同

垂直衰减器开关（VOLTS/DIV）：作用于CH2通道，功能与通道1的垂直衰减器开关相同

垂直偏转微调旋钮（VARLAGLE）：作用于CH2通道，功能与通道1的垂直偏转微调旋钮相同

垂直位移（POSITION）：作用于CH2通道，功能同通道1的垂直位移

垂直方式（VERTICAL MODE）：选择垂直方向的工作方式。CH1：单独按入此键，屏幕上仅显示CH1的信号。CH2：单独按入此键，屏幕上仅显示CH2的信号。双踪（DUAL）：CH1和CH2键同时按入，屏幕上自动以交替（适合扫描速率较快时）或断续方式（适合扫描速率较快时），同时显示CH1和CH2通道的信号。叠加（ADD）：CH1和CH2键同时弹出，显示CH1和CH2输入信号的代数和。CH2反相（INVERT）：按入此键，CH2信号反相显示；此键弹出，CH2信号常规显示。

（3）水平方向部分（HORIZONTAL）

水平位移（POSITION）：用于调节光迹在水平方向的位置，作用于CH1和CH2通道

的信号。顺时针方向旋转该旋钮光迹向右移动，逆时针方向旋转光迹向左移动。

扫描方式(HORIZ DISPLAY)：选择产生扫描方式。自动（AUTO)：单独按下此键，在没有信号输入或输入信号没有被触发同步时，扫描电路自动进行扫描，屏幕上仍然可以显示扫描基线。常态（NORM)：单独按下此键，有触发信号才能扫描，否则屏幕上无扫描线显示；当输入信号的频率低于50Hz时，用“常态”触发方式。电平锁定（LOCK)：“自动”(AUTO)、“常态”（NORM）两键同时按入，电平被锁定，无论信号如何变化，触发电平自动保持在最佳位置，不需人工调节电平。单次（SINGLE)：“自动”(AUTO)、“常态”（NORM）两键同时弹出被设置于单次触发工作状态，当有触发信号时，触发指示灯亮，单次扫描结束后指示灯熄，复位键（RESET）按下后，电路重新处于待触发状态。

扫描速率转换开关（SEC/DIV)，即时基系数旋钮：共20挡。只有在扫描微调旋钮处于“校准”时，才能按SEC/DIV的所选挡位在屏幕上读取并计算被测信号的周期值。

扫描微调旋钮（VARIABLE)：此旋钮逆时针方向旋转到底时，处于校准位置。此旋钮顺时针方向旋转到底时，扫描减慢60%以上。

X-Y转换键：“扫描速率转换开关”逆时针方向旋转到底，处于X-Y转换功能，CH2输入端仍为垂直信号接入端，CH1输入端为水平信号接入端。

扩展控制键（MAG×5)：按入该键，扫描因数×5。扫描时间是Time/div开关指示数值的1/5。

(4) 触发系统（TRIG GER)

触发电平旋钮（TRIG LEVEL)：调节被测信号在某选定电平触发，当旋钮转向“+”时显示波形的触发电平上升，反之触发电平下降。有助于维持波形的稳定。

极性按钮（SLOPE)：触发极性选择。用于选择信号的上升沿和下降沿触发。

触发源选择开关（SOURCE)：选择对应名称的触发源，有助于波形显示稳定。

耦合方式（交流AC、直流DC、接地GND)：外界输入触发信号的耦合选择方式，功能与通道1、2的耦合触发相同。当选择外接触发源，且信号频率较低时，选择直流DC耦合方式。

外触发输入端（EXTINPUT)：输入外部触发信号。

实验4　数字示波器的调节与使用

数字示波器因其具有波形触发、存储、显示、测量、波形数据分析处理等独特优点，其使用日益普及。目前，它已成为设计、制造和维修电子设备不可或缺的工具，能够迅速准确地解决电子工程中所面临的复杂电学信号的采集与测量工作问题。

在本实验中，我们将在模拟示波器学习的基础上，进一步介绍 OWON DS7102 型数字示波器的工作原理与使用方法。

【实验目的】

① 了解数字示波器基本结构和工作原理；

② 学会使用数字示波器观测电信号波形和电压幅值以及频率；

③ 学会使用光标测量、波形存储等功能。

【实验仪器】

OWON DS7102 型数字示波器，OWON AG1022E 数字函数信号发生器，标准信号源。

【实验原理】

1. 数字示波器的工作原理

数字示波器的原理如图 4.1 所示，输入数字示波器的待测信号先经过一个电压放大与衰减电路，将待测信号放大（或衰减）到后续电路可以处理的范围内，接着由采样电路按一定的采样频率对连续变化的模拟波形进行采样，然后由模数转换器 A/D 将采样得到的模拟信号转换成数字信号，并将这些数字信号以二进制的形式存放在存储器中，这样，可以随时通过 CPU 和逻辑控制电路把存放在存储器中的数字波形显示在液晶显示屏上，供使用者观察和测量。

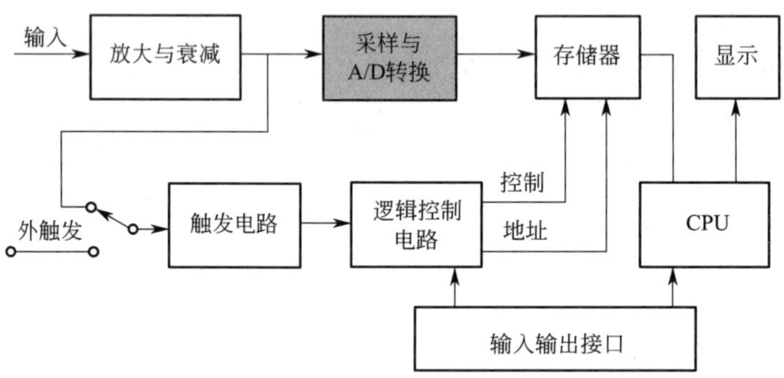

图 4.1　数字示波器原理框图

为了能够实时稳定地显示待测输入信号的波形，要做到示波器自身的扫描信号与输入信号同步，让每次显示的扫描波形的起始点都在示波器屏幕的同一位置。示波器内部有一个触发电路，如果选择经过放大与衰减后的待测输入信号作为触发源，则触发电路在检测到待测输入信号达到设定的触发条件（一定的电平和极性）后，会产生一个触发信号，其后的逻辑控制电路接收到这个触发信号将启动一次数据采集、转换和存储器写入过程。显示波形时，数字示波器在 CPU 和逻辑控制电路的参与下将数据从存储器中读出并稳定地显示在显示屏上。

由于已将模拟信号转换成数字量存放在存储器中，利用数字示波器即可对其进行各种数学运算（如两个信号相加、相减、相乘、快速傅里叶变换）以及自动测量等操作，也可以通过输入/输出接口与计算机或其他外设进行数据通信。

2. 数字示波器的测量方法

数字示波器可以对电信号进行多种测量，例如峰-峰值和幅度测量以及频率、周期和脉冲宽度测量等。同时，数字示波器还提供了多种进行此类测量的方法。这里主要介绍三个最常用的测量方法：手动测量、光标测量和自动测量。

（1）手动测量

手动测量是指根据显示屏上的刻度以及垂直和水平偏转因数的设置进行测量。要提高测量的精度，需要在垂直和水平方向上放大波形，使之尽量填充显示屏，同时至少显示一个完整周期的波形。具体计算方法可参阅实验 3　模拟示波器的调节与使用。

（2）光标测量

在通常模式下，光标测量有电压测量和时间测量两种菜单。按面板上的“光标”按键，屏幕上将显示光标测量功能菜单，如图 4.2 所示。

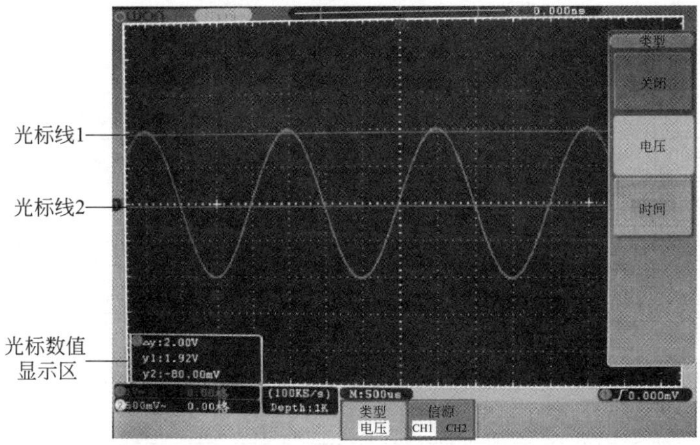

图 4.2　光标测量菜单

光标测量菜单说明见表 4.1。

表 4.1　光标测量菜单说明

功能菜单	设定	说　明
类型	关闭/电压/时间	关闭：关闭光标测量 电压：显示电压测量光标和菜单 时间：显示时间测量光标和菜单
信源	CH1/CH2	选择待光标测量的波形通道

进行光标测量时，可通过转动通道 1 的垂直位置旋钮调整光标 1 的位置，通道 2 的垂直位置旋钮调整光标 2 的位置，同时，位于波形左下方的窗口“光标数值显区”上将显示光标 1 和光标 2 对应的电压或时间差值的绝对值及两光标当前的位置。

（3）自动测量

通过数字示波器上的“测量”按键，可实现二十四种自动测量。二十四种自动测量包括：周期、频率、平均值、峰值、均方根值、最大值、最小值、顶端值、底端值、幅度、过冲、预冲、上升时间、下降时间、正脉宽、负脉宽、正占空比、负占空比、延迟 A→B、延迟 A→B、周期均方根、游标均方根、工作周期、相位。如图 4.3 所示。

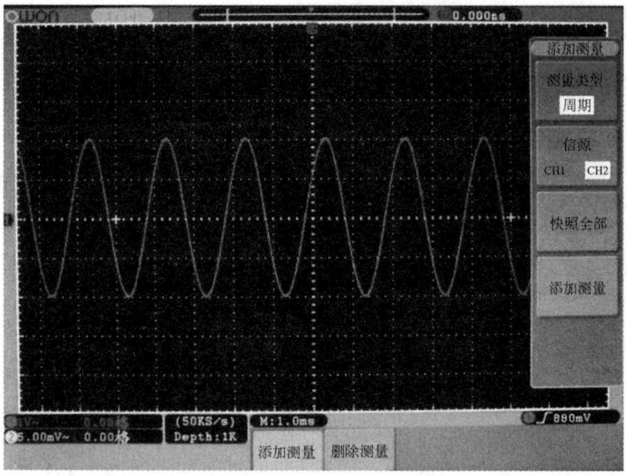

图 4.3 自动测量菜单

自动测量功能菜单说明表 4.2。

表 4.2 自动测量功能菜单说明

<table>
<tr><th colspan="3">功能菜单</th><th>说 明</th></tr>
<tr><td rowspan="5">添加测量</td><td colspan="2">测量类型</td><td>通过旋转通用旋钮，选择要测量的类型</td></tr>
<tr><td rowspan="2">信源</td><td>CH1</td><td rowspan="2">设定 CH1 或 CH2 为信源</td></tr>
<tr><td>CH2</td></tr>
<tr><td colspan="2">快照全部</td><td>显示全部测量值</td></tr>
<tr><td colspan="2">添加测量</td><td>添加选中的测量类型（在左下角显示，最多只有 8 种）</td></tr>
<tr><td rowspan="3">删除测量</td><td colspan="2">删除全部</td><td>删除全部的测量类型</td></tr>
<tr><td colspan="2">测量类型</td><td>通过旋转通用旋钮，选择要删除的类型</td></tr>
<tr><td colspan="2">删除</td><td>删除选中的类型</td></tr>
</table>

在进行自动测量时，波形通道必须处于开启状态，在存储波形或数学值波形上，或在使用 XY 方式或扫描方式时，都不能进行自动测量。注意：每次最多可同时添加 8 种测量类型，其测量的数值会在屏幕的左下方自动显示。

【实验内容】

① 熟悉信号发生器与数字示波器的相关旋钮和使用方法（DS7102 型数字示波器和 AG1022E 数字函数信号发生器的使用说明见本实验【附录】）；

② 连接标准信号源与数字示波器，按“自动设置”按键，使示波器自动快速检测并显示信号波形；

③ 分别采用手动测量、光标测量和自动测量方法，测量标准信号源输出信号和探头补偿信号的峰-峰值电压、周期和频率。

④ 利用李萨如图形，测量标准信号源输出正弦信号的频率。

a. 调节 AG1022E 函数信号发生器相关旋钮，使其输出信号为正弦信号；

b. 将标准信号源和 AG1022E 函数信号发生器产生的信号分别接入到示波器的两通道，按下示波器面板上的“自动设置”按键，在示波器上显示出稳定的波形；

要求：示波器 CH1 通道接入函数信号发生器的信号（其频率 f_x 可调），示波器 CH2 通道接入标准信号源信号（该信号频率 f_y 不可调，为本实验中的待测信号）。后续第 d 步按上述接入方式为例进行说明。实际测量工作中，也可以将上述两信号接入通道互换。

c. 按“显示”按键，使“XY 显示”开启；

d. 调节示波器 CH1 通道信号频率，合成满足条件的李萨如图形，记下相应的 f_x 及相应的切点数 N_x 与 N_y，根据公式 $f_y=\frac{N_x}{N_y}f_x$ 可计算得到待测信号频率 f_y。

【数据记录与处理】

① 根据手动测量数据，计算正弦信号和探头补偿信号的峰-峰值电压、周期和频率，并完成表 4.3。

表 4.3 待测信号测量数据表（手动测量）

垂直偏转因数 $Y/(\text{V/div})$	垂直偏转距离 y/cm	扫描时间系数 $X/(\text{ms/div})$	一周期水平长度 x/cm	测量结果		
				U_{PP}/V	T/s	f/Hz

② 根据光标测量和自动测量结果，完成表 4.4。

表 4.4 待测信号测量数据表（自动/光标测量）

	U_{PP}/V	T/s	f/Hz
自动测量			
光标测量			

③ 根据李萨如图形，计算待测信号频率，完成表 4.5。

表 4.5 用李萨如图形测量正弦信号频率

N_x	1	1	1	2
N_y	1	2	3	3
f_x/Hz				
f_y/Hz				

【思考题】

① 首次使用探头前为什么要进行补偿？

② 待测信号输入示波器后，图形杂乱或不稳定，应如何进行调节？

【附录1】

OWON DS7102 型数字示波器使用简介

一、前面板简介

前面板样例及说明见图4.4和图4.5。

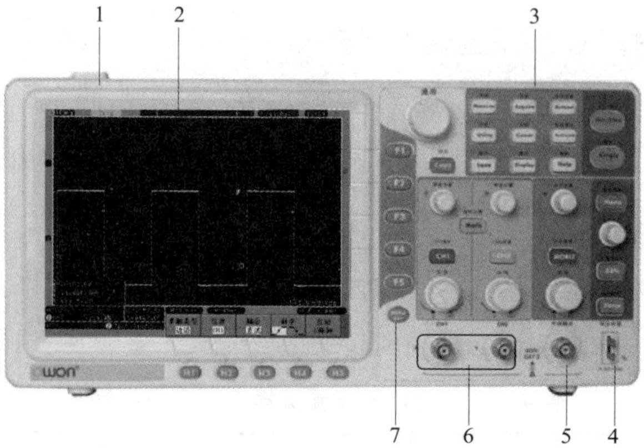

图4.4　DS7102型示波器前面板图

1—示波器开关；2—显示区；3—按键和旋钮控制区；4—探头补偿；
5—外触发输入端口；6—信号输入端口（CH1、CH2）；7—菜单关闭键

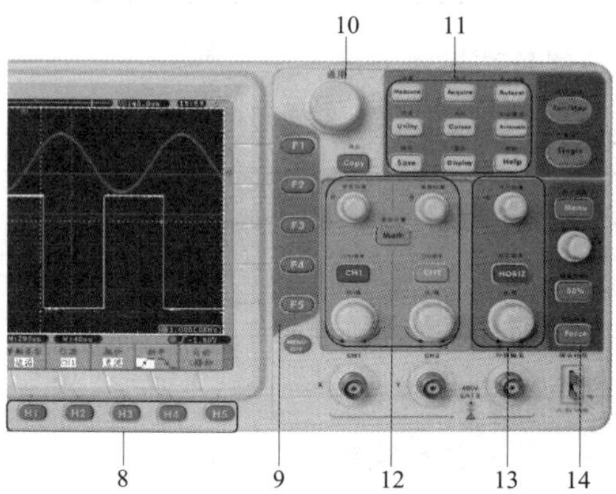

图4.5　按键和旋钮控制区说明图

8—横排菜单设置区（H1～H5）；9—竖排菜单设置区（F1～F5）；10—通用旋钮（当屏幕菜单中出现Ⓜ标志时，表示可旋动，用于选择当前菜单或设置数值；按下旋钮可关闭屏幕左侧菜单）；11—功能按键区；12—垂直控制区（两个“垂直位移”分别对应控制两通道垂直位移，“Math”对应波形计算菜单，“CH1”“CH2”按键可控制两个通道信号显示或关闭，两个“伏/格”旋钮分别控制两通道电压挡位）；13—水平控制区（“水平位置”旋钮控制触发的水平位置，“秒/格”控制时基挡位）；14—触发控制区（用于触发系统设置）。在两通道同时输入信号的情况下，要确保两信号同时稳定，可以通过按下“Menu”（触发菜单）按键，将“单触”模式调整为“交替”触发模式。

二、示波器测量的主要设置说明

1. 主要界面信息说明

图 4.6 显示两通道的水平和垂直控制区设置的参数、存储深度等信息，例如：“①2V～”表示“CH1”通道图形竖直方向每 cm（格）代表电压为 2V，而“～”表示“交流耦合”；“M：500μs”则表示水平方向每 cm（格）代表时间为“500μs”。

图 4.6　界面信息说明

2. 主要执行按键说明

①“run/stop”键：面板右上角“run/stop”键控制示波器自动扫描或停止；

②“single”键：用于单次扫描；

③“autoset”键：在有信号输入的情况下，可按下“autoset”进行自动设置，仪器将根据信号自动选择最佳量程；

④“measure”键：通过“添加测量”使示波器进行自动测量工作；

⑤“display”键：按下“display”时，面板显示如图 4.7 所示菜单，按下菜单下对应的按键（H1～H5）可进行相应设置。例如：按下“H3”可选择“XY 显示”开启或关闭，按下“H2”可设置余辉时间。

注意：在合成李萨如图形时，应选择“XY 显示”开启，同时可通过设置余辉时间使图形连续。但是在一般测量时应选择“XY 显示”关闭，同时关闭“余辉”。

图 4.7　按下“display”面板显示

3. 自动测量操作简介

屏幕中显示的红色图形及相关信息对应“CH1”，黄色图形及其相关信息对应“CH2”。示波器可进行自动测量，其测量结果将自动显示在屏幕的左下角。其步骤如下。

① 按下功能按键区的“measure”（测量）按键，屏幕下方将显示“添加测量”“删除测量”，可通过其下方“H1”“H2”按键进行选择；

② 选择“添加测量”后，屏幕右侧将出现一列菜单，通过菜单右侧对应的按键“F1～F4”可完成对应的设置；

③ 按“F2”键，选择需要添加测量的通道；

④ 按“F1”键，屏幕左侧显示出类型选项，旋动“通用”旋钮选择相应的测量类型；

⑤ 再按“F4”键以确认添加，此时测量结果将在屏幕左下角自动显示。

注意：重复以上步骤，可添加多种测量类型，使其测量结果同时显示；若要删除不需要的信息，也可通过菜单对应的按键来实现，可逐个删除也可全部删除。

【附录2】

OWON　AG1022E 数字函数信号发生器使用简介

一、前面板主要功能说明

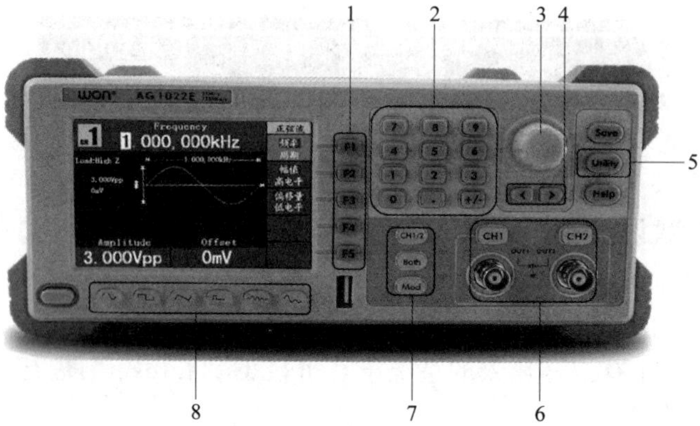

图 4.8　AG1022E 数字函数信号发生器的面板图

1—菜单选择键 F1～F5：激活屏幕右侧菜单；2—数字键盘：用于输入输出信号的频率电压等参数；3—旋钮：改变当前输出信号参数（功能同 2），或选择软键盘中的字符；4—方向键：选择菜单或移动数字键盘输入时的光标位置；5—“Utility”键：设置辅助系统功能；6—输出信号的两个通道，“CH1”“CH2”两按键点亮时输出信号；7—“CH1/2”屏幕显示的通道在“CH1”“CH2”间切换，“Both”屏幕上同时显示两通道信号，“Mod”设置通道 1 输出调制波形等；8—按键选择输出波形类型。

二、使用举例：

① 将连接线接入“CH1”（或“CH2”），点亮通道上方按键，切换“CH1/2”，使屏幕左上角显示如图 4.8，通过相应按键选择所需波形类型；

② 按下“F1”，选择输入所需信号的频率或周期，通过数字键盘或旋钮 3 调节出所需参数；

③ 按下“F2”，选择输入所需信号电压幅值或高电平，通过数字键盘或旋钮 3 调节出所需参数（方法同步骤 2）；

④ 在调整好信号参数后，按下“Utility”键，之后按下“输出设置”对应的“F3”键，再按下“相位差”对应的“F3”，打开或关闭相位差调节，此时可以调整两个通道输出信号的相位差，单位为“度”。

注意：在观察李萨如图时，需要进行相位差的调节。

实验 5 直流电路基本实验

电子元器件及连接它们的高电导（近似无电阻）的电流通道构成的网络系统称为电路。供电电源为直流，网络中的电流也处处为直流的电路称为直流电路。直流电源、直流电表、变阻器是直流电路中常用的主要电学实验仪器。

【实验目的】

① 学会使用直流电源、直流电表和变阻器；

② 研究分压电路的特性；

③ 测量小灯泡的伏安特性。

【实验器仪】

直流稳压电源（0～5V～12V，1A），直流电压表（0.5 级）一块，直流毫安表（0.5 级）一块，滑线变阻器 200Ω、2.7kΩ 各一个；电阻 27Ω、2kΩ、51kΩ 各一个；小电珠（6.3V）一只，数字万用表一块，实验板一块，软质连接线若干。

【实验原理】

1. 分压电路及其特性

串联电路具有分压作用。用电阻串联构成分压电路时，负载电阻的值对各串联电阻上电压的分配将产生明显的影响，从而影响输出电压的线性特征。下面用可变分压电路对电路特性进行分析。图 5.1 为一个用滑线变阻器构成的直流分压电路。C 为滑动端，负载电路可以从 BC 两点间获取从 0 到电源电压 E 之间连续变化的所有电压值。

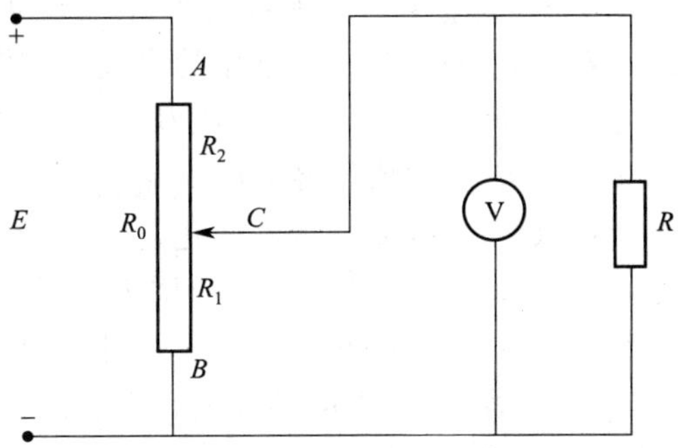

图 5.1 直流分压电路

如图 5.1 所示，变阻器的总电阻 $R_0=R_1+R_2$，R_0 是固定值（最大值）。由串并联规律和欧姆定律，则有

$$R_{BC}=\frac{1}{\frac{1}{R_1}+\frac{1}{R}} \tag{5.1}$$

$$U_{CB}=\frac{R_{BC}}{R_{AB}}U_{AB}=\frac{R_{BC}}{R_{BC}+R_2}U_{AB} \tag{5.2}$$

式(5.2) 中，U_{AB} 为 A、B 两端的电压；R_{AB} 为 A、B 之间的电阻，$R_{AB}=R_{BC}+R_2$。

（1）$R=\infty$（未接入负载电阻 R）

由式(5.1) 和式(5.2) 可知，有 $R_{BC}=R_1$，$U_{CB}=\frac{R_1}{R_1+R_2}U_{AB}=\frac{R_1}{R_0}U_{AB}$，$R_{AB}=R_1+R_2=R_0$ 为固定值。此时，图 5.1 中的变阻器 R_0 相当于两个电阻 R_1 和 R_2 串联，R_1 和 R_2 对 A、B 两端的电压 U_{AB} 起分压作用。当滑动端 C 由 B 向 A 均匀滑动时，R_{BC} 随之从 0 开始线性增加，U_{CB} 也从 0 开始线性增大，即 U_{CB} 随 R_1/R_0 呈线性关系变化，

如图 5.2 所示。

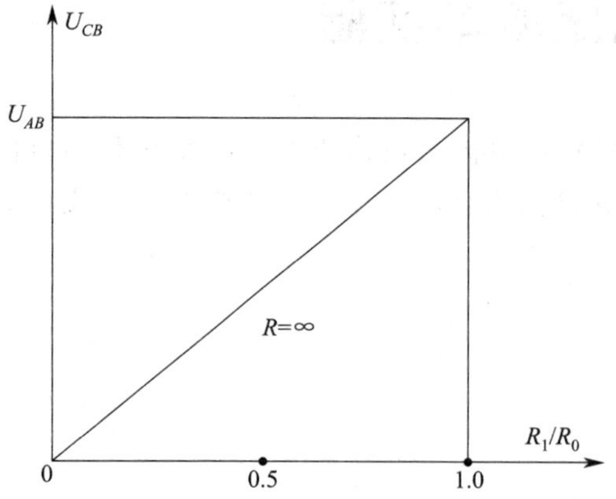

图 5.2 线性分压曲线

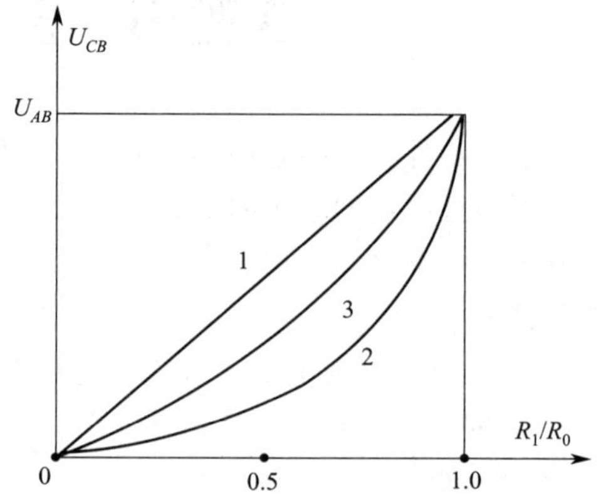

图 5.3 非线性分压特性

（2）R 为有限值

由式(5.1) 和式(5.2) 可知，此时 R_1 随 C 端滑动仍然可以作线性变化，R_{BC} 和 U_{CB} 的变化却不一定是线性的，因而使分压过程变得复杂。下面分析三种典型情况。

① $R \gg R_0$ 因为 $R_0 > R_1$，所以 $R \gg R_1$，代入式(5.1) 可知 $R_{BC} \approx R_1$，即 R_{BC} 几乎不受 R 的影响。此时，R_{AB} 几乎不变，$R_{AB} = R_{BC} + R_2 \approx R_1 + R_2 = R_0$ 为固定值，代入式(5.2) 可知 $U_{CB} \propto R_1$。所以，当 $R \gg R_0$ 时，U_{CB} 随 C 端在变阻器上均匀滑动呈线性变化，$U_{CB} \sim R_1/R_0$ 曲线为一条近似的直线，如图 5.3 中曲线 1 所示。

② $R \ll R_0$ 当滑动端 C 从 B 端向 A 端移动，R_1 增大，但由于 R 很小，所以并联电阻 $R_{BC} \ll R_1$，R_{BC} 的值始终很小。此时，尽管 R_1 随 C 端在变阻器上均匀滑动呈线性变化，但 R_{BC} 的变化缓慢且是非线性变化，U_{CB} 随 R_1/R_0 也呈非线性变化，这种非线性变化的特征是：开始时，U_{CB} 随 R_1/R_0 的增大上升缓慢；当 C 快接近 A 端时，上升速度变快，最终 $U_{CB} = U_{AB}$（U_{AB} 不变），如图 5.3 中曲线 2 所示。

③ $R_0 \approx R$ 这时 R 的并入，会引起 R_{BC} 的明显改变，但 R_{BC} 和 U_{BC} 随 R_1/R_0 的变化都是非线性的，只是不像 $R \ll R_0$ 那么明显，如图 5.3 中曲线 3 所示。

以上三种情况的讨论表明，当采用变阻器连续（或多级）分压时，选用变阻器的总阻值 R_0 应该远小于负载电阻 R，至少应使二者比较接近，使得分压电路输出的电压随滑动端在变阻器上均匀滑动呈线性变化。

2. 非线性元件的伏安特性

有些电子元件，其两端所加电压和流过元件电流之间的关系不是直线，统称其为非线性元件，如热敏电阻、压敏电阻、光敏电阻、二极管、三极管、白炽灯泡等。对于非线性元件也存在电阻的概念，只是其电阻不是常量，随着元件上所加电压的不同而不同，一般定义为：在非线性元件上所加的电压与此时流过元件的电流之比为此时元件的电阻，也称为该电压下的等效电阻。

【实验内容】

1. 观测分压电路的分压特性

按图 5.1 所示电路，利用实验板连接分压电路，分三种情况测 U_{CB}-R_1/R_0 关系曲线，每种情况测 10 个点，即将滑线变阻器粗略分成十等分，C 端每移动一个等分，记下相应电压表示数。三种情况如下：

① $R_0=200\Omega$，$R=51\text{k}\Omega$；

② $R_0=2.7\text{k}\Omega$，$R=27\Omega$；

③ $R_0=2.7\text{k}\Omega$，$R=2\text{k}\Omega$；

实验数据对应记录于表 5.1 中。

表 5.1　分压电路的分压特性（$E=5\text{V}$）

R_1/R_0	0.1	0.2	0.3	0.4	0.5	0.6	0.7	0.8	0.9	1.0
U/V										

注意：直流电源输出选用 5V；三种情况下合理选择电压表的量程。

2. 测量小灯泡的伏安特性曲线

① 按图 5.4 所示，利用实验板将实验室提供的小灯泡、直流电流表、直流电压表、200Ω 滑线变阻器和直流稳压电源连成电路。

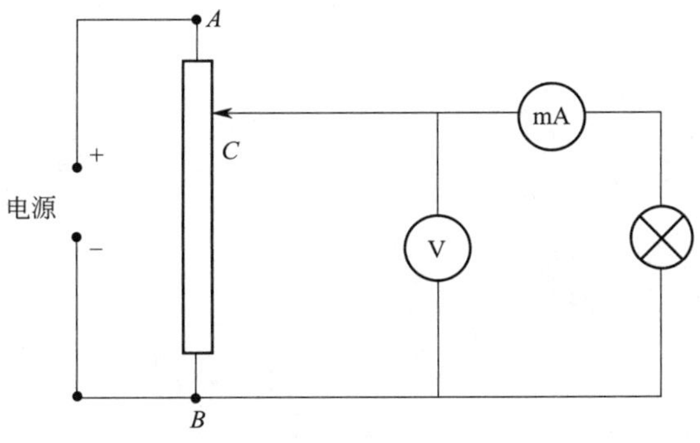

图 5.4　测量小灯泡伏安特性

注意：电表的极性不能接错，并在测量开始之前，先将 C 滑动到 B 端。小灯泡的额定电压为 6.3V，直流电源选用 5V，电流表可选用 200mA 量程。

② 检查电路无误后，接通电源，自 B 向 A 缓慢滑动 C 端，此时的正常现象是：电压表的指示值从 0 开始均匀上升，电流表的电流值逐渐增大；小灯泡的灯丝由暗红→橙红→明亮（白炽）。均正常后，再将 C 滑到 B 端，让电压电流均降为零。

③ 重新自 B 向 A 滑动 C，电压每增加 0.5V，记录一个与之对应的电流值，一直记到电压为 5.0V 为止（实验中，测到最大输出电压为止）。实验数据记录于表 5.2 中。

表 5.2　小灯泡的伏安特性（$E=5\text{V}$）

U/V	0.5	1.0	1.5	2.0	2.5	3.0	3.5	4.0	4.5	5.0
I/mA										

【数据处理】

① 用坐标纸绘制分压特性曲线 U_{CB}-R_1/R_0 图。三条曲线共用一个坐标系。

② 用坐标纸绘制小灯泡的伏安特性曲线 U-I 图。从曲线上求出：

a. $U=3\text{V}$ 时的等效电阻值；

b. $U=5V$ 时，对应的电流值；

c. $I=100mA$ 时，对应的电压值。

（选做）③ 已知小灯泡的 U-I 关系的经验公式为 $U=KI^n$，其中 K 和 n 可以被看成为常数。利用所测得的数据分别用作图法和最小二乘法求 K 和 n。

【思考题】

① 当滑线变阻器起分压作用时，加在滑线变阻器上的电源电压最大不能超过多少伏才能保证变阻器的安全？

② 测量小灯泡伏安特性曲线时，若将毫安表与小灯泡先串接，电压表接在毫安表与小灯泡串联电路的两端（称为电压表外接），对测量结果会有什么影响？

实验 6　用补偿法测电源的电动势

【实验目的】

① 理解电源电动势的物理意义。

② 掌握补偿原理，学会用补偿法测量电源电动势。

③ 训练对测量结果不确定度的评估。

【实验仪器】

滑线式电位补偿板，THMV-1 型直流电位差计实验仪（含直流稳压电源，检流计，电阻箱，滑线变阻器，标准电源，待测电源，双刀双掷开关，单刀开关），若干导线。

【实验原理】

1. 电源及其电动势

（1）电源

能够在电路中产生并维持电流的装置叫电源。电源都有两个极，称为电极。对直流电源而言，一个电极为高电位，叫正极，另一个电极为低电位，叫负极。

（2）全电路

由用电器电路把电源的正、负极连接起来，连同电源一起组成的电路，叫作全电路。即包括电源的电路称为全电路。

（3）外电路与内电路

两电极间的电源外部电路称为外电路，两电极间的电源内部称为内电路。即全电路包括外电路与内电路两部分。

（4）电动势

在外电路中，静电力驱使正电荷由正极向负极作定向运动，即电流由正极流向负极。在闭合回路中，电流是不会中途改变方向的，所以在内电路中，电流则是从负极流向正极。因为正电荷是不可能靠静电场力从低电位运动到高电位的，因此，在电源内部，必须依靠另外的力来移动电荷，这种力称为非静电力。常用电池的非静电力为化学力。

① 电动势　将单位正电荷从电源负极通过电源内部移动到正极，非静电力所做的功叫作电源的电动势，表示符号为 ε，单位是伏特。一个电源的电动势具有一定的数值，它与外电路的性质以及是否接通都没有关系，它反映电源中非静电力做功的本领，是表征电源本身的特征量。

② 电动势的测量　测量电源电动势的一般方法，如图 6.1 所示。

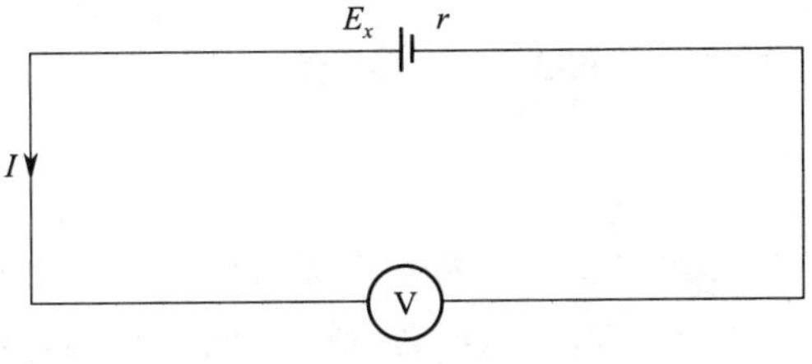

图 6.1　测量电动势的一般电路图

电源的内电路存在电阻，称为电源的内阻，通常记为 r。设电路中的电流强度为 I，则有

$$U=E_x-Ir \tag{6.1}$$

式中，U 为电源外电路的路端电压。很显然，由于电源存在内阻，只要电路中有电流，总有 $U<E_x$。无论用什么电压表直接测量电源的电动势都存在一定的测量误差。只有当$I=$

0时，才能获得电源电动势的精确测量值，补偿法是实现这种高精度测量的有效方法。

2. 电压补偿法测量原理

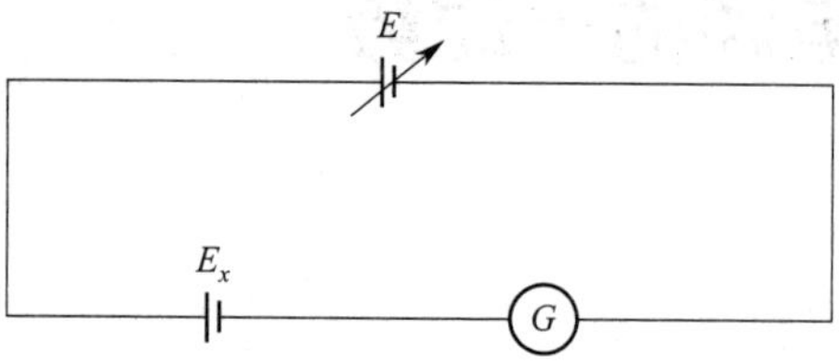

图6.2 电压补偿原理图

如图6.2所示，对于一段具有一定电压的电路（或电源），并联上一个可调电源（也可以是分压电路的一部分），当可调电源的电压与电路上的电压（或电源的电动势）相等时，并联回路中的电流为零。称此为电压补偿原理。

3. 用二次电压补偿法测电源的电动势

实用的补偿电路如图6.3所示，工作电源 E、电阻箱 R 和电阻丝 AB 构成可调电源（工作回路）；标准电池 E_S、待测电源 E_x、检流计 G、滑线变阻器 R_P（检流计的保护电阻）和滑动点 M、N 间的电阻 R_{MN} 组成补偿回路。当电阻丝 AB 中有恒定的电流 I_0 通过时，改变接点 M、N 的位置（即改变它们之间的电阻丝长度 L_{MN} 和电阻 R_{MN}），可以得到不同的电位差

$$U_{MN}=I_0R_{MN} \tag{6.2}$$

具体测量工作是通过进行两次补偿完成的。

（1）给可变电源定标（第一次补偿）

适当选取一段电阻丝的长度 L_{MN}，将图6.3中的双刀双掷开关 K_1 打向已知电动势的标准电源 E_S，调节电阻箱的电阻 R，使检流计的电流 $I_g=0$。此时，$U_{MN}=E_S$，M、N 间的电阻丝长度为 L_{MN}，电阻为 R_{MN}，由式（6.2）可知流经 AB 的电流

$$I_0=\frac{U_{MN}}{R_{MN}}=\frac{E_S}{R_{MN}} \tag{6.3}$$

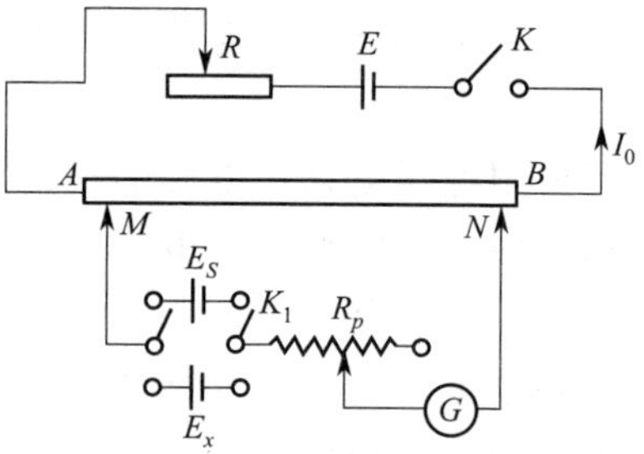

图6.3 补偿法测电动势示意图

此过程的目的是给可变电源定标（即选定电流 I_0），也是对补偿法的一次应用，称其为第一次补偿。

（2）测未知电动势（第二次补偿）

将图6.3中的双刀双掷开关 K_1 打向未知电源 E_x，在保持定标电流 I_0 不变的条件下（即不改变 R），改变 M、N 两点的位置，使检流计 G 的指示值再次为零。此时，$U_{M'N'}=E_x$，两点的新位置 M'、N'间的电阻丝长度为 $L_{M'N'}$，电阻为 $R_{M'N'}$，则有

$$I_0=\frac{U_{M'N'}}{R_{M'N'}}=\frac{E_x}{R_{M'N'}} \tag{6.4}$$

由式(6.3) 和式(6.4) 可得

$$E_x=\frac{R_{M'N'}}{R_{MN}}E_S \tag{6.5}$$

由式(6.5) 可知，定标后待测电动势 $E_x \propto R_{M'N'}$。

由于电阻丝 AB 各处的截面积相等，电阻率也相同，故两次的电阻之比等于两次电阻丝长度之比，即 $\frac{R_{M'N'}}{R_{MN}}=\frac{L_{M'N'}}{L_{MN}}$，故有

$$E_x=\frac{L_{M'N'}}{L_{MN}}E_S \tag{6.6}$$

由上述可知，已知 E_S，通过两次补偿，由电阻丝长度 L_{MN} 和 $L_{M'N'}$，即可由式（6.6）求出待测电动势 E_x。此方法是将对电学量的测量转换成对长度量的测量，其有效数字可以达到小数点后面第四位，具有非常高的测量精度。

4. 电位差计

能够从仪表的指示上直接读出待测电压或电动势的电压补偿装置称为电位差计，其基本结构与图 6.3 相同，增添了一些辅助功能。所有部件往往集中地装配在一个仪器箱中，称为箱式电位差计，常用的型号有 UJ1、UJ31、JJ36 等，还有专为教学用的学生箱式电位差计。通常把图 6.3 结构的补偿装置也叫作电位差计，相应地称为敞式电位差计或滑线式电位差计。电位差计的测量范围一般为 0～2V。

不同型号的箱式电位差计，都规定有特定的工作电流 I_0，工作前都要对 I_0 进行校准，然后根据可变电阻的变化测量未知电动势 E_x。

【实验内容】

1. 连接电路

按图 6.4 连接电路（连线时，先使开关 K 和 K_1 都处于断开状态）。

本实验装置的电阻丝 AB 总长为 11m（如图 6.4 所示），被往复绕在一块板上的十二个插孔 B，0，1，2，…，10（A）之间，相邻号数插孔之间电阻丝长度为 1.000m，0B 段电阻丝下方附有米尺，可以从上面读出不足 1m 的长度值。M 点接入 0～10 插孔中的任一孔内，N 点位于 0B 段任意位置处。长度 L_{MN} 的读数方法：孔的号数加上米尺上 N 点所在位置的读数。例如，插孔号为 4，米尺上 N 点位置读数为 43.52cm，则 $L_{MN}=4.4352$m，其中最后一位是估读位。

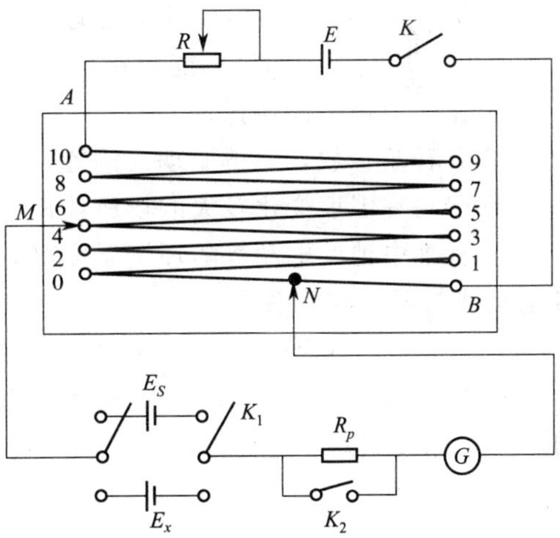

图 6.4　11 线补偿板示意图

注意：接 M、N 两点时，要保证电路连通后：E_S 和 E_x 应与 E 并联，否则电路无法实现补偿功能。

2. 校准电路（第一次补偿）

① 接入保护电阻 R_p，将 N 端置于 0B 段中部，M 端接到适当（如 4 或 5）的插孔，将 K_1 合向 E_S，合上开关 K，改变 R（同时可微调 N 端），使 G 的指示为零。

② 将保护电阻 R_p 短接，微调 R（也可微调 N 端），使 G 的指示为零。此时流经 AB 的电流即为工作电流 I_0。记下此时的电阻丝长度 L_{MN} 值。

3. 测未知电源电动势（第二次补偿）

① 保持电流 I_0 不变（即不改变 R 的值），接入 R_p。

② 将开关 K_1 合向 E_x，改变 M、N 两端的位置（记为 M'、N'），使 G 的指示为零。

③ 将 R_p 短接，同时可微调 N'的位置，使 G 的指示为零。记下此时的电阻丝长度 $L_{M'N'}$ 值。

④ 重复上述步骤测量 5 次，自拟表格记录数据。

【数据处理】

① 按式(6.6) 计算待测电动势 E_x 及其平均值 $\overline{E}_x$。

② 按实验要求计算不确定度，并给出结果表达式。

【思考题】

① 在补偿回路中接入保护电阻 R_p 的作用是什么？在什么情况下取最大值？在什么情况下取最小值？为什么？

② 用滑线式电位差计测量电源的电动势时，调节端头 M、N，但始终找不到平衡点，试分析可能有哪些原因？

③ 在调电位差计平衡时，发现检流计的指针始终向一个方向偏转，其可能的原因是什么？

④ 如果用一根 1m 长的大电阻率的电阻丝代替 11m 长的实验用电阻丝，会对测量结果的精度造成什么样的影响？

【附录】

使用标准电池时应注意的事项

① 通过标准电池的电流不能超过 5×10^{-6}A，标准电池不能作供电的电源用，也不能用电压表测量其电压，两极不能短接；

② 正、负极不能接错；

③ 要轻拿轻放，不得振动或倒置；

④ 避免在温度变化较大的场所使用；

⑤ 标准电池的电动势随环境温度略有变化，例如，常用的汞镉 BC7-1 饱和式标准电池，其电动势与温度的关系为

$$\varepsilon=\varepsilon_{20}-4.06\times10^{-5}(t-20)-0.95\times10^{-6}(t-20)^2\ \text{(V)}$$

式中，ε_{20} 为 $t=20$℃时的电动势。在不做严格要求情况下，就用 ε_{20} 值作为标准电动势，不必用该式对 ε 进行修正。

实验 7　平衡直流电桥及其应用

【实验目的】

① 掌握单臂平衡直流电桥的结构和工作原理。

② 学会用单臂平衡直流电桥测量中值电阻的方法。

③ 了解电桥灵敏度的概念，学习测量电桥灵敏度、减小测量误差的方法。

【实验仪器】

直流稳压电源，平衡直流电桥实验仪（含检流计、若干标准电阻、滑线变阻器、电阻箱、待测电阻），若干导线。

【实验原理】

1. 电桥

电桥又称桥式电路，是按一定结构组成的串并联电路。工作电流为直流的电桥叫直流电桥，其主要用途是较为准确地测量电阻，也可以用来测量引起电阻变化的其他物理量，如电感、电容、频率、温度、压力、形变等。直流电桥按其测量电阻阻值的范围又分为单臂直流电桥和双臂直流电桥。单臂直流电桥用途较广，一般用于测量中值电阻，双臂直流电桥适用于测量低值电阻。本实验只介绍平衡直流电桥及其应用。

最简单、最常用的直流电桥如图 7.1 所示。把四个电阻 R_1、R_2、R_s 和 R_x 联成一个平行四边形 ABCD，每一边叫作电桥的一个臂。在四边形的一对对角 A 和 C 之间接上直流电源 U_s，在另一对对角 B 和 D 之间连接检流计 G。所谓“桥”指的就是包含检流计 G 的对角线 BD，它的作用是把 B 和 D 两个点连接起来，直接比较这两点的电位。当 B、D 两点的电位相等时，称电桥平衡；反之，如果 B、D 两点的电位不相等，则称电桥不平衡。检流计用于检查电桥是否平衡，通过检流计的电流为零时称为平衡，电流不为零时称为不平衡。通过调节和检查电桥平衡来测量电阻值的直流电桥称为平衡直流电桥；在不平衡状态下来测量电阻的直流电桥称为非平衡直流电桥（参阅实验 15）。

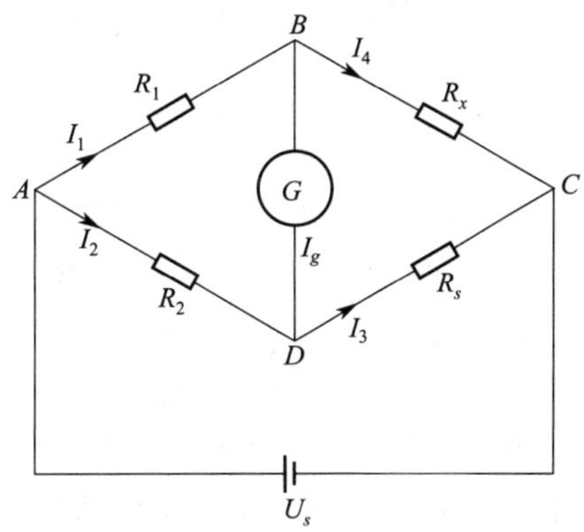

图 7.1　平衡直流电桥电路原理图

2. 平衡直流电桥的测量原理

无论是单臂平衡电桥还是双臂平衡电桥，其测量原理都是相同的，即都是用平衡测量法进行测量的，不同之处是单臂平衡电桥在测量待测电阻 R_x 时，会因为接线的接触电阻对测量结果带来测量误差，双臂电桥可以有效地克服这一影响。下面就以单臂电桥分析平衡直流电桥的测量原理。

单臂平衡直流电桥又叫惠斯登电桥，其工作原理如图 7.1 所示。当电桥平衡时，B、D 两点的电位相等，所以 A、B 间的电压等于 A、D 间的电压，B、C 间的电压等于 D、C 间的电压，即

$$U_{AB}=U_{AD},U_{BC}=U_{DC}$$

这时，通过检流计的电流 $I_g=0$，所以通过 AB 和 BC 两臂的电流相等，记为 $I_1=I_4=I$；通过 AD 和 DC 两臂的电流也相等，记为 $I_2=I_3=I'$。根据欧姆定律，$U_{AB}=IR_1$，$U_{AD}=I'R_2$，$U_{BC}=IR_x$，$U_{DC}=I'R_s$。代入上列两式可得

$$IR_1=I'R_2,IR_x=I'R_s \tag{7.1}$$

式(7.1) 为电桥平衡的条件，常常写成下述形式

$$R_x=\frac{R_1}{R_2}R_s \tag{7.2}$$

当 R_1、R_2 为已知时，可以通过调节 R_s 使电桥达到平衡，从而可以由式(7.2) 求得待测电阻 R_x 的阻值。称 R_1、R_2 为电桥的“比率”臂，R_s 为电桥的“比较”臂。

3. 电桥的灵敏度与测量误差

(1) 电桥的灵敏度

用平衡直流电桥测量电阻时，我们是根据检流计是否有示数来判断电桥是否平衡的。当检流计无示数时，并不说明通过它的电流 I_g 绝对为零，而只是反映 I_g 足够小，检流计灵敏度有限而测不出来，就认为电桥平衡了，这样 R_x 的测量就会有误差。为确定由于检流计灵敏度不够而带来的测量误差，引入电桥灵敏度的概念。

当选择电桥的比率臂 $R_1=R_2$，电桥达到平衡时，则有 $R_x=R_s$。适当使 R_s 微小改变 ΔR_s，电桥失去平衡，此时检流计示数产生微小变化，记为 n，定义电桥的灵敏度为

$$S=\frac{n}{\Delta R_s/R_s} \tag{7.3}$$

式中，$\Delta R_s/R_s$ 表示 R_s 的相对改变。S 值越大，电桥越灵敏，带来的测量误差越小。

(2)“交换臂法”消除比率臂带来的测量误差

检流计的灵敏度是测量误差的来源之一。另外，R_1、R_2、R_s 不够准确，也会造成测量误差，这一类误差可以通过选用制造得比较精确的标准电阻加以克服，还可以通过“交换臂法”消除 R_1 和 R_2 带来的误差。在图 7.1 中，保持比率不变的情况下，交换 R_x 和 R_s 在电路中的位置，由电桥平衡条件式(7.2) 可得

交换前，电桥平衡时，记 R_s 为 R_s'，有 $R_x=\frac{R_1}{R_2}R_s'$

交换后，电桥平衡时，记 R_s 为 R_s''，有 $R_x=\frac{R_2}{R_1}R_s''$

以上两式相乘可得

$$R_x=\sqrt{R_s'R_s''} \tag{7.4}$$

(3) 测量不确定度

用平衡直流电桥测量中值电阻时，接触电阻（$10^{-2}\sim10^{-5}\Omega$）带来的测量误差可以忽略不计。当选择电桥的比率臂 $R_1=R_2$ 时，则 $R_x=R_s$，$\Delta R_x=\Delta R_s$。因此，可以用标准电阻 R_s 的允差来估计电桥的测量不确定度。标准电阻 R_s 的允差一般按下列公式计算

$$\Delta R_s\leqslant(a\%R_s+b) \tag{7.5}$$

式中，a 为电阻箱的准确等级；R_s 为电阻箱的读数；b 为常数，$a<0.1$ 时，$b=0.002\Omega$，$a\geqslant0.1$ 时，$b=0.005\Omega$。

【实验内容】

1. 用惠斯登电桥测中值电阻

① 在尚未接通电源的条件下，按图 7.2 接好线路。图中 R_s 为电阻箱。所用导线应尽可能短。

② 将电源的电压旋钮逆时针旋到底，确认检流计处于“关”的状态，合上电源开关 S。

③ 将 A 点连接到比率臂的不同接线柱上，从而选择不同的比率 $K=\frac{R_1}{R_2}$，调节电桥平衡。

④ 电桥平衡调节。

粗调：选择比率，滑线变阻器 R_n 调节到电阻最大处，将电源电压调到 7V 左右，将检流计的开关打到“开”，观察检流计是否有示数。如果检流计有示数，调节 R_s 使示数减小，直到示数为零。

细调：逐渐减小 R_n 直至为零，调节 R_s 使检流计示数为零为止，此时电桥达到平衡，记下此时 R_s 的值 R_s'。

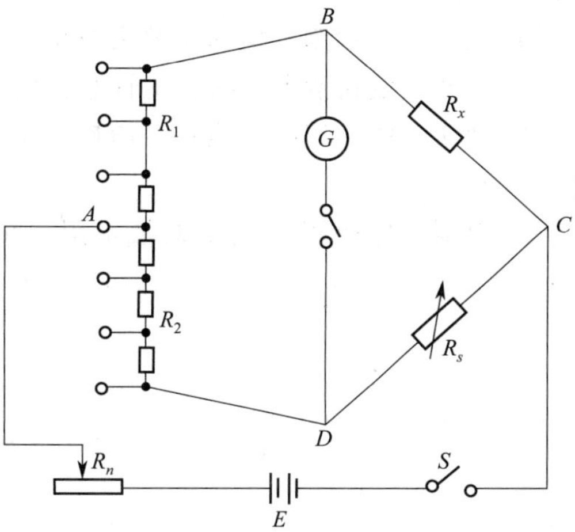

图 7.2　惠斯登电桥电路图

⑤ 断开电源开关 S，比率不变，将待测电阻 R_x 与比较臂 R_s 的位置对换。再按步骤④调节电桥平衡，记下此时 R_s 的值 R_s''。

⑥ 重复步骤④、⑤，测量比率 $K=1:1$、$1:2$、$1:5$ 三种情况下的 R_x。数据记入表 7.1 中。

表 7.1　电阻测量数据表

桥臂比率 R_1/R_2	1∶1	1∶2	1∶5
R_s'/Ω			
R_s''/Ω			
$R_x=\sqrt{R_s'R_s''}/\Omega$			
$\overline{R}_x/\Omega$			

2. 测电桥的灵敏度

将比率臂调到 1∶1 状态，R_s 调到使电桥平衡的值，使检流计的示数为零。适当改变 R_s 至 R_s'''，让检流计产生微小变化 n，记下 n 和 ΔR_s（表 7.2）。

表 7.2　电桥灵敏度测量数据表

R_s/Ω	R_s'''/Ω	$\Delta R_s=\lvert R_s'''-R_s\rvert/\Omega$	n	$S=\frac{n}{\Delta R_s/R_s}$

【数据处理】

① 由式(7.4) 计算 R_x，完成表 7.1。

② 计算 R_x 的不确定度，写出结果表达式。本实验所用标准电阻的准确度可参看电阻

箱上的说明。R_x 的相对不确定度为

$$U_r=\frac{1}{2}\sqrt{\left(\frac{U_{R'_s}}{R'_s}\right)^2+\left(\frac{U_{R''_s}}{R''_s}\right)^2}$$

③ 由式(7.3)，计算电桥的灵敏度，完成表 7.2。

【思考题】

① 惠斯登电桥测电阻的误差来源是什么？如何提高电桥的灵敏度？

② 惠斯登电桥测电阻时检流计总是向一边偏转是什么原因？如何检查与排除这一故障？

③ 图 7.2 中，当电桥达到平衡后，将电源与检流计的位置互换，电桥是否仍然保持平衡？试证明之。

④ 惠斯登电桥可以测量低值电阻（$R_x<10^{-2}\Omega$）吗？如果不行，为什么？如何改进测量？

实验 8 薄透镜焦距的测定

透镜是构成各种光学仪器的基本光学元件。焦距是反映透镜特性的一个主要参量，它决定了透镜成像的特点。因此，要设计和使用好光学仪器就必须理解透镜的成像规律，掌握光路的调节方法和焦距的测量方法。

透镜是由两个折射面组成的简单的光学系统。通常讨论的实际透镜的界面是球面。当透镜的厚度（两个球面顶点之间的距离）远小于其球面半径，这种透镜称为薄透镜；反之，称为厚透镜。其中，中间比边缘厚的薄透镜，称为凸透镜，如图 8.1 所示；反之，称为凹透镜。通过透镜中心并连接两球面顶点的直线称为透镜的主光轴。透镜内部主光轴的中点 O 称为薄透镜的光心。

(a) 凸透镜及其表示　　(b) 凹透镜及其表示

图 8.1 薄透镜

本实验使用的是薄透镜。

【实验目的】

① 了解薄透镜成像规律；

② 学会测量薄透镜焦距的几种方法；

③ 掌握光路调节的基本方法。

【实验仪器】

光源，光具座，像屏，凸透镜，凹透镜，平面镜。

【实验原理】

1. 薄透镜的成像公式

实验表明，平行于主光轴入射的光线透过透镜后，折射光线或其延长线将会聚到主光轴上的某一点，该点称为透镜的焦点，如图 8.2 所示。从焦点到透镜光心 O 点的距离称为透镜的焦距。与入射平行光同侧的焦点称为物方焦点，用 F 表示，物方焦距为 f ；而对侧的

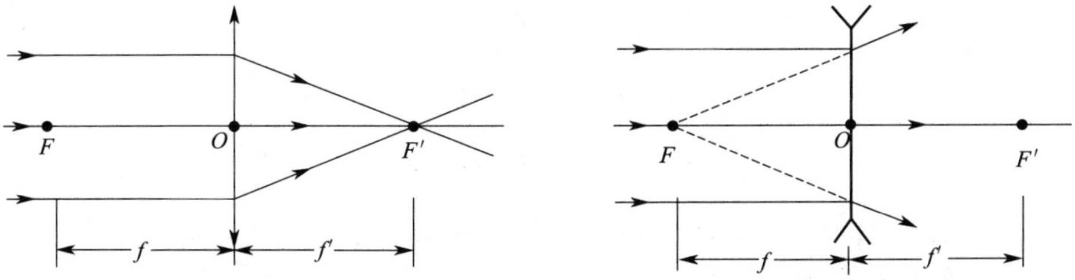

(a) 凸透镜会聚平行光　　(b) 凹透镜发散平行光

图 8.2 薄透镜对平行光作用

焦点称为像方焦点，用 F' 表示，像方焦距记为 f'。当透镜两边介质相同时，$f'=f$。由光路的可逆性可知，从焦点处发射或延长线会聚于焦点的入射光线透过透镜后将平行于主光轴射出。由图可知，凸透镜具有会聚光线的作用，凹透镜具有发散光线的作用。

在近轴光线（入射光与主光轴夹角很小）条件下，薄透镜成像规律为

$$\frac{1}{u}+\frac{1}{v}=\frac{1}{f} \tag{8.1}$$

式中，u 为物距；v 为像距；f 为薄透镜的焦距；u、v 和 f 均从透镜的光心 O 点算起。式中各个物理量必须服从一套符号法则：①u、v 的正负由物像的虚实决定，实为正，虚为负；②对凸透镜，f 为正，对凹透镜，f 为负。注意：运算时 u、v 和 f 必须按照符号法则正确添加符号。

2. 凸透镜焦距的测量

常用的测量方法有自准法、共轭法及物距像距法。这里着重介绍前两种方法。

（1）自准法　经过焦点 F 并垂直于主光轴的平面，称为焦平面。如图8.3所示，如果物处在凸透镜的焦平面上，则物上任一点发出的光线通过透镜后将成为平行光。若用与主光轴垂直的平面镜将此平行光反射回去，反射光再次通过透镜后仍会聚于焦平面上，所成的像为与物关于主光轴镜像对称的倒立实像。此时，物与透镜光心 O 之间的距离 OF 就是透镜的焦距。自准法能够快速、较准确地测出透镜的焦距，是光学仪器调节中的一个重要方法。

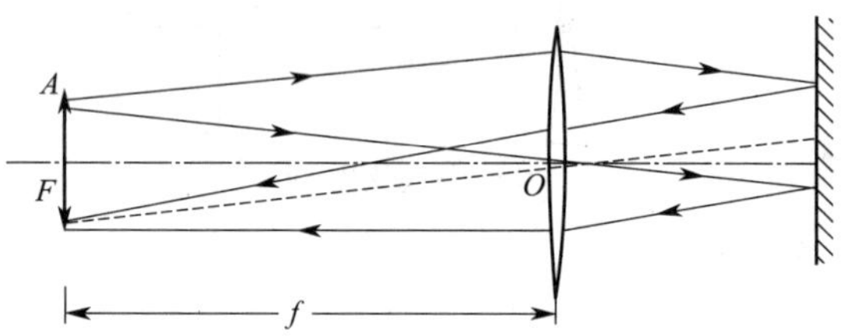

图8.3　自准法测凸透镜焦距

（2）共轭法（二次成像法或贝塞耳法）　可以证明，当物与像屏之间的距离大于4倍焦距时，在物与像屏之间移动透镜时可以在像屏上获得两次成像，如图8.4所示。

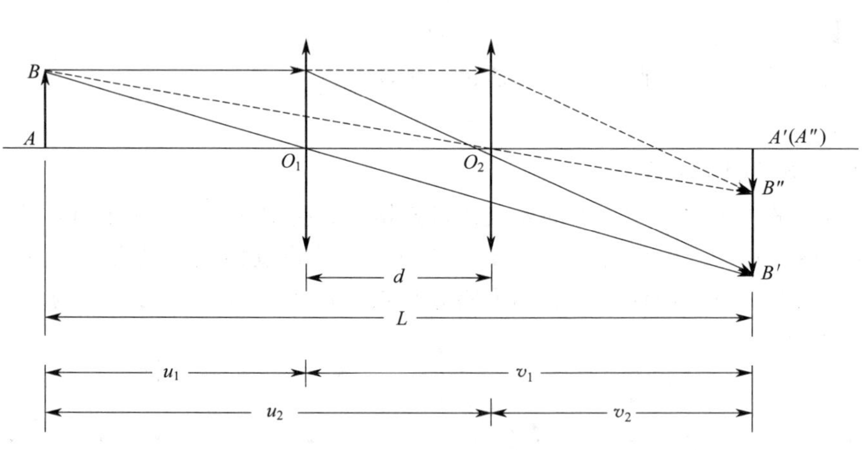

图8.4　共轭法测凸透镜的焦距

设物 AB 和像屏之间的距离为 L（$L>4f$），并保持不变。移动透镜，当透镜位于 O_1 时，屏上出现一个放大的倒立实像 $A'B'$；当透镜位于 O_2 时，在屏上又得到一个缩小的倒立实像 $A''B''$。两次成像时凸透镜的位置 O_1 与 O_2 之间的距离为 d。由薄透镜成像公式(8.1)，当凸透镜位于 O_1 位置时，有

$$\frac{1}{u_1}+\frac{1}{v_1}=\frac{1}{f} \tag{8.2a}$$

当凸透镜位于 O_2 位置时，有

$$\frac{1}{u_2}+\frac{1}{v_2}=\frac{1}{f} \tag{8.2b}$$

由图 8.4 可知，$v_1=L-u_1$，$u_2=u_1+d$，$v_2=v_1-d$，再联立式(8.2a) 和式(8.2b)，化简得

$$f=\frac{L^2-d^2}{4L} \tag{8.3}$$

这个方法的优点是把对物距和像距的测量，转换为对可以精确测定的量 L 和 d 的测量。避免了在测量物距和像距时，由于估计透镜光心位置不准确所带来的误差（一般情况下透镜的光心并不一定跟它的几何中心重合）。

(3) 物距像距法　如图 8.4 所示，物发出的光线经凸透镜后，在满足 $u>f$ 的条件下成实像，实验中可用像屏接收实像。借助光具座测量物距、像距，根据式(8.1) 即可求出凸透镜的焦距。

3. 凹透镜焦距的测量

凹透镜是发散透镜，物体发出的光线经过凹透镜的折射无法形成实像，所成像无法直接用像屏接收。因此，测量凹透镜焦距要用一个凸透镜辅助，先将物体发出的光线经凸透镜形成会聚光束（即成实像），然后利用会聚光束测定凹透镜的焦距。

如图 8.5 所示，将物安放在凸透镜 L_1 的主光轴上 A 处，物发出的光线经过凸透镜 L_1 后，成实像于 F 处。固定物、凸透镜 L_1 和像屏（成像 F 处）的位置，并在 L_1 和像屏之间插入待测的凹透镜 L_2 和一个平面镜 M，调节 L_2 和 L_1 的光心 O_2 和 O_1 同轴。移动 L_2，使平面镜 M 反射回去的光线经 L_2 和 L_1 后，仍成像于 A 处。此时，从凹透镜射到平面镜上的光是一束平行光，F 点就是凹透镜 L_2 的焦点，O_2F 就是该凹透镜的焦距。

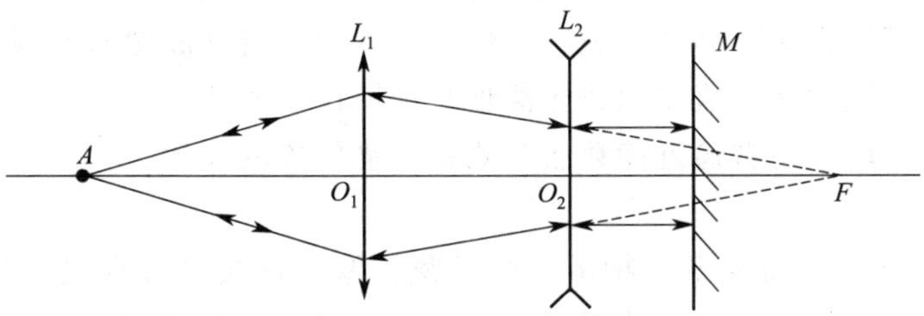

图 8.5　自准法测凹透镜的焦距

【实验内容】

1. 光学元件同轴等高的调节

只有在近轴条件下，薄透镜成像公式(8.1) 才成立。因此，在实验中必须对光具座上的光学系统作同轴等高的调节。

(1) 同轴等高

① 所有光学元件的中心位于同一光轴上。

② 公共的光轴与光具座的导轨平行。

(2) 调节方法

① 粗调　在光具座上只放置光源、物屏（如带有镂空“1”字的屏）和接收屏（像屏），使得光源发出的光斑落在远处接收屏的中央；再把透镜等所需光学元件放在光具座上，并使它们尽量与物屏靠拢，目测粗调其高度，使各元件的中心大致在平行导轨的一条直线上，且各元件的平面互相平行且都垂直于导轨。

② 细调　借助仪器或应用光学的基本规律来调整。本实验中，利用凸透镜成像的共轭原理进行调整。在光具座上保留光源、物屏、凸透镜、像屏，且使物屏与像屏的距离 $L>4f$（f 用估测值），然后移动凸透镜并观察像屏上成像的位置。如果凸透镜的光轴与系统的光轴不重合，则在移动凸透镜的过程中，像屏上两次成像的位置会改变，这时可根据像位置偏移的方向判断凸透镜光心是偏左还是偏右，偏上还是偏下，然后微调凸透镜的位置，直到两次成像的位置一致。

2. 测量凸透镜的焦距

（1）自准法

① 估测待测透镜的焦距　用凸透镜将室内照明灯在白纸上聚焦成像，粗略估计透镜的焦距（透镜与纸面的距离）。

② 按照图 8.3 所示，将光源、物屏、凸透镜和平面镜依次放置在光具座上（使平面镜与物屏的距离介于 1.5～2 倍焦距之间），然后移动凸透镜，改变凸透镜到物的距离，直至物屏上出现清晰的像为止。实验中，移动凸透镜的过程中，在物屏上能出现两个像：一个是由透镜靠平面镜一侧的内表面反射的光线经凸透镜会聚后成的像，此像比物稍大，清晰度稍差，像较暗；另一个是由平面镜反射再经凸透镜会聚后成的像，此像和物大小一致，清晰度高，像较明亮。我们要测量的是后一个像。区分两个像的方法是：在凸透镜与平面镜间用一张纸挡一下光线，若像消失，该像即为所找像，测出此时的物距，即为透镜的焦距。

③ 记录物所在位置的读数。用“左右逼近读数法”记录成像时透镜所在位置的读数。重复测量 3 次，自拟表格记录数据。

左右逼近读数法：实验中，人眼对成像清晰度的判断是有误差的，会对测量产生影响。测量中需要从两个不同方向移动透镜观察成像，先后两次清晰成像时透镜位置的读数即为其左右读数，取左右读数的平均值作为成像清晰时透镜位置的读数。

以下操作中均采取“左右逼近读数法”测量透镜位置的读数。

（2）共轭法

① 按照图 8.4 所示，将光源、物屏、凸透镜、像屏依次放置在光具座上，调节并固定物屏和像屏的位置，使物屏与像屏的距离 $L>4f$（f 已由自准法测得）。注意：间距 L 不要取得太大，否则将使小像缩得很小，难以判断凸透镜在哪一个位置上时成像最清晰；L 也不能太小，否则不可能两次成像。记下物屏、像屏所在位置的读数。

② 移动凸透镜，当屏上出现清晰的放大像时，记录凸透镜所在位置 O_1 的读数。再移动凸透镜，当屏上出现清晰的缩小像时，记录透镜所在位置 O_2 的读数。重复测量 6 次，自拟表格记录数据。

3. 用自准法测凹透镜的焦距

① 按照图 8.5 所示，将光源、物屏、凸透镜 L_1、像屏依次放置在光具座上（最好使物屏和凸透镜 L_1 之间的距离大于两倍凸透镜焦距，这样用自准法在 A 处成像较清晰），测出成像的位置 F（即像屏的位置）。

② 固定物屏、凸透镜 L_1、像屏的位置，并在 L_1 和像屏之间插入待测的凹透镜 L_2 和一个平面反射镜 M，使 L_2、L_1 的光心 O_2、O_1 在同一光轴上。

③ 移动 L_2，使由平面镜 M 反射回去的光线经 L_2、L_1 后仍成像于 A 处（物屏上）。用"左右逼近读数法"记录凹透镜 L_2 的光心 O_2 的位置。重复测量 3 次，自拟表格记录数据。

【数据处理】

① 整理实验数据，计算透镜焦距的平均值。

② 估算用共轭法测得的凸透镜焦距的不确定度，并写出结果表达式。

相对不确定度计算公式为

$$U_f=\sqrt{\left(\frac{1}{4}\right)^2\left[1+\left(\frac{\bar{d}}{L}\right)^2\right]^2U_L^2+\left(\frac{\bar{d}}{2L}\right)^2U_d^2}$$

式中，U_L 为 L 的不确定度，U_d 为 d 的不确定度。因为 L 是一次测量，只需计算其 B 类不确定度；而 d 的值比仪器最小分度大很多，可以不计其 B 类不确定度，只需计算其 A 类不确定度。简化可取

$$U_L=0.05\text{cm}\qquad U_d=\sqrt{\frac{\sum\limits_{i=1}^{n=6}(d_i-\bar{d})^2}{n(n-1)}}$$

【思考题】

① 如何用简单的光学方法判断透镜的凸、凹，在日常生活中如何估测凸透镜的焦距？

② 共轭法中能获得二次成像的条件是什么？共轭法有何优点？

③ 试证明：用共轭法测凸透镜焦距时，物屏与像屏之间的距离 L 必须大于 4 倍透镜焦距（$L>4f$）。

④ 为什么要对光具座进行同轴等高的调节？何谓同轴等高？如何调节？

实验9 分光计的调节与使用

分光计是用来精确测量角度的仪器。在几何光学实验中，可以用来测量棱镜的顶角、光线的偏向角、测量媒质的折射率等；在物理光学实验中，在载物台上放上棱镜或光栅等分光元件即可组成光谱仪，可以测量光谱线的波长等。

分光计的结构复杂而精密，调节难度大，其调节是本实验的重点和难点。

【实验目的】

① 了解分光计的结构，学会分光计的调节方法；

② 学会用最小偏向角法测定三棱镜的折射率；

③ 学会分光计的读数方法。

【实验仪器】

JJY-1型分光计，三棱镜，双面平面镜，钠光灯。

【实验原理】

1. 分光计的结构

分光计的型号很多，本实验采用的是JJY-1型分光计，其结构如图9.1所示。分光计主要由四部分组成：①平行光管；②望远镜；③载物台；④读数系统。这4部分固定在底座上，底座中心有一沿铅直方向的转轴，称为分光计的主轴。望远镜、载物台、读数系统（刻度盘和游标盘）都可以绕主轴转动，也可以用固定螺钉使其固定而不再能绕主轴转动。分光计各部分的主要旋钮名称及其功能见表9.1。

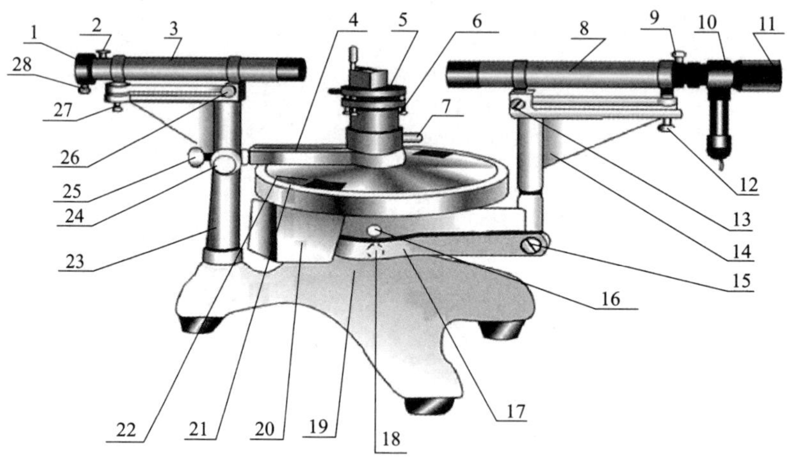

图9.1 分光计结构示意图

1—狭缝装置；2—狭缝装置固定螺钉；3—平行光管；4—游标盘止动架；5—载物台；6—载物台调平螺钉（3只）；7—载物台固定螺钉；8—望远镜；9—目镜套筒固定螺钉；10—分划板；11—目镜调焦手轮；12—望远镜光轴倾斜调节螺钉；13—望远镜光轴水平调节螺钉；14—望远镜支臂；15—望远镜微调螺钉；16—刻度盘固定螺钉；17—望远镜止动架；18—望远镜止动螺钉；19—底座；20—转座；21—刻度盘；22—游标盘；23—立柱；24—游标盘微调螺钉；25—游标盘止动螺钉；26—平行光管光轴水平调节螺钉；27—平行光管光轴倾斜调节螺钉；28—狭缝宽度调节手轮

表 9.1　分光计主要旋钮名称及其功能

标号	名　称	功　能
2	狭缝装置固定螺钉	松开，可转动或伸缩狭缝装置，调好后锁紧
6	载物台调平螺钉(3 只)	载物台面高度和水平调节
7	载物台固定螺钉	松开时，载物台可单独绕主轴转动、升降；锁紧后，使载物台与游标盘固联，二者一起运动
9	目镜套筒固定螺钉	松开时，可转动或伸缩目镜套筒，调好后锁紧
11	目镜调焦手轮	调节手轮聚焦目镜，可使视场中准线和绿“十”字窗清晰(分划板位于目镜焦平面上)
12	望远镜光轴倾斜调节螺钉	调节望远镜光轴在铅直方向上的倾斜度
13	望远镜光轴水平调节螺钉(在图后侧)	调节望远镜光轴在水平面内的方位
15	望远镜微调螺钉(在图后侧)	锁紧螺钉 18 后，调螺钉 15 可使望远镜绕主轴小幅度转动
16	刻度盘固定螺钉	松开时，刻度盘与望远镜可相对转动；锁紧后，二者固联，一起转动
18	望远镜止动螺钉(在图后侧)	松开时，可大幅度转动望远镜；实验中，读数前必须锁紧
24	游标盘微调螺钉	锁紧螺钉 25 后，调螺钉 24 可使游标盘绕主轴小幅度转动
25	游标盘止动螺钉	松开时，游标盘可大幅度转动；实验中，读数前必须锁紧
26	平行光管光轴水平调节螺钉	调节平行光管光轴在水平面内的方位
27	平行光管光轴倾斜调节螺钉	调节平行光管光轴在铅直方向上的倾斜度
28	狭缝宽度调节手轮	调节狭缝宽度，实验中控制入射光线的粗细

(1) 平行光管

分光计的平行光管是用来产生平行光的装置，它是由两个可相对移动的内外圆筒组成，如图 9.2 所示。在图中右侧圆筒（即外圆筒）的一端上，装有消色差透镜组。在图中左侧圆筒（即内圆筒）上装有一个宽度可调的狭缝装置，调节狭缝的两个刀口之间的距离，可以获得一条很细的线光源；旋转狭缝装置，可以调节线光源方位，使之平行于铅直方向；通过调节内外筒的相对位置，可以使狭缝正好位于透镜的焦平面上，则平行光管出射平行光。

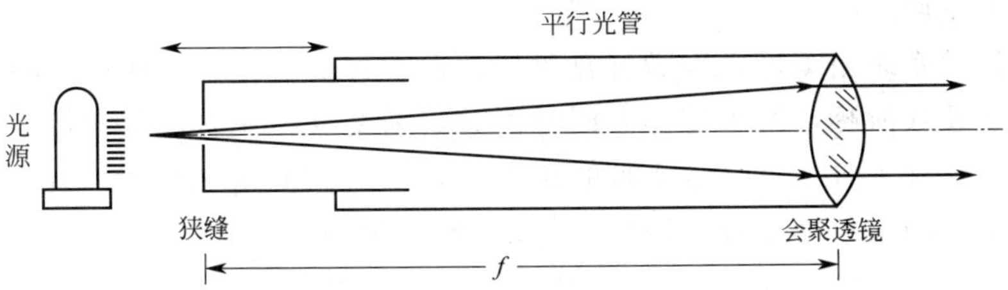

图 9.2　平行光管结构示意图

(2) 望远镜

物镜的像方焦点（焦平面）与目镜的物方焦点（焦平面）几乎重合，在它们的共同焦平面处装有一块分划板，用以对望远镜进行调焦。物镜和目镜均为凸透镜的望远镜称为开普勒望远镜，目镜为凹透镜结构的称为伽利略望远镜。

分光计中的望远镜的基本结构与开普勒望远镜一样，不同的是在其分划板下方贴有一个特制的 45°直角小棱镜及对分划板的特殊设计，如图 9.3 所示。棱镜的一个直角面紧贴在分划板上，面上除留有一个“十”字形透光孔以外其余部分均镀有一层不透光的薄膜。棱镜的另一个直角面朝向镜筒下方，可以从其下方的开孔处射入照明光线（常用发光二极管发出的绿色光），用以照亮“十”字窗。分划板上的调焦准线形状为“⊕”形，即在图形视野中的一个居中“十”分划线的上半部分的一半处，又有一较短的横线，短横线与竖直线形成的

"十"字形与小棱镜的透光"十"字窗关于水平长线为镜面对称。这种特制的准线是为了调节望远镜严格水平而设计的。称这种结构的望远镜为自准直望远镜，即可以用自准直法进行调节的望远镜。如图 9.3(b) 所示，当绿"十"像落在与透光"十"字对称的位置 HH' 上时，望远镜的自准法调节完成。

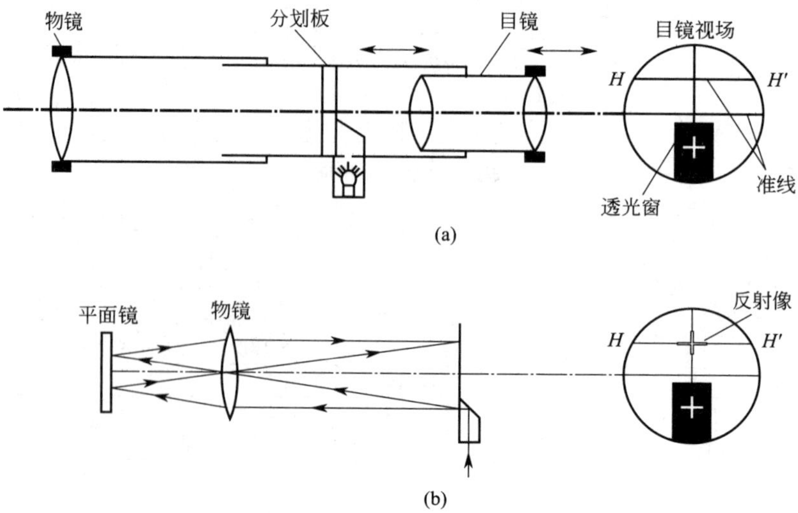

图 9.3　望远镜结构示意图

(3) 载物台

载物台是双层结构，上层圆形平台用来放置光学器件，如平面镜、三棱镜、光栅等；下层圆形平板固定在套筒上（套筒套在主轴上）。上下层之间有三个互成 120°的调节螺钉，通过对 3 个螺钉调整，可调节上层平台的高度和水平。

(4) 角度测量原理

分光计的读数系统由刻度盘和游标盘组成，在游标盘的左、右两侧（同一条直径的两端）各装有一个读数游标，两个游标需同时读数。刻度盘和左右读数游标构成两个读数窗口。望远镜位于位置 1 时，两游标读取角度分别记为 $\theta_{左}$ 和 $\theta_{右}$，位于位置 2 时，对应读取两游标角度为 $\theta'_{左}$ 和 $\theta'_{右}$，则方向 1 和方向 2 之间的夹角为

$$\delta=\frac{1}{2}(\delta_{左}+\delta_{右})=\frac{1}{2}(|\theta'_{左}-\theta_{左}|+|\theta'_{右}-\theta_{右}|) \tag{9.1}$$

这就是分光计的角度测量原理。此种双游标读数可消除由于分光计游标盘的转轴与刻度盘的转轴不重合带来的偏心差。

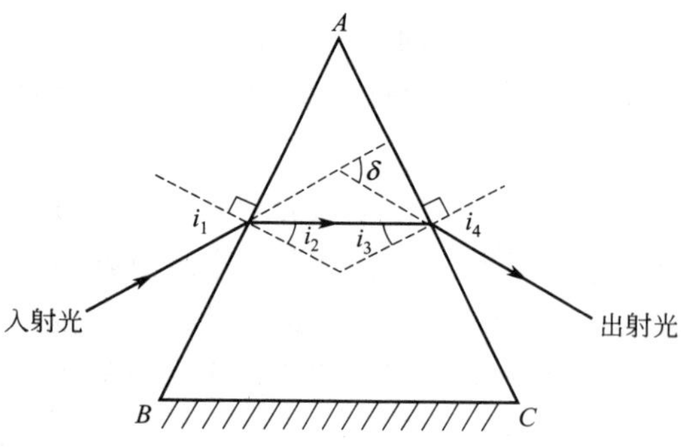

图 9.4　偏向角示意图

2. 用最小偏向角法测三棱镜的折射率

如图 9.4 所示，等腰三角形 ABC 表示三棱镜截面；AB 和 AC 是透光的光学表面；BC 为毛面。假设有一束单色光从空气（折射率 $n_0=1$）以入射角 i_1 入射到 AB 面上，经三棱镜的两次折射后以 i_4 折射角从 AC 面出射。入射光线和出射光线之间的夹角称为偏向角，以 δ 表示。

由图 9.4 可知

$$i_2+i_3=\pi-(\pi-A)=A$$
$$\delta=(i_1-i_2)+(i_4-i_3)=(i_1+i_4)-A$$

对同一波长的入射光线来说，折射角 i_4 随入射角 i_1 而改变，即偏向角 δ 也随 i_1 改变。当 i_1 为某一值时，δ 相应最小，称为最小偏向角 $\delta_{\min}$。此时，$i_1=i_4$，$i_2=i_3$，入射光线和出射光线处于光路对称，三棱镜内部的光线平行于棱镜毛面 BC，则有

$$2i_2=A,\delta_{\min}=2i_1-A$$

所以有

$$i_1=\frac{A+\delta_{\min}}{2},i_2=\frac{A}{2}$$

设三棱镜的折射率为 n，由折射定律

$$n_0\sin i_1=n\sin i_2$$

得

$$n=\frac{\sin i_1}{\sin i_2}=\frac{\sin\dfrac{A+\delta_{\min}}{2}}{\sin\dfrac{A}{2}} \tag{9.2}$$

因此，只要测出三棱镜的顶角 A 和最小偏向角 $\delta_{\min}$，即可由式(9.2) 求出三棱镜的折射率 n。

透明材料的折射率是光波波长的函数，同一三棱镜对不同波长的光具有不同的折射率。所以当复色光经三棱镜折射后，不同波长的光将产生不同的偏向角而被分散开来。通常在不考虑色散的情况下，三棱镜的折射率是对钠光波长 589.3×10^{-9}m 而言。实验中用钠光灯光源。

【实验内容】

1. 分光计的调节

调节分光计前应认真对照实物和结构图 9.1 熟悉仪器，了解各个部分的作用及各个螺钉的用途。调节时应严格遵循调节顺序：先粗调再细调，调节完的部分不能再调整。调节步骤如下。

(1) 粗调

首先做好目测，观察望远镜、载物台、平行光管是否大致水平。在与望远镜和平行光管等高处从侧面观察，调节相应螺钉使它们大致水平（载物台水平调节螺钉的高度应大致相等，也可选择一个参考高度，转动载物台观察其边缘的高度变化，根据其变化调节，使其边缘大致等高）。

(2) 望远镜水平调节

① 目镜聚焦。打开目镜光源，旋动目镜调焦，直至从目镜中看到清晰的分划板准线和绿“十”字窗为止。

② 如图 9.5 所示，将平面反射镜放置在载物台上，平面镜反射面垂直于 a_2、a_3 两调平

螺钉的连线。

③ 转动载物台，使平面镜镜面正对望远镜，从望远镜中观察到反射回的绿“十”字像（或绿斑），调节望远镜聚焦使像清晰。此时，目镜视场中的绿“十”字像和分划板准线 HH' 高度不一定重合，如图 9.6(a) 所示。

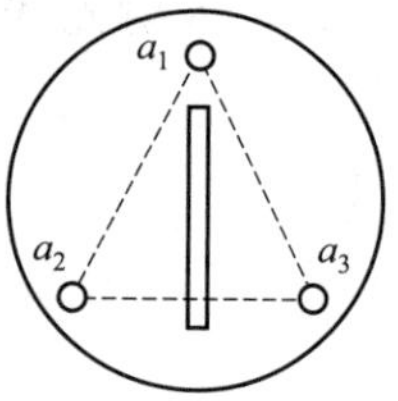

图 9.5 平面镜放置示意图

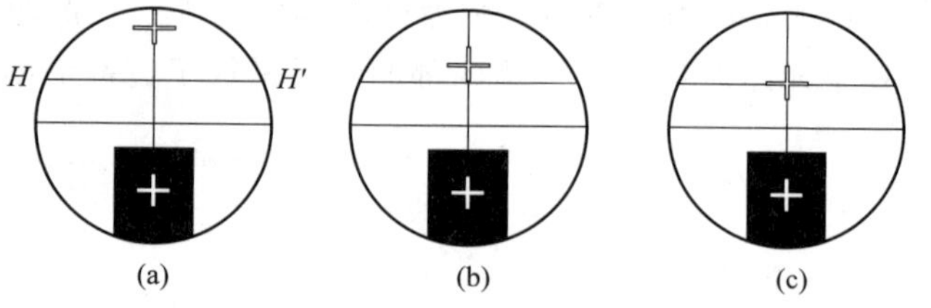

图 9.6 “二分之一法”调节示意图

④ 采用“二分之一法”使绿“十”字像和分划板准线 HH' 高度重合。调节望远镜光轴倾斜调节螺钉使绿“十”字像到准线 HH' 的距离减少一半，如图 9.6(b)；再调节载物台下的调平螺钉 a_2 或螺钉 a_3 使两者重合（每次只能调节同一侧的螺钉），如图 9.6(c) 所示。旋转载物台使平面镜旋转 180°，如此反复调节，直到平面镜任一面正对望远镜时，目镜视场中的绿“十”字像和分划板准线 HH' 高度始终重合为止。

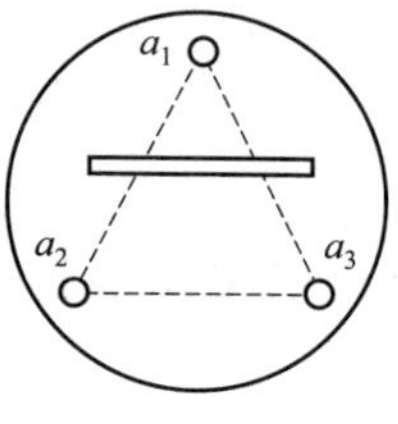

图 9.7 平面镜旋转 90°放置

⑤ 将平面镜旋转 90°，如图 9.7 所示放置，使其镜面平行于 a_2、a_3 两螺钉的连线。转动载物台，使平面镜镜面正对望远镜，在望远镜中找到反射的绿“十”字像，仅调节螺钉 a_1 使“十”字像再次与准线高度重合。

注意：望远镜的每一部分调整完毕后，调节过的螺钉均不能再调动。

（3）平行光管水平调节

① 调节狭缝位置，使通过望远镜观察到清晰的狭缝像。

② 调节狭缝竖直，使其与竖直的分划板准线平行。

③ 调节狭缝宽度，使从望远镜目镜中观察到的狭缝像宽度比分划板竖直准线略粗。

④ 调节平行光管光轴倾斜调节螺钉使其水平，使从望远镜目镜中观察到的狭缝像中心位于目镜视场中心。

2. 测量最小偏向角 δ_{min}

将三棱镜如图 9.8(a) 所示置于载物台中心，BC 为毛面，光线 T 从 AB 面入射，折射光线 T_2 从 AC 面出射。T_2 和 T_1 之间的夹角构成偏向角 δ，此时为任意值（非最小偏向角）。测量时必须找到 δ 的最小值。因为 T_1 的位置是不变的，要使 δ 改变只能通过转动载物台改变入射角。

① 目测　首先在 AC 面上目测找到折射光线 T_2（注意区分干扰光），再转动望远镜至目测位置，通过望远镜观测到折射光线 T_2。

② 寻找最小偏向角　通过望远镜观测到折射光线后，缓慢转动载物台，在转动载物台的过程中会出现两种现象。第一种，当载物台向某一方向转动时，δ 不断变大，直至望远镜中找不到折射光线；第二种，δ 逐渐变小，但到某一个值之后，继续向同一方向转动载物台，δ 反而变大。δ 开始由变小改为变大时的值即为 δ_{min}，如图 9.8(b) 所示。

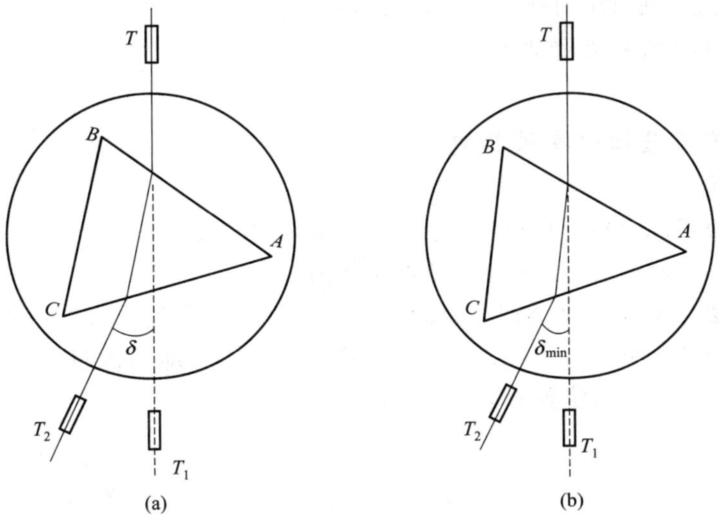

图 9.8 最小偏向角的测定

注意：寻找最小偏向角时必须转动望远镜跟踪折射光线。

③ 测量 δ_{min} 转动望远镜使竖直准线对准折射光线，锁紧望远镜止动螺钉，微调望远镜微调螺钉，使竖直准线与折射光线重合，读出两游标角度 $\theta_{左}$ 和 $\theta_{右}$。取下三棱镜，将望远镜转到 T_1 位置，使竖直准线与平行光管狭缝像重合，读出 $\theta'_{左}$ 和 $\theta'_{右}$。

④ 重复上述操作测量 6 次，自拟表格记录数据。

【数据处理】

① 按式(9.1) 求出最小偏向角 δ_{min} 及其平均值 $\bar{\delta}_{min}$。

② 按式(9.2) 计算折射率 n，公式如下：

$$n=\frac{\sin\dfrac{A+\bar{\delta}_{min}}{2}}{\sin\dfrac{A}{2}};\text{取 } A=60^\circ。$$

【注意事项】

① 拿光学元件（平面镜、三棱镜）时，避免用手触摸光学面，只能拿毛面，且需轻拿轻放。

② 分光计调节时动作要轻缓，锁紧和打开各个螺钉时要注意不能用力过大，以免损坏螺纹。

③ 分光计调节完成后，不能再随意调动调节好的螺钉，以免破坏正常工作状态。

④ 调节狭缝宽度时，应对着钠光灯缓慢调节，不可将狭缝拧得太紧和太宽以免损坏狭缝。

⑤ 记录与计算角度时，左右两个游标的读数必须对应、分别进行，避免混淆出错。

【思考题】

① 分光计调节的关键是什么？

② 实验中，三棱镜在载物台上的位置是否可以任意放置？为什么？

③ 如果狭缝过宽或过窄对测量会有什么影响？

④ 读数时，哪些螺钉需要锁紧？

【附录】

1. 角度读数方法和过零读数处理

（1）读数系统

分光计的读数系统由刻度盘和游标盘组成。刻度盘的最小分度为半度（30′），半度以下的角度可借助游标准确读出。游标上每格的读数为 1′。

角游标的读法与游标卡尺类似，以游标零线为基准，先读出大数（大于 30′的部分），再利用游标读出小数（小于 30′ 的部分），大数跟小数之和即为测量结果，读出的数据为“角度”。例如，图 9.9 所示位置的读数为：87°30′ +15′=87°45′。

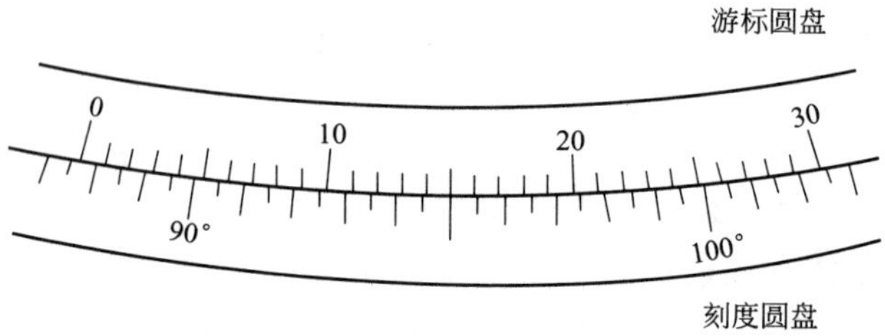

图 9.9　分光计的读数示意图

（2）过零读数

在转动刻度盘的过程中，刻度盘上的 0°线可能会经过游标盘的 0 刻度，形成过零读数，实验处理的时候通常将过零后的数据加上 360°，保证测量角度的正确。例如：在测角度 A 的实验中，若有这样一组数据：

$$\theta_{左}=119^\circ 5' \qquad \theta_{右}=299^\circ 5'$$

$$\theta'_{左}=238^\circ 55' \qquad \theta'_{右}=58^\circ 55'$$

可以看出右边游标从位置 1 转到位置 2 时，中间经过 0°（即 360°）刻度，$\theta'_{右}$ 的数值可以看作 360°0′+58°55′=418°55′。那么所测角度 A 为

$$A=\frac{1}{2}(|238^\circ 55'-119^\circ 5'|+|418^\circ 55'-299^\circ 5'|)=59^\circ 55'$$

因此，用分光计测角度时，若游标转过零刻度，求待测角度时，须将较小的数值加上 360°，再作差。

2. 测量三棱镜顶角

（1）自准法测顶角

将三棱镜置于载物台中央，如图 9.10 所示。转动望远镜使其光轴垂直三棱镜的一个光学面，找到光学面反射回的“十”字像，使望远镜准线 HH' 大致与其重合时锁紧望远镜止动螺钉，改用微调螺钉使分划板竖直准线与“十”字的竖线重合，读出两个游标的读数 $\phi_{左}$、$\phi_{右}$；载物台不动，转动望远镜垂直三棱镜另一光学面（作如前同样的调节），读出两

个游标的读数 $\phi'_{左}$、$\phi'_{右}$。由式(9.1) 可求出 ϕ，则 $A=180°-\phi$。

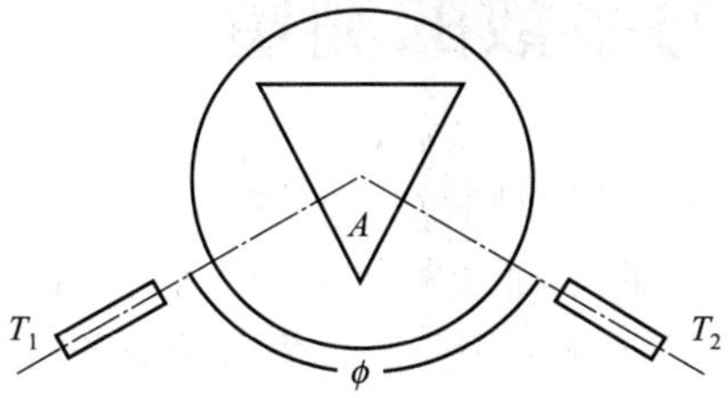

图 9.10　自准法测三棱镜顶角光路图

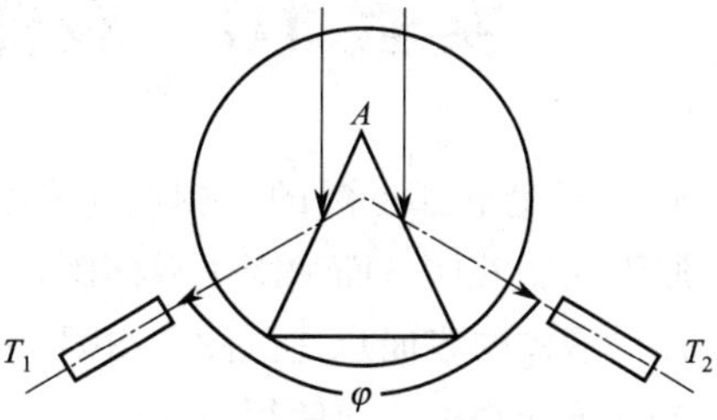

图 9.11　平行光法测三棱镜顶角光路图

(2) 平行光法测顶角

将三棱镜置于载物台中央，如图 9.11 所示。在靠近三棱镜毛面位置附近寻找狭缝经光学面反射的光线，使分划板竖直准线与该光线重合，读出两个游标的读数 $\varphi_{左}$、$\varphi_{右}$；载物台不动，转动望远镜在毛面另一侧附近找到反射光线，测出反射光线位置 $\varphi'_{左}$、$\varphi'_{右}$。由式(9.1) 可求出 φ，则 $A=\dfrac{1}{2}\varphi$。

实验10 液体表面张力系数的测量

为什么肥皂泡都是圆的？树叶上的露珠呈圆状？倒酒时倒满后酒会微微凸出呈光滑的圆状？其原因在于液体表面和固体界面附近分子的相互作用，即表面张力。表面张力是一种物理现象，它使得液体的表面总是试图获得最小的、光滑的面积，根本原因是液体表面的分子间距离大于内部的分子间距离，而使得液体表面表现为收缩的趋势。利用表面张力能够解释有关液体的许多现象，例如浸润现象、毛细现象、泡沫的形成等，这些现象在生产和生活中都有大量的应用。

对液体表面张力系数的测量方法主要有拉普拉斯法（平板法）、拉脱法、毛细管法、扭力天平法等，本实验采用拉脱法。

【实验目的】

① 学会焦利氏秤测量微小力的方法；

② 学习弹簧劲度系数的测量；

③ 学习使用拉脱法测得室温下水的表面张力系数。

【实验仪器】

焦利氏秤，砝码，烧杯，温度计，酒精灯，蒸馏水，游标卡尺等。

【实验原理】

1. 液体表面张力测量原理

液体表面层内分子相互作用的结果使得液体表面自然收缩，犹如紧张的弹性薄膜。我们将液面收缩而产生的沿着切线方向的力称为表面张力。在液面上作长度为 l 的线段，线段两侧液面便有张力 f 相互作用，其方向与 l 垂直，大小与线段长度成正比。即有

$$f=\alpha l \tag{10.1}$$

式中，系数 α 称为液体表面的张力系数，单位为 $N \cdot m^{-1}$。α 与液体种类、洁净程度、上方气体、温度均有关系。实验表明，液体的温度越高，α 越小；液体含杂质越多，α 也越小。条件一定时，α 就是一个常量。

将一表面洁净的矩形金属薄片竖直地浸入水中，使其底边保持水平，然后轻轻提起，则其附近的液面呈现出图10.1所示的形状（对浸润液体而言）。

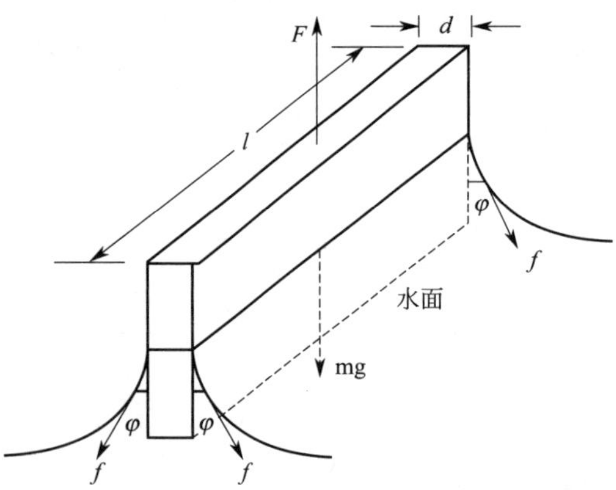

图10.1 液体表面张力示意图

由于表面张力的作用，液面收缩而产生了力 f，其方向与液面相切。角 φ 称为接触角，在金属片缓慢提起的过程中，其值逐渐减小而趋近于零，此时，f 的方向竖直向下，与重力方向一致。可知金属薄片拉出液面前，各力的平衡条件为

$$F=mg+f \tag{10.2}$$

式中，F 为将金属薄片缓慢拉出液面时所加的合外力；mg 为金属薄片和黏附的液体的总重量（注意：m 不是金属薄片的质量，mg 大于薄片重量）。由式(10.1)，可知 f 与矩形薄片周长 $2l+2d$ 成正比，即

$$f=2\alpha(l+d) \tag{10.3}$$

由式(10.2) 和式(10.3) 可得

$$\alpha=\frac{F-mg}{2(l+d)} \tag{10.4}$$

实际测量中也可将金属薄片改为金属薄圆环或者Π形的金属框。如果用金属薄圆环进行此实验，则 α 的计算公式为

$$\alpha=\frac{F-mg}{\pi(d_1+d_2)} \tag{10.5}$$

式中，d_1、d_2 分别是圆环的内、外直径。

如果用Π形金属框来做此实验，如图10.2所示。在金属框中间拉一根长为 l 的金属细线 ab，将金属框及细线浸入水中后再缓慢地拉出水面，在细线下面将带起水膜，在拉到某高度时，水膜将发生破裂，此时有

$$F=W+2\alpha l+ldh\rho g \tag{10.6}$$

式中，F 为向上的拉力；W 为金属框所受的重力和浮力之差；l 为金属细线的长度；d 为细线的直径；h 为拉出的薄膜高度；ρ 为液体的密度。由式(10.6) 可得

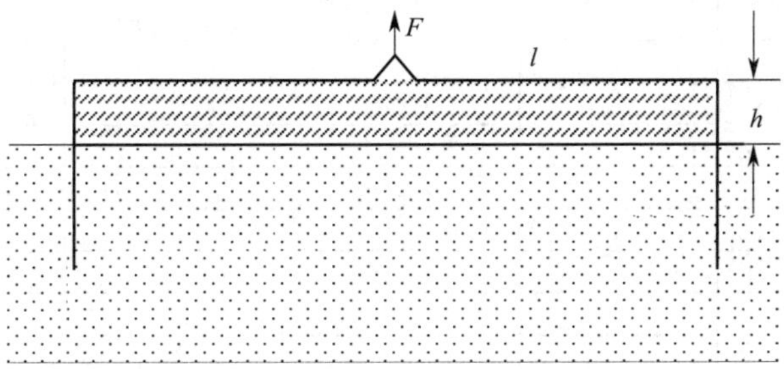

图10.2　拉脱法示意图

$$\alpha=\frac{F-W-ldh\rho g}{2l} \tag{10.7}$$

由于水膜质量较小，其重力可忽略，则式(10.7) 变为

$$\alpha=\frac{F-W}{2l} \tag{10.8}$$

2. 焦利氏秤测量介绍

焦利氏秤如图10.3所示，它是弹簧秤的一种。它的主要部分是立柱A和一个有毫米标尺的圆柱B。在A柱的上端固定一游标C，支臂上挂一圆锥形弹簧D。转动旋钮E，可以升降B和D。G为一侧有刻线的玻璃圆筒，M为挂在弹簧D下端的平面反射镜，镜面上有一标志线。实验时，使G上的刻线、平面镜上的横线及镜中刻线的像，三者始终重合，简称"三线重合"。以下称三者重合时为零点。这样可保持G的位置不变。H为一平台，转动升降平台旋钮S时它可升降但不转动。F为秤盘。

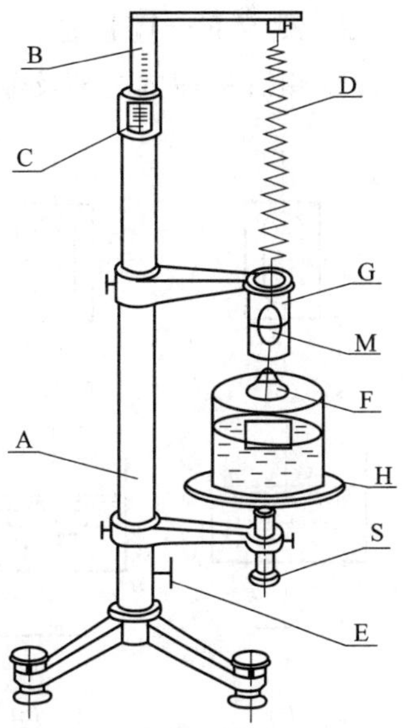

图10.3　焦利氏秤示意图

一般弹簧秤都是弹簧上端固定，在下端加负载后向下伸

长，而焦利氏秤则与之相反，它是控制弹簧下端 G 的位置保持一定，加负载后向上拉动弹簧确定伸长值。

设在弹力 $F_{弹}$ 作用下弹簧伸长 L，根据虎克定律可知

$$F_{弹}=KL \tag{10.9}$$

式中，K 为弹簧的劲度系数，它表示弹簧伸长单位长度时作用力的大小，单位为 $\mathrm{N \cdot m^{-1}}$。

【实验内容】

1. 测量弹簧的劲度系数 K

① 将弹簧挂在焦利氏秤上，调节支架的底脚螺旋，使 M 穿过 G 的中心，这时弹簧将与 A 柱平行；

② 在秤盘不加砝码时，旋转 E 使弹簧上升，直至三线重合为止。这时用游标读出标尺值 L_0；

③ 然后每加 0.5g 砝码读取一个 L_i 值，记入表 10.1 中，直至加到 4.0g 后再逐次减下来，将多次测得的数据取平均值，求出劲度系数 K 值。

表 10.1 弹簧劲度系数测量数据表

增重位置 /($\times10^{-2}$m)	砝码质量 /($\times10^{-3}$kg)	减重位置 /($\times10^{-2}$m)	平均位置 $\overline{L}_i$ /($\times10^{-2}$m)	伸长量 $\overline{L}_{n+4}-\overline{L}_n$ /($\times10^{-2}$m)	$k_n=\dfrac{2.0\times10^{-3}\times9.80}{\overline{L}_{n+4}-\overline{L}_4}$/(N/m)
0.0	L_0				
0.5	L_1				
1.0	L_2				
1.5	L_3				
2.0	L_4				
2.5	L_5				
3.0	L_6				
3.5	L_7				
$\overline{L}_{n+4}-\overline{L}_n$ 平均值__________($\times10^{-2}$m)					
$k_n=\dfrac{2.0\times10^{-3}\times9.80}{\overline{L}_{n+4}-\overline{L}_n}$					

2. 测 ($F-W$) 值

① 用酒精擦拭烧杯及金属框，并用蒸馏水冲洗干净，再将洁净水倒入烧杯，并置于平台 H 上，将金属框浸入水中，调节 M，使其刻线位于零点稍下方。

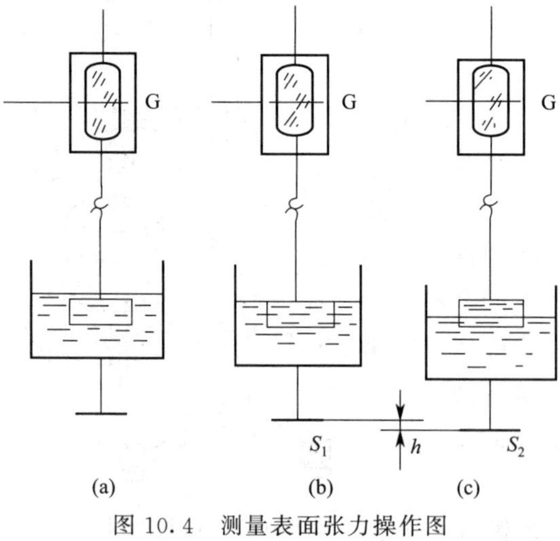

图 10.4 测量表面张力操作图

② 用一只手慢慢调节 E，使弹簧向上伸长，另一只手慢慢旋转 S，使烧杯下降。要求在这过程中，G 始终停在零点处不动（即保持三线重合）。当金属框刚好达到水面时，记下旋钮 S 的位置 S_1。

③ 继续转动 E 和 S，直至水膜被破坏时为止，记下 B 上标尺读数 L_1（用游标读到 0.1mm）和旋钮 S 的位置 S_2（见图 10.4）。

④ 用吸水纸将金属框及细丝上小水珠轻轻地吸去，转动 E 使金属框缓缓下降，直到 G 回到零点（三线对齐），读出标尺读数 L_2。

⑤ 上述过程反复测量多次，数据记入表 10.2 中，取平均值。

表 10.2　水的表面张力测定数据表　　　　温度________℃

次数	L_1 /(×10^{-2}m)	L_2 /(×10^{-2}m)	L_2-L_1 /(×10^{-2}m)	$\overline{L_2-L_1}$ /(×10^{-2}m)
1				
2				
3				
4				
5				
6				

【数据处理】

① 利用表 10.1 得出弹簧的劲度系数。

② 利用表 10.2 可求得

$$F-W=K(\overline{L_1-L_2}) \tag{10.10}$$

将式(10.10) 求得的结果代入式(10.8)，即可求得 α。

【注意事项】

① 烧杯、金属丝、水都应保持十分洁净，不许用手触摸清洁后的烧杯和细铜丝，同时也应严格避免污染水。

② 测表面张力时要缓慢操作，要防止仪器振动和风吹的影响。

【附录】

20℃ 时液体表面张力系数　　　　单位：10^3N·m^{-1}

液体种类	表面张力系数	液体种类	表面张力系数
汽油	21	甘油	63
煤油	24	水银	513
石油	30	甲醇	22.6
松节油	28.8	乙醇	22
蓖麻油	36.4	肥皂液	40

纯水的表面张力系数　　　　单位：10^{-3}N·m^{-1}

t/℃	0	5	10	15	20	25	30	35	40	45
α	75.5	74.8	74.0	73.3	72.5	71.8	71.0	70.3	69.5	68.8

实验11 等厚干涉——牛顿环、劈尖干涉

牛顿环和劈尖干涉是物理光学中研究等厚干涉现象的两个典型实验，它们都是用分振幅法产生的等厚干涉现象，充分说明了光的波动性。等厚干涉可以用于测量透镜的曲率半径、光波波长，检验工件表面的平整度和粗糙度，精确测量长度、角度以及它们的微小变化，还可以研究工件内的应力分布等。

【实验目的】

① 观察等厚干涉现象；

② 学习用牛顿环测定透镜的曲率半径；

③ 学习用劈尖测量微小夹角或微小长度；

④ 熟悉读数显微镜的使用方法；

⑤ 练习用逐差法处理实验数据。

【实验仪器】

读数显微镜，钠光灯，牛顿环装置，劈尖装置。

【实验原理】

1. 等厚干涉

如图11.1所示，一束平行光（$\beta \approx 0$）入射到厚度不均匀的透明介质薄膜上，薄膜上、下表面的反射光线相遇而干涉。图中的光线1和2在P点的光程差为

$$\delta = 2n_2 d + \delta'$$

式中，δ'为薄膜上、下表面反射时引起的附加光程差，当$n_1 < n_2 < n_3$或$n_1 > n_2 > n_3$时，$\delta' = 0$；其他情况下$\delta' = \frac{\lambda}{2}$。干涉规律为

$$\delta = \begin{cases} k\lambda & (k=1,2,3,\cdots)，干涉加强，形成明纹 \\ (2k+1)\frac{\lambda}{2} & (k=0,1,2,\cdots)，干涉减弱，形成暗纹 \end{cases}$$

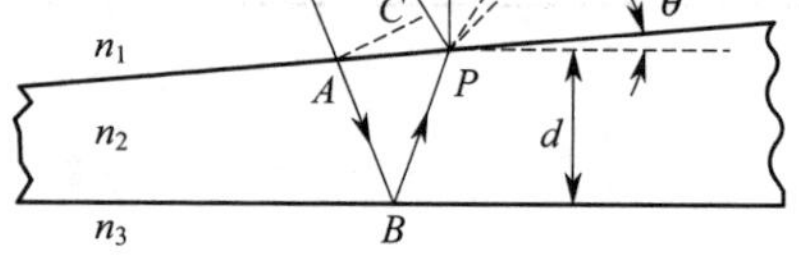

图11.1 等厚干涉的光路示意图

可见，相同厚度处干涉光程差δ相同，形成同一级干涉条纹，称此类干涉为等厚干涉。

2. 牛顿环

一个曲率半径很大的平凸玻璃透镜，其凸面向下放在一块光学平板玻璃上，如图11.2所示，在透镜凸面和平板玻璃之间形成了一个空气膜（折射率$n \approx 1$），膜层的厚度从中心接触点C到边缘逐渐增加。若用一束单色平行光垂直入射到平凸透镜上，空气膜上下表面反射的两束光存在光程差，它们在平凸透镜的凸面附近相遇时就会产生干涉现象。取空气的折射率为1，图11.2中空气膜厚度为d_k处的两反射相干光的光程差为

$$\delta = 2d_k + \frac{\lambda}{2} \tag{11.1}$$

式中 λ 为入射单色光在真空中的波长，$2d_k$ 为光线在空气膜中近似垂直往返上下表面引起的传播光程差；$\frac{\lambda}{2}$是光线在空气膜上下表面反射时产生的半波损失带来的附加光程差。由式(11.1) 可知，光程差 δ 取决于空气膜的厚度，厚度相同处呈现同一级干涉条纹，称为等厚干涉条纹。因此，图 11.2 的干涉图样是一系列以接触点 C 为中心的明暗相间的同心圆环，这种等厚干涉条纹称为牛顿环。

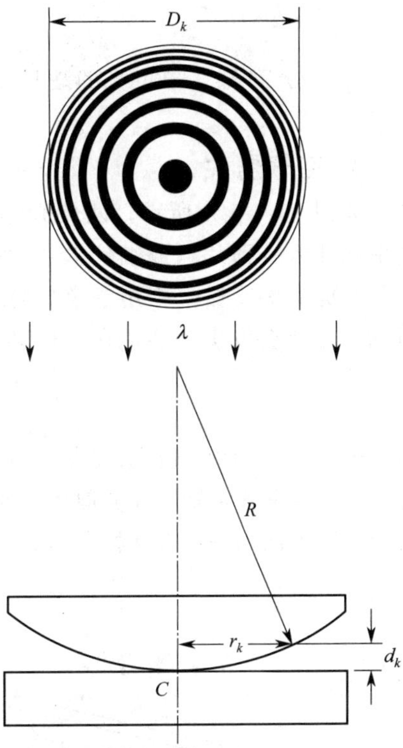

图 11.2　牛顿环干涉图

当光程差满足

$$\delta=2d_k+\frac{\lambda}{2}=k\lambda\ (k=1,2,\cdots) \qquad (11.2)$$

时，干涉出现亮纹。式中 k 为干涉条纹的级次。当光程差满足

$$\delta=2d_k+\frac{\lambda}{2}=(2k+1)\frac{\lambda}{2}\ (k=0,1,2,\cdots) \qquad (11.3)$$

时，干涉出现暗纹。在接触点 C 处，$d_k=0$，$\delta=\frac{\lambda}{2}$，表明空气牛顿环中心是零级暗纹（暗斑）。

实验中一般是针对暗环进行研究。图 11.2 中平凸透镜的曲率半径 R、空气膜厚度 d_k 及该处干涉暗环的半径 r_k 之间的几何关系为

$$r_k^2=R^2-(R-d_k)^2=2Rd_k-d_k^2 \qquad (11.4)$$

式中 $R\gg d_k$，略去 d_k^2 项，得

$$d_k=\frac{r_k^2}{2R} \qquad (11.5)$$

代入式（11.3）可得

$$r_k^2=kR\lambda \qquad (11.6)$$

由式(11.6) 可知，如果单色光源的波长 λ 已知，测出 k 级暗环的半径 r_k 就可算出曲率半径 R；反之，如果 R 已知，测出 r_k 后就可计算出入射单色光的波长 λ。

实际测量时，由于凸面和平面不可能是理想的点接触，接触压力会引起局部形变，使接触处成为一个圆平面，干涉环中心为一暗斑；或者空气膜中有了尘埃，使光程差难以准确确定，干涉环中心为亮（或暗）斑。前述原因使干涉环的几何中心、干涉环半径 r_k 及环的级次 k 无法确定，即不能由式(11.6) 算出平凸透镜的曲率半径 R。

实验中，为了获得比较准确的测量结果，实际是通过测量距离中心较远的两个暗环直径的方法来计算平凸透镜的曲率半径 R。设 k 级和 $k+m$ 级暗环的直径分别为 D_k 和 D_{k+m}，分别代入式（11.6）可得

$$D_k^2=4kR\lambda,D_{k+m}^2=4(k+m)R\lambda$$

两式相减得

$$D_{k+m}^2-D_k^2=4mR\lambda$$

于是
$$R=\frac{D_{k+m}^2-D_k^2}{4m\lambda} \tag{11.7}$$
由式(11.7) 可知，单色光的波长 λ 已知，并测出相应的暗环直径，即可算出平凸透镜的曲率半径 R。

3. 空气劈尖

如图 11.3(a) 所示，两块光学平板玻璃叠在一起，一端对应边紧密接触，另一端对应边中间插入一薄片（或细丝），在两玻璃板间形成一个空气薄膜，称为空气劈尖，接触的一边称为劈尖的交棱。当用一束单色平行光垂直入射时，由劈尖薄膜的上、下两个表面反射的两束光相遇会发生干涉，在上玻璃板表面形成干涉条纹。其光程差为
$$\delta=2d_k+\frac{\lambda}{2}$$
式中，d_k 为空气劈尖中某点处薄膜的厚度，劈尖薄膜厚度相同点处于平行交棱的同一条直线上。由上式可知，相同厚度的空气薄膜对应同一级干涉条纹，劈尖干涉也是等厚干涉。劈尖的干涉图样是一组与交棱平行、明暗相间且间距均等的平行直条纹，如图 11.3(b) 所示。

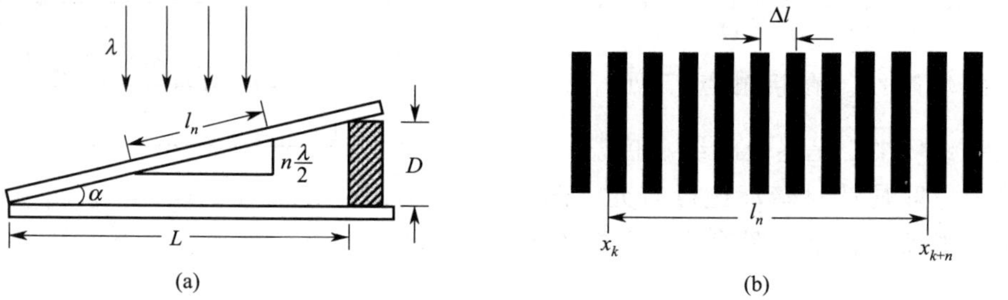

图 11.3 劈尖干涉图

由干涉暗纹条件
$$\delta=2d_k+\frac{\lambda}{2}=(2k+1)\frac{\lambda}{2}(k=0,1,2,\cdots)$$
可知，相邻暗条纹对应空气薄膜的厚度差（简称膜厚差）
$$\Delta d=\frac{\lambda}{2} \tag{11.8}$$

如图 11.3(a) 所示，l_n 为第 k 级和第（$k+n$）级暗条纹之间的间距，$n\frac{\lambda}{2}$ 为二者对应的空气薄膜厚度差，则有
$$\sin\alpha=\frac{n\frac{\lambda}{2}}{l_n}$$
一般，劈尖夹角较小，有 $\tan\alpha\approx\sin\alpha\approx\alpha$。则有
$$\tan\alpha=\frac{n\frac{\lambda}{2}}{l_n} \tag{11.9}$$

因此，相邻暗条纹的间距 Δl 为
$$\Delta l=\frac{\Delta d}{\sin\alpha}=\frac{\lambda}{2\sin\alpha}=\frac{\lambda}{2\tan\alpha} \tag{11.10}$$

可以证明式(11.8) 和式(11.10) 对劈尖干涉的相邻明条纹同样成立。

由图 11.3(a) 可知

$$\tan\alpha = \frac{D}{L}$$

联立式(11.9) 可得

$$\tan\alpha = \frac{D}{L} = \frac{n\dfrac{\lambda}{2}}{l_n}$$

则平板间插入薄片的厚度（或细丝的直径）D 为

$$D = L\tan\alpha = L\,\frac{n\lambda}{2l_n} \tag{11.11}$$

因此，单色光的波长 λ 已知，测出第 k 级和第（$k+n$）级暗条纹之间的间距 l_n，数出干涉条纹的级次变化 n，即可求出劈尖夹角 α；测出劈尖交棱到薄片（或细金属丝）的距离 L，即可求出薄片厚度（或细丝的直径）D。

【实验内容】

1. 观察牛顿环，测量透镜的曲率半径

读数显微镜如图 11.4 所示。在显微镜的载物台中央放置牛顿环装置，并在其前方放置钠光灯（波长 $\lambda=589.3\text{nm}$），经 45°玻璃片反射后，光束垂直入射到牛顿环元件上。形成的牛顿环可通过读数显微镜观察，观察时眼睛位于读数显微镜目镜的上方。

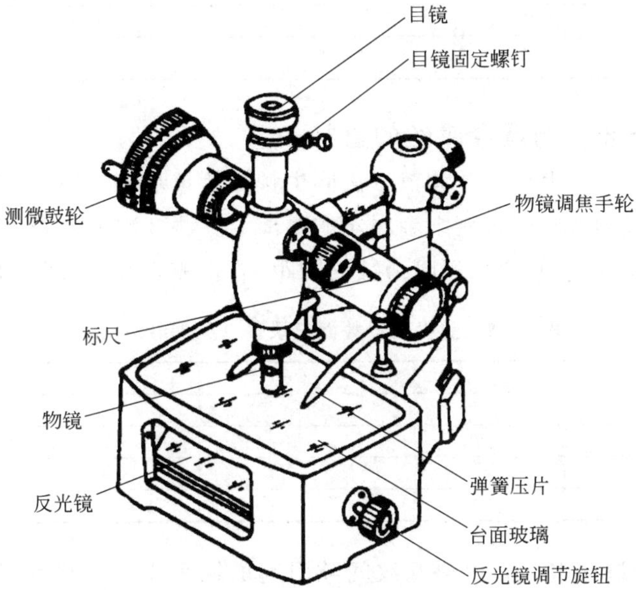

图 11.4 读数显微镜

（1）调整读数显微镜

① 对准 移动牛顿环元件使其几何中心对准读数显微镜的物镜。

② 目镜调节 调节目镜使十字准线清晰。旋转目镜镜筒，保证一根准线竖直，调好后锁紧目镜固定螺钉。

③ 物镜聚焦 旋转物镜调焦手轮，使镜筒由较低位置缓缓上升，边升边观察，直至目

镜中看到清晰的牛顿环为止。

④ 消除视差 眼睛对目镜相对移动，牛顿环的像与十字准线没有相对移动时，即消除了视差；否则，应缓慢旋转物镜调焦手轮，直至无视差。

（2）测量牛顿环的直径

将十字准线的交点对准暗环中心，转动鼓轮使镜筒向一个方向移动（向左或右），同时从中心开始数准线经过的暗环数直到35环为止。然后使显微镜向反方向倒退（向右或左），当竖直准线与第30环相切时，记下显微镜位置示数（数据由两部分构成，主尺上读整数毫米，鼓轮读毫米以下并估读一位），依次记录各暗环的位置，直到第21环；再继续向同方向移动显微镜，过圆环中心后从第21环开始记录位置示数，直到第30环。数据记录于表11.1中。

表11.1 牛顿环测量数据记录表（$\lambda=589.3\text{nm}$）

暗环计数序数($k+5$)		D_{30}	D_{29}	D_{28}	D_{27}	D_{26}
坐标	$X_{左}$/mm					
	$X_{右}$/mm					
$D_{k+5}=X_{左}-X_{右}$/mm						
D_{k+5}^2/mm^2						
暗环计数序数 k		D_{25}	D_{24}	D_{23}	D_{22}	D_{21}
坐标	$X_{左}$/mm					
	$X_{右}$/mm					
$D_k=X_{左}-X_{右}$/mm						
D_k^2/mm^2						
$D_{k+5}^2-D_k^2$/mm^2						
$\overline{D_{k+5}^2-D_k^2}$/mm^2						

2. 观察劈尖干涉，测量金属丝的直径 D

① 将牛顿环取下，换上劈尖，调节方法同牛顿环测量步骤（1）。

② 测量两玻璃板的接触棱边到细金属丝的距离 L，测3次记入表11.2。

③ 用读数显微镜读出10个相邻暗条纹的间距 l_{10}，测3次记入表11.2。

表11.2 劈尖测量数据记录表（$\lambda=589.3\text{nm}$）

次　数	1	2	3	平均值
x_k/mm				
x_{k+10}/mm				
$l_{10}=x_{k+10}-x_k$/mm				
L/mm				

注意：在测量的过程中，为避免螺纹间隙引起的回程误差，移动显微镜只能朝同一方向，中途不能倒退。

【数据处理】

（1）完成表11.1，由式（11.7）求出平凸透镜的曲率半径 R

波长 $\lambda=589.3\times10^{-9}\text{m}$，$m=5$，$\overline{R}=\dfrac{\overline{D_{k+5}^2-D_k^2}}{4\times5\lambda}$（m）

（2）完成表11.2，由式(11.9)和式(11.11)求出劈尖夹角 α 和细金属丝的直径 D

$n=10$，$\alpha \approx \tan\alpha = \dfrac{n\dfrac{\lambda}{2}}{l_n}$（rad），$D=L\tan\alpha$（m）

【思考题】

① 牛顿环与劈尖干涉有什么异同?

② 实验中为什么测牛顿环直径而不测半径，如何保证测出的是直径而不是弦长?

③ 使用读数显微镜要注意哪些问题?

④ 劈尖干涉中，改变薄片或细丝的位置，条纹有什么变化?

第三篇　综合技能训练实验

实验 12　硅光电池伏安特性研究及其应用

硅光电池是根据光生伏特效应而制成的光电转换元件，它是目前应用最广泛的半导体光电器件之一。它有一系列的优点：性能稳定，光谱响应范围宽，转换效率高，线性相应好，使用寿命长，耐高温辐射，光谱灵敏度和人眼灵敏度相近等。所以，它在分析仪器、测量仪器、光电技术、自动控制、计量检测、计算机输入输出、光能利用等很多领域用作探测元件，得到广泛应用，在现代科学技术中也有十分重要的地位。它的两大类用途：一是光伏发电，也称太阳能发电，所以它也经常被叫作太阳能电池。太阳能光伏电站正在不断发展，将成为未来电力的重要来源之一；二是作为优良的光电传感器，用于检测光信号的有无、强弱及其变化，可用于数码摄像、报警、自动控制、通信等方面，在现代检测与控制技术中起着重要的作用。通过实验对硅光电池的基本特性和简单应用作初步的了解和研究，有利于了解使用日益广泛的各种光电器件。

【相关名词】

空穴：空穴又称电洞，指共价键上流失一个电子，最后在共价键上留下空位的现象。即共价键中的一些价电子由于热运动获得一些能量，从而摆脱共价键的约束成为自由电子，同时在共价键上留下空位，这些空位称为空穴。

载流子：指可以自由移动的带有电荷的物质微粒，如电子和离子。在半导体物理学中，电子流失导致共价键上留下的空位（空穴）也被视为载流子。

N 型半导体：主要载流子为电子，带负电荷，也称电子半导体。

P 型半导体：主要载流子为空穴，带正电荷，也称空穴半导体。

PN 结：即 P 型半导体和 N 型半导体结合处由于各自多子扩散到对方被复合后产生的一个很薄的空间电荷区，也叫耗尽层，即 PN 结。

【实验目的】

① 了解硅光电池的基本结构和基本原理。

② 研究硅光电池的基本特性。

③ 体验硅光电池的用途，了解其应用技术。

【实验仪器】

CS-GT-Ⅱ光伏特性实验仪，手持式照度计，充电器，导线若干。

【实验原理】

1. 光生伏特效应

见图 12.1，不加外来电压的 PN 结受到适当的光照时，当入射光子的能量大于半导体材料的禁带宽度，则光子将被吸收而激发出电子-空穴对，在结电场的作用下，电子被拉向

N 区，空穴被拉向 P 区，产生 P 正 N 负的电动势（光生电动势），若连通外电路，则会产生光电流。光伏效应的特点是：具有明显的能量转换，以此为基础的光电池为有源器件。

光电池：常用的光电池材料有硅（Si）、硒（Se）和砷化镓（GaAs）。硅光电池结构见图 12.2，金属板负极上连接 N 型单晶硅片，表面扩散 P 型杂质形成很薄的 P 型层，光线可穿透 P 型层到达 PN 结。为了透光，金属正极做成梳齿状，与 P 型层连接。最上面可蒸镀一层透明保护膜，控制膜的厚度可起到对太阳光峰值波长（红外光）增透效果。所以硅光电池呈蓝紫色。还可镀一层透明导电膜，如 SnO_2 膜，效果更好。

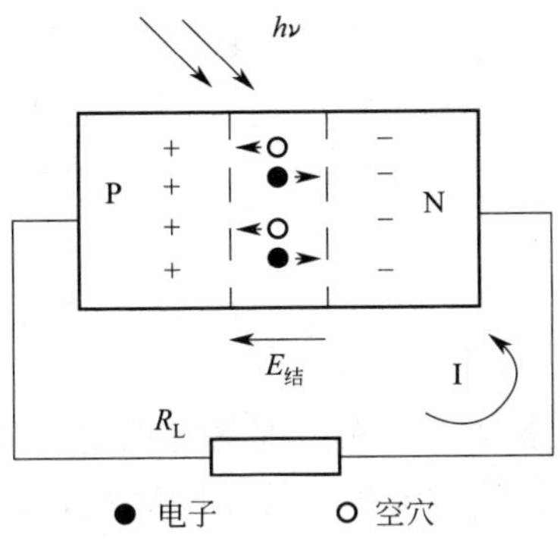

图 12.1　光伏效应示意

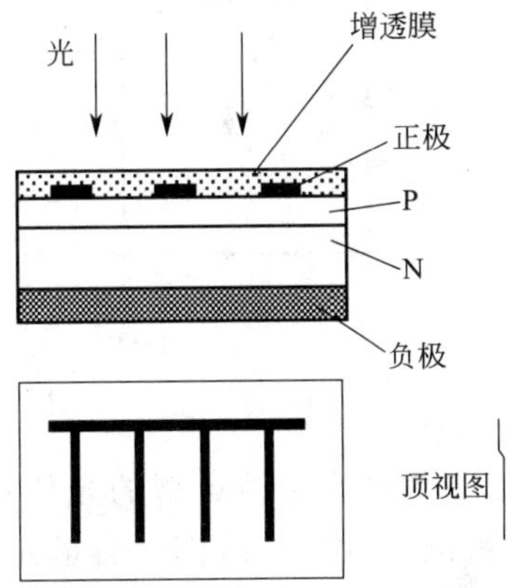

图 12.2　硅光电池结构

硅光电池感光的峰值波长位于红外波段，其最大特点是光电转换效率高，可达 20%以上。近年来研究的非晶硅太阳能电池光电转换效率最高超过了 40%，硅光电池非常适用于太阳能发电，它体积小，重量轻，性能稳定，寿命长，无污染，很有发展前途。

2. 硅光电池的特性

硅光电池在没有光照时其特性可视为一个二极管，在没有光照时其正向偏压 U 与通过电流 I 的关系式为

$$I_D = I_0 (e^{eU/kT} - 1) \tag{12.1}$$

式中，I_0 是无光照时的反向饱和电流；U 是结电压，均为常量；e 是电子电荷；k 是玻尔兹曼常量；T 是热力学温度 。假设硅光电池的理论模型是由一个理想电流源（光照产生光电流的电流源）、一个理想二极管、一个并联电阻 R_{sh} 与一个电阻 R_s 所组成，R_L 为负载，如图 12.3(a) 所示。I_{ph} 为硅光电池在光照时该等效电源输出电流，I_D 为光照时，通过硅光电池内部二极管的电流。由基尔霍夫定律得

$$IR_s + U - (I_{ph} - I_D - I)R_{sh} = 0 \tag{12.2}$$

式中，I 为硅光电池的输出电流；U 为输出电压。由式(12.2) 可得，

$$I\left(1 + \frac{R_s}{R_{sh}}\right) = I_{ph} - \frac{U}{R_{sh}} - I_D \tag{12.3}$$

假定 $R_{sh} = \infty$ 和 $R_s = 0$，硅光电池可简化为图 12.3（b）所示电路。

其中 $I = I_{ph} - I_D = I_{ph} - I_0 (e^{eU/kT} - 1)$。在短路时，$U = 0$，$I_{ph} = I_{sc}$；而在开路时，$I = 0$，$I_{sc} - I_0 (e^{eU_{oc}/kT} - 1) = 0$；

$$U_{OC} = \frac{kT}{e} \ln\left(\frac{I_{sc}}{I_0} + 1\right) \tag{12.4}$$

正常运行时，I_{sc} 比 I_0 高几个数量级，因此式(12.4) 括号中的 1 可以忽略，从而得到

$$U_{oc}=\frac{kT}{\mathrm{e}}\ln\frac{I_{sc}}{I_0} \tag{12.5}$$

式(12.5) 即为在 $R_{sh}=\infty$ 和 $R_s=0$ 的情况下，硅光电池的开路电压 U_{oc} 和短路电流 I_{sc} 的关系式。其中 U_{oc} 为开路电压，I_{sc} 为短路电流。可看出开路电压 U_{oc} 与短路电流 I_{sc} 满足对数关系，如果 I_{sc} 与光照强度有线性关系，则 U_{oc} 与光照强度也满足对数关系。

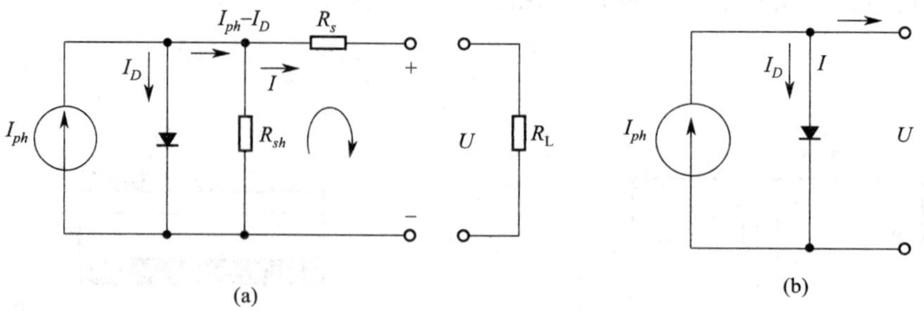

图 12.3　硅光电池理论模型

图 12.4 为硅光电池典型的光伏特性曲线，其中开路电压与光照度具有明显的非线性，而短路电流的线性好，故作为测量元件时，多以短路电流作为输出，把光电池看成是受光强调制的电流源，然后通过 $I\sim U$ 转换电路可转变为电压输出。

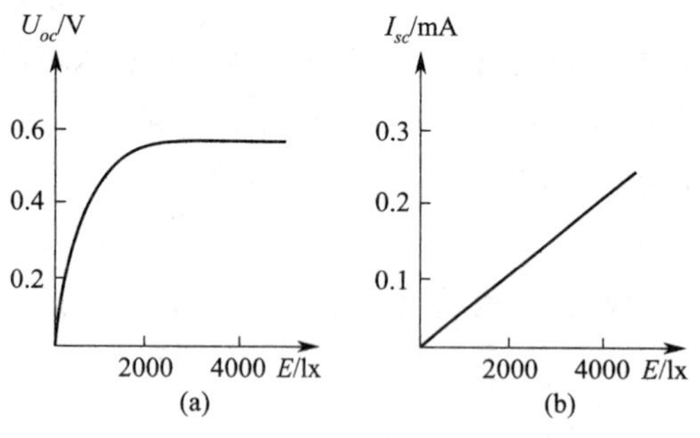

图 12.4　硅光电池的光伏特性

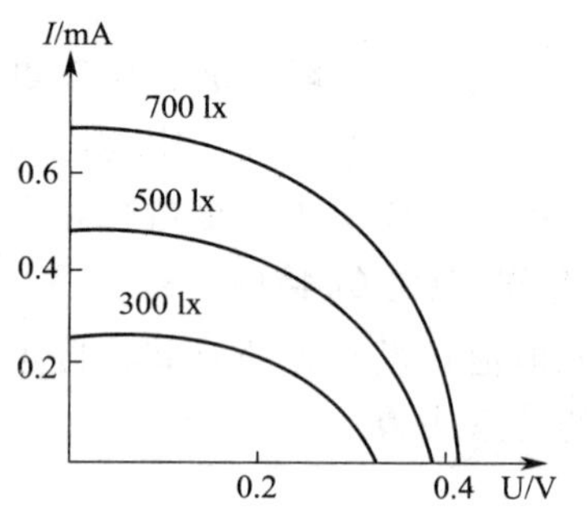

图 12.5　硅光电池的伏安特性

当硅光电池接上负载电阻 R_L 后，电池的输出电压 U 和电流 I 随着 R_L 的变化而变化。图 12.5 为硅光电池的伏安特性，曲线在横轴上的交点代表开路电压，即 $R_L=\infty$、$I=0$ 时的输出电压。曲线在纵轴上的交点代表短路电流，即 $R_L=0$、$U=0$ 时的输出电流。当 R_L 从零改变到无穷大时，I 下降，U 上升，在曲线的中间某一点处，I 与 U 的乘积最大，表明此时负载电阻 R_L 上获得的功率最大，此时的 R_L 值称最佳负载电阻 R_m，最佳负载电阻与光照度成反比。硅光电池的输出功率和电压关系如图 12.6 所示，在 P-U 图中可取得 P_{max}。

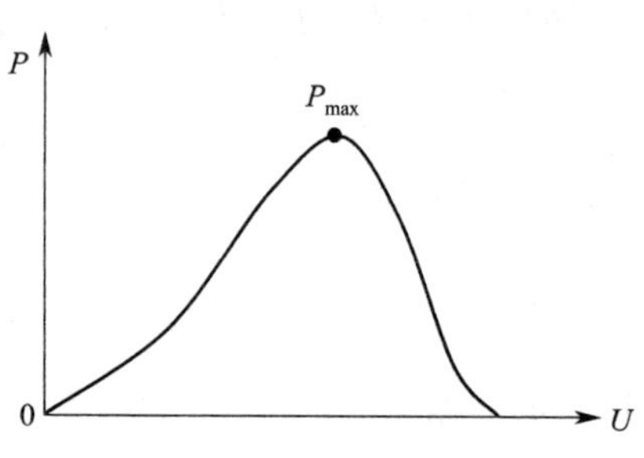

图 12.6　P-U 图

在某一光照度下，设硅光电池的最大输出功率为 P_{max}，若此时对应的电压为 U_m，电流为 I_m，有 $P_{max}=I_m\times U_m$。填充因子 FF 定义为

$$FF = P_{max} / I_{sc} U_{oc} \tag{12.6}$$

FF 是代表硅光电池性能优劣的一个重要参数。某状态下 FF 值越大，说明电池对光能的利用率越高。

3. 硅光电池的应用技术

① 将硅光电池串联以提高输出电压。单片硅光电池根据规格不同，在阳光下的输出电压为 0.6～6.0V。需要较高电压时，可把同一规格的硅光电池串联起来使用。

② 将硅光电池并联以增加输出电流。较好的单片硅光电池的有效输出电流可达到 100mA 或更高，若不能满足负载要求可以将同一规格的硅光电池并联起来使用。为防止因电池之间电压不平衡引起电流“倒灌”，实际使用中多采用汇流技术。最简单的方法是在每个单体或单元电池上加一个防反二极管，再行并联。

③ 太阳能 LED 灯。LED（发光二极管）灯可发出各种颜色的可见光，而且节能、易于驱动和控制，适合用太阳能供电。大功率的组合 LED 灯具可以用于各种照明。在公路上已有许多太阳能 LED 发光交通指示牌投入使用。

④ 太阳能电风扇。硅光电池在足够强的阳光下，可以驱动小型或微型电风扇，用于降温、散热、通风等目的。

⑤ 太阳能蓄电池充电器。连接蓄电池后，可以把一时用不完的电能存在蓄电池中。很多太阳能应用设备都备有蓄电池，以备夜晚或阴天使用。实用的蓄电池充放电控制器带有过压、欠压、过流保护功能，以延长蓄电池寿命。

⑥ DC-AC 变换器。也称为交流逆变器。它是太阳能电池、蓄电池供电系统的常用组成部分，用于将低压直流电转换为高压（如 220V）交流电，可使一些常规电器工作。交流逆变器的工作原理是：输入的直流电源使振荡电路工作，产生数百千赫兹的交流信号，通过高频变压器升压至所需电压。这种高频逆变器最适合电子类产品工作，如节能灯、计算机和带开关电源的用电器。但不适合电感类用电器，如用电动机驱动和用常规变压器带动的电器。使用时还必须注意功率的匹配。

【实验内容】

实验使用 ZKY-SAC-Ⅰ太阳能电池特性实验仪及组件（图 12.7）。

（1）打开光源开关，预热 5 分钟；

（2）将光强探头安装在滑动支架上，并接入“太阳能电池特性实验仪”的“光强输入”插孔，通过“测量转换”键将“电压/光强”表测量切换为“光强测量”，调整滑动支架的位置，分别测量 15cm、20cm、25cm、30cm、35cm、40cm、45cm、50cm 处的光强，并记入表 12.1 中。

表 12.1　光强与距离关系

序号	1	2	3	4	5	6	7	8
位置/cm	15	20	25	30	35	40	45	50
照度 $E/(W/m^2)$								

（3）硅光电池特性测试：

① 开路电压 U_{oc} 与光强 E 的关系。

将一组硅光电池按正确极性直接接到直流电压表，因电压表内阻很高，外电路近似开路。此时电压表测得的即是 U_{oc}。使光源垂直照射到电池表面，由近到远调节硅光电池位

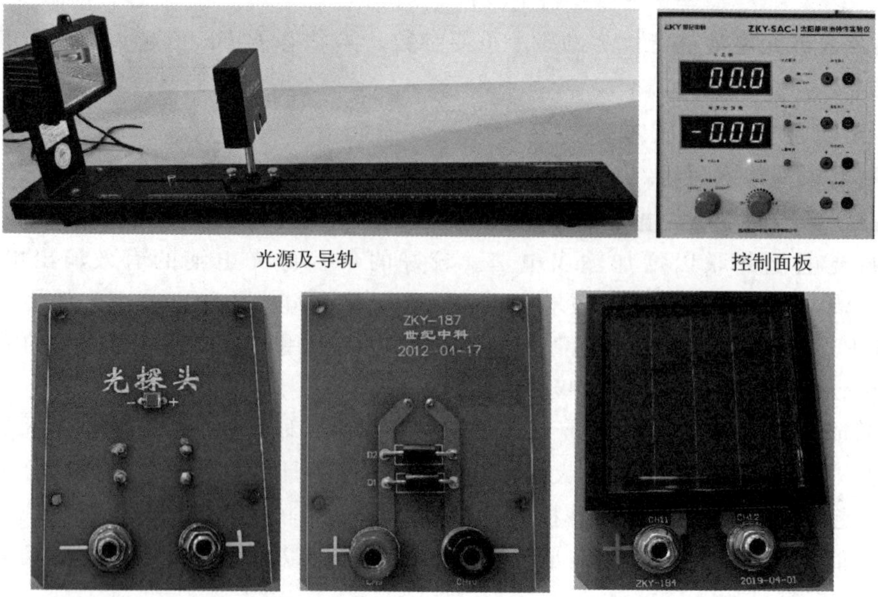

光源及导轨　　控制面板

光电探头　　硅光电池板

图 12.7　ZKY-SAC-Ⅰ太阳能电池特性实验仪及组件

置，测量不同照度下的开路 U_{oc}（参考图 12.7），完成表 12.2。

表 12.2　U_{oc}-E

序号	1	2	3	4	5	6	7	8
位置/cm								
U_{oc}/V								

② 短路电流 I_{sc} 与光强 E 的关系。

将一组硅光电池安装在滑动支架上，并正确连接到“太阳能电池特性实验仪”直流电流表上，使光源垂直照射到电池表面。由近到远调节支架位置，测量不同照度下的短路 I_{sc}，完成表 12.3。

表 12.3　I_{sc}-E 关系

序号	1	2	3	4	5	6	7	8
位置/cm								
I_{sc}/mA								

注意：电池和电表极性不能接反。

③ 输出伏安特性 I-U、最佳负载电阻 R_m、填充因子 FF。

正确画出电路图（参考图 12.8），把光源调到最亮，并垂直照射硅光电池。由小到大调整负载电阻 R_L（电阻箱）的阻值。在可调节范围内，测量 15 组左右的数据。记录 I 与 U 的数据，完成表 12.4。

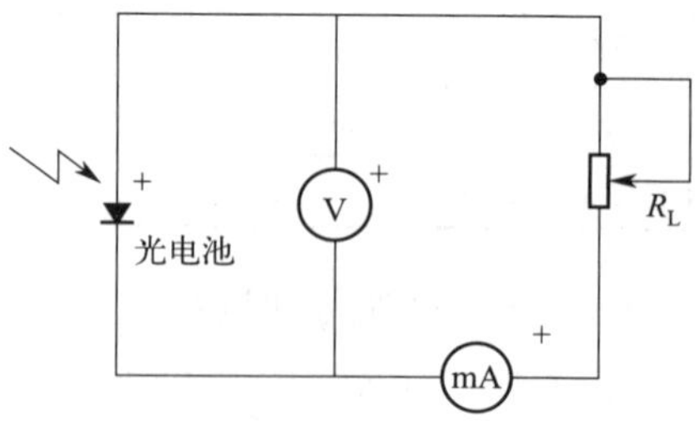

图 12.8　最佳负载测量电路

表 12.4　I-U 关系

序号	1	2	3	4	5	6	7	8	9	10	11	12	13	14	15
I/mA															
U/V															
P/mW															

【数据处理】

① 根据表 12.2，用坐标纸作 U_{oc}-E 关系曲线；

② 根据表 12.3，用坐标纸作 I_{sc}-E 关系曲线；

【注意事项】

① 接线前认清各个模块及其端口，画出连接线路图，正确连线；

② 极性不能接错，严禁端口短路；

③ 逆变器输出有高压，注意安全；

④ 对硅光电池的光照应尽量均匀、对称。

实验13 动态法测定材料的杨氏模量

杨氏模量是描述固体材料弹性形变的一个重要物理量。测量杨氏模量的方法基本可以分为四大类：①静态测量法（如静态拉伸法）；②动态测量法（共振测量法）；③波速测量法；④其他一些测量法。常用的方法为静态拉伸法和动态共振法。前一种方法用于金属试样在大形变及常温下测量，但由于此方法载荷大、加载速度慢、有弛豫过程，因此不能很真实地反映材料内部的结构变化，也不适用于脆性材料的测量；后一种方法为本实验方法，它克服了上述缺点，也是原国家标准 GB/T 2105—91（现被 GB/T 22315—2008 代替）推荐的方法。

【实验目的】

① 学习用动态共振法测量金属材料的杨氏模量。

② 学习用外延法处理数据。

③ 进一步学习示波器和信号发生器的使用方法，了解压电陶瓷换能器的作用。

【实验仪器】

SC-JE-Ⅱ型金属动态杨氏模量实验仪，钢直尺，游标卡尺，电子秤，示波器，信号发生器。

【实验原理】

1. 杨氏模量

任何物体在外力作用下都要或多或少发生形变。当外力撤销后，在外力作用下所发生的形状和体积的变化能够消失的，这种形变叫弹性形变，这种物体叫弹性体。若物体在撤除所受外力后，其在外力作用下产生的形变不能消失或不能完全消失，这种不能消失的形变称为非弹性形变，又叫范性形变。本实验只研究弹性形变。

设一弹性体原长为 l_0，截面积为 S，在外力 F 的作用下伸长（或压缩）Δl，根据胡克定律，在弹性限度内，其单位截面积上所受的力 $\sigma=\dfrac{F}{S}$（称之为应力）与相对伸长量（或缩短量）$\varepsilon=\dfrac{\Delta l}{l_0}$（称之为应变）成正比，即

$$\frac{F}{S}=E\frac{\Delta l}{l_0} \quad 或 \quad \sigma=E\varepsilon \tag{13.1}$$

式中，比例系数 E 定义为杨氏模量，单位为帕斯卡，简称帕，国际符号为“Pa”。

由式(13.1) 可得 E 的定义式为

$$E=\frac{F/S}{\Delta l/l_0} \tag{13.2}$$

可以看出，杨氏模量的物理意义为：使弹性体产生单位相对形变所需的应力。它表征材料本身的性质，E 越大的材料，要使它发生一定应变所需的单位横截面上的力也就越大。表 13.1 列出了几种常见材料的杨氏模量。

表 13.1 几种常见弹性体的杨氏模量

材料	铝	绿石英	混凝土	铜	玻璃	花岗石	铁	铅	钢	松木(平行于纹理)
$E/(10^{10}\text{Pa})$	7.0	9.1	2.0	11	5.5	4.5	19	1.6	20	1.0

利用式(13.2) 测定杨氏模量的方法称为拉伸法，本实验介绍另一种测量杨氏模量的方法：动态共振法（也称为共振干涉法）。共振法测量样品的杨氏模量，是基于试样的机械共振频率、密度、几何尺寸所确定的。因此，试样的几何尺寸、密度和共振频率（确定振动模式与级次）被测出来，材料的杨氏模量即可以求出。

2. 自由杆的振动

如图 13.1 所示，一细长杆（长度比横向尺寸大很多），长为 L，在中部用两根悬线悬挂（或支撑架支撑），使杆的两端处于自由状态。

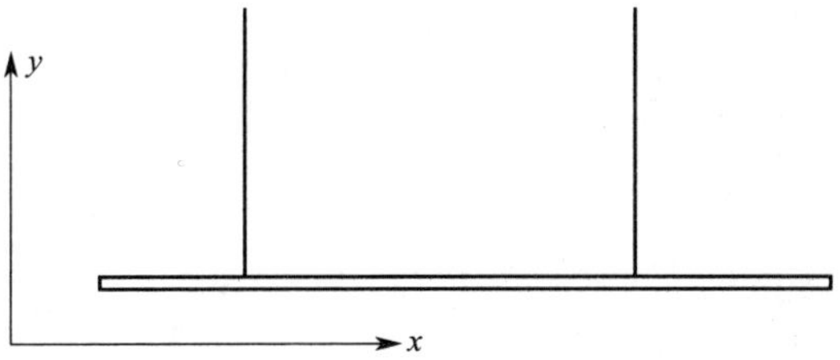

图 13.1　两端自由的悬杆

由数学物理方程理论知，在不考虑外力的情况下，杆作微小横振动时，满足如下动力学方程

$$\frac{\partial^4 \eta}{\partial x^4}+\frac{\rho S}{EI}\frac{\partial^2 \eta}{\partial t^2}=0 \tag{13.3}$$

式中，η 为杆上距左端 x 处截面在垂直方向（y 方向）的位移；ρ 为杆的密度；S 为杆的横截面积；I 为杆某一截面的惯性矩（$I=\iint_S y^2 \mathrm{d}S$）；$E$ 是沿轴向的杨氏模量。

用分离变量的方法可以求出式(13.3) 的通解

$$\eta(x,t)=(B_1 \mathrm{ch}Kx+B_2 \mathrm{sh}Kx+B_3 \cos Kx+B_4 \sin Kx)A\cos(\omega_0 t+\phi) \tag{13.4}$$

其中

$$\omega_0=\sqrt{\frac{K^4 EI}{\rho S}} \tag{13.5}$$

ω_0 是振动杆的固有角频率；K 是常数，如果知道 K 和 ω_0 的值就能由式(13.5) 计算出杨氏模量 E。式(13.5) 称为频率公式，适用于不同边界条件任意形状截面的试样。

如果试样的悬挂点（或支撑点）在试样的节点，则根据边界条件可以得到方程(13.3) 有解的条件是

$$\cos KL\,\mathrm{ch}KL=1 \tag{13.6}$$

这是一个"超越方程"，用数值法可求得满足式(13.6) 的一系列根 K_nL（$n=1,2,\cdots$）$=0$，4.730，7.853，10.996，14.137，…，其中：$K_0L=0$ 是基态，对应于静止情况；$K_1L=4.730$ 对应于频率最低的振动（基频振动），此时试样的振动状态如图 13.2(a) 所示；$K_2L=7.853$ 对应的振动状态如图 13.2(b) 所示。可以看出试样在作基频振动（对称型振动）时存在两个节点，它们分别位于距端点 $0.224L$ 和 $0.776L$ 处；对应 $n=2$ 的振动（反对称型振动），其振动频率约为基频的 2.5～2.8 倍，节点位置在 $0.132L$、$0.500L$、$0.868L$ 处。

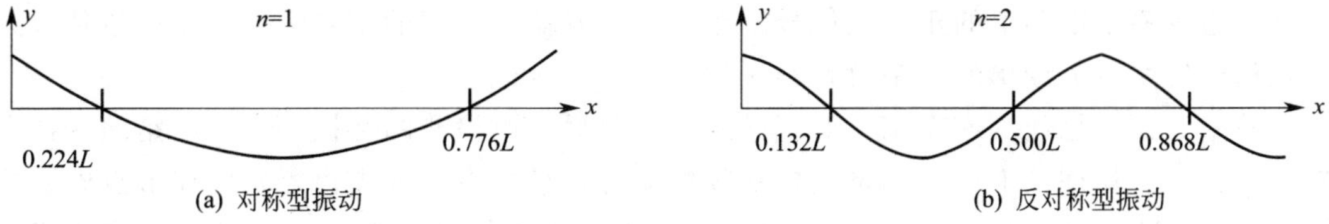

图 13.2　两端自由的棒弯曲振动波形

将 $K=4.730/L$ 代入式(13.5) 得到棒作基频振动的固有角频率

$$\omega_0=\sqrt{\frac{(4.730)^4EI}{\rho SL^4}}$$

如果试样为圆杆，其直径为 d （$d\ll L$），则惯量矩 $I=\iint_S y^2\mathrm{d}S=\frac{\pi d^4}{64}$ ，由此得杨氏模量 E 为

$$E=1.6067\frac{L^3m}{d^4}f_0^2 \tag{13.7}$$

式中，$f_0=\omega_0/2\pi$ 为试样的固有频率；m 为试样的质量。

实际测量时，由于不能满足 $d\ll L$，所以上式右端应乘以一个修正因子 R，则式(13.7)变为

$$E=1.6067R\frac{L^3m}{d^4}f_0^2 \tag{13.8}$$

当 $L\gg d$ 时，$R\rightarrow1$，即为式(13.7)。当 $L\gg d$ 不成立时，圆棒的 R 可查表13.2。

表13.2 修正系数 R 与径长比 d/L 的对应关系

d/L	0.01	0.02	0.03	0.04	0.05	0.06	0.08	0.10
R	1.001	1.002	1.005	1.008	1.014	1.019	1.033	1.055

由式(13.7)和式(13.8) 可知，只要待测试样的质量、几何尺寸和固有频率被测定出来，就可以计算出试样的杨氏模量。本实验的主要任务是测量样品的固有频率。

3. 用共振法寻找振动基频

(1) 受迫振动与共振

要保持金属杆的持续振动，就必须对杆施加一个驱动力（一定频率的振动），即金属杆作的是受迫振动。当驱动力频率与物体固有频率相等时，物体作受迫振动的振幅达到最大值，这种现象称为共振；发生共振时的驱动力频率称为共振频率。实验中以基频振动的共振频率代替固有频率。

(2) 用外延法测共振频率

用共振法寻找材料的固有频率的实验装置示意图如图13.3所示，其中图13.3(a) 为悬挂法，图13.3(b) 为支撑法。悬挂点（或支撑点）选在基频振动的两个节点处。装置中1为发射换能器，也称激发换能器；2为接收换能器，也称拾振器。换能器1将信号发生器产生的正弦信号转换为机械振动，通过悬丝3（或支架3）传给试样，试样受迫振动，悬丝4（或支架4）将试样的振动传给换能器2，换能器2将机械振动转换为正弦信号再送给示波器，从示波器上就可以看到正弦信号。具有以上功能的换能器称为压电换能器。当信号发生器的输出信号频率达到该悬挂点（或支撑点）的共振频率时，试样发生共振，此时试样振动的振幅最大，示波器观测到的正弦信号幅度也达到最大值。因此，一边仔细调节驱动信号的频率，一边观察示波器上的正弦波信号波形，当示波器观测到的正弦信号幅度也达到最大值时，从信号发生器上读出的频率就是共振频率。

实验中，由于悬丝（或支架）对试样振动的阻尼，所检测的共振频率大小是随悬挂点的位置而变化的。从理论上讲，测量试样基频振动时，悬挂点（或支撑点）应在节点处，即距端点 $0.224L$ 和 $0.776L$ 处；但是，压电换能器所拾取的是悬挂点（或支撑点）的加速共振信号，而不是振幅共振信号，如果将悬挂点（或支撑点）选在节点处，棒的振动无法被激

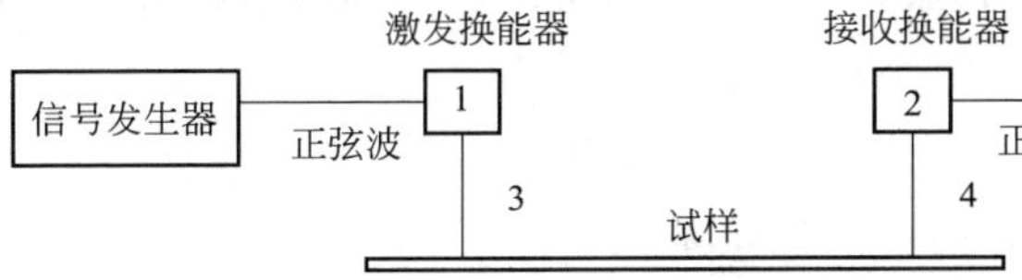

(a) 悬挂法

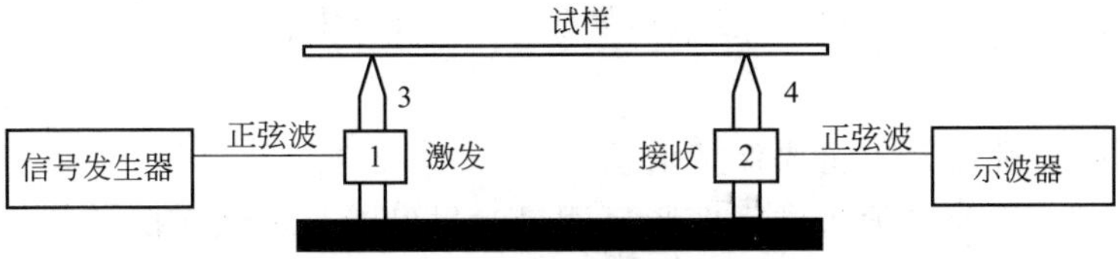

(b) 支撑法

图 13.3 实验装置示意图

发，振幅为零，在示波器上只能看到一条水平直线，无法进行测量，故采用外延法进行测量。所谓外延法，指的是在所需要的测量点附近进行测量，即测量节点周围点的振动频率，作出其共振频率与位置的关系曲线，将曲线延伸至节点位置而得到试样的基频。此方法只适用于在所研究范围内没有突变的情况。

【实验内容】

（1）测量试样棒的直径 d、长度 L、质量 m

测量要求：用游标卡尺测量试样的直径，取不同部位至少测量三次，取平均值。用直尺测量试样的长度，至少测量三次，取平均值。用天平测量试样的质量。

（2）测量试样的基频（悬挂法）

① 安装试样棒，对称悬挂（或支撑），并保持试样水平。

② 连机：按照图 13.3 连接线路。

③ 开机实验：打开信号发生器和示波器。调节示波器处于正常工作状态；调节信号发生器选择正弦波形。

④ 真假共振峰的判断（鉴频）：激振器、拾振器及整个系统都有自己的共振频率，拾振器的输入伴随有许多次极大值。故测量时一定要找到真正的共振峰进行测量。

将悬挂点（或支撑点）选在接近端点的位置，调节信号发生器的输出频率（数百赫兹），示波器屏幕上出现正弦信号时开始鉴频。

峰宽判别法：真的共振峰的频率范围很窄，细微的改变信号发生器的输出频率共振峰的幅度就会发生突变；假的共振峰频率范围很宽，难于观察到突变现象。

撤耦判别法：用手将试样托起，如果是干扰信号则示波器上正弦波幅度不变；如果是真的共振信号，则正弦信号的周期不变、幅度逐渐衰减（也可用手捏住悬丝 3，可看到同样的现象）。

声音判别法：发生共振时，拾振器会发出尖锐的啸叫。

⑤ 共振频率测量：从试样端点开始，两悬挂点（或支撑点）同时向中间移动，每间隔 5mm 测量一次共振频率（测量中注意避开节点位置测量）。测量时，调节信号发生器的频率旋钮，使示波器上观测到的共振峰的幅度达到最大值，此时信号发生器的输出频率即为该点的共振频率。

注意：若采用支撑法测量，共振频率的判别不能用到“撤耦判别法”，其他两种方法均可用，共振频率测量方法一致.

【数据处理】

① 用坐标纸画出 f-x 曲线，由曲线确定基频 f_0。

② 计算试样杨氏模量 E。

③ 估算出 U_r 和 $U_E=\bar{E}\times U_r$，写出结果表达 $E=\bar{E}\pm U_E$。

【注意事项】

① 试样不可随意乱放，一定要保持清洁。

② 悬挂试样时，悬丝必须将试样捆紧。测量时尽可能避免试样摆动。

③ 实验中拿放东西要轻，不可敲击桌面和大声讲话，这都会对实验造成影响。

【思考题】

① 外延法测量有何特点？使用时应注意什么？

② 试样的固有频率和共振频率有什么不同？它们之间有什么联系？

③ 测量中能不能用李萨如图形进行观测？为什么？

实验 14 声速的测量

声波在介质中传播的速度称为声速，声速的大小只取决于介质的弹性模量和介质密度，而与声波的频率无关，原则上可以用任何频率的声波来测定声速，但是，次声波频率低，波长大，难以测量；可听声波因受环境干扰大，也难以准确测量。而超声波的频率较高，可以避免受到环境噪声的干扰；同时因其方向性好，能量集中，且波长较短，可以在较短的一段距离内测到多个波长，所以超声波最适于用来测定声速。

【实验目的】

① 了解压电换能器的工作原理和使用方法；

② 了解并掌握用共振干涉法和相位比较法测量声速；

③ 进一步学习示波器和信号发生器的使用；

④ 学习用逐差法处理数据。

【实验仪器】

双踪示波器，函数信号发生器，声速测量装置（包括 2 个压电换能器和游标卡尺）。

【实验原理】

用于测量声速的传感器称为超声波换能器，又叫压电换能器。它的核心部件就是压电元件，所用材料一般为钛酸钡和锆钛酸铅陶瓷。在压电元件上加上正弦交流电信号，便构成一个超声波发生器；压电元件将产生纵向的机械振动，从而产生沿纵向传播的机械波——超声波。若将另一个压电元件放置在超声波传播的路径上，并使其表面与波的传播方向垂直，便构成一个超声波接收器；超声波施加在元件上的压力（声压）将在材料内产生正弦交流电信号，可以用示波器进行观测。压电换能器具有一定的固有频率，外加电信号频率等于其固有频率时，激发换能器发生共振输出声波信号最大。

由波动理论可知，在波动过程中波速 v、波长 λ 、频率 f 之间满足下列关系式

$$v=f\lambda \tag{14.1}$$

因此只需测出声波的频率和波长即可求得介质中的声速。

实验中声波频率 f 为函数信号发生器的输出频率，可由仪器直接读取，因此本实验的测量主要是围绕测量声波波长 λ 进行的。对波长 λ 的测量主要有两种方法：共振干涉法（驻波法）和相位比较法（行波法）。

1. 共振干涉法

共振干涉法的实验装置结构如图 14.1 所示，S_1、S_2 为压电换能器。S_1 可以将电信号变成材料的机械振动，即发射超声波，称之为激发换能器；S_2 将机械振动变成电信号，即超声波接收，称之为接收换能器；相互转换的电信号和机械振动幅度之间成正比关系。实验中两个换能器相对平面应严格平行。S_1 与函数信号发生器相连，S_2 可将接收到的声压信号转换为电信号，输入示波器观察。S_2 在接收声波信号的同时还反射一部分声波，反射波与 S_1 发出的声波在两换能器之间发生干涉形成驻波（声压、驻波等概念请参阅实验 14 附录）。

设 S_1 发射的声波平行于标尺方向，其方程为

$$y_1=A\cos\left(\omega t-\frac{2\pi}{\lambda}x\right)$$

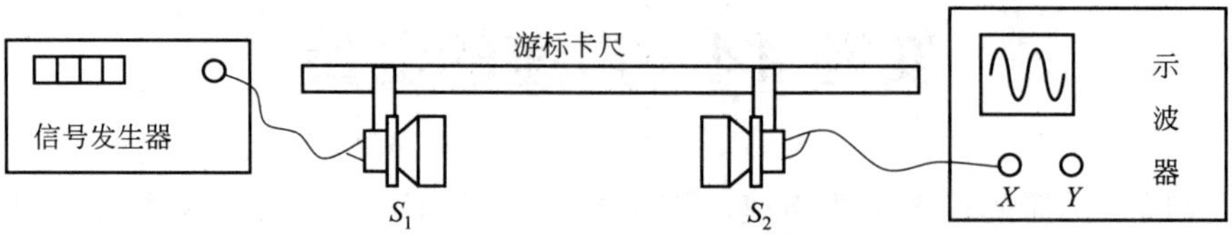

图 14.1 共振干涉法装置结构图

在 S_2 表面，声波是由波疏媒质向波密媒质入射，故反射的声波信号有半波损失，其方程为

$$y_2 = A\cos\left(\omega t + \frac{2\pi}{\lambda}x + \pi\right)$$

合振动方程为

$$y = \left(2A\cos\frac{2\pi}{\lambda}x\right)\cos\omega t \tag{14.2}$$

式(14.2) 即为驻波方程，其中 $\left|2A\cos\frac{2\pi}{\lambda}x\right|$ 视为振幅项，它表明各介质元在做同频率但不同振幅的简谐振动。

当 $\frac{2\pi}{\lambda}x = n\pi$ 时，$\left|\cos\frac{2\pi}{\lambda}x\right| = 1$，即在 $x = n\frac{\lambda}{2}$ 位置上（$n = 1、2、3、\cdots$），声波振幅最大，为波腹，此时声压最小，即 S_2 获得的电压最小，示波器中观察到的正弦信号幅度最小。

当 $\frac{2\pi}{\lambda}x = (2n-1)\frac{\pi}{2}$ 时，$\left|\cos\frac{2\pi}{\lambda}x\right| = 0$，即在 $x = (2n-1)\frac{\lambda}{4}$ 位置上（$n = 1、2、3、\cdots$），声波振幅最小，为波节，此时声压最大，S_2 获得的电压最大，示波器中观察到的正弦信号幅度最大。

实验工作就是在示波器中寻找振幅最大的正弦电信号。因为 S_1、S_2 之间形成稳定的驻波时，S_2 总是位于波节位置（且相邻波节的距离为 $\frac{\lambda}{2}$）；所以，当 S_1、S_2 间距分别为 $L_1 = n\lambda/2$ 和 $L_2 = (n+1)\lambda/2$ 时，在示波器上可以连续两次观察到正弦波幅度最大，这时

$$\Delta L = |L_2 - L_1| = \frac{\lambda}{2} \quad 即 \quad \lambda = 2\Delta L = 2|L_2 - L_1|$$

共振法测量声速的计算公式为

$$v = f\lambda = 2\Delta L f \tag{14.3}$$

2. 相位比较法

相位比较法的实验装置如图 14.2 所示。

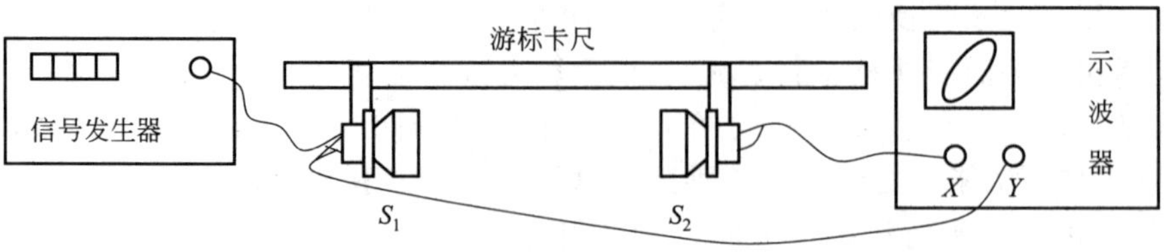

图 14.2 相位比较法装置示意图

设两个换能器之间的距离为 L，令 φ_1 为 S_1 处声波的相位，从 S_1 发出的声波信号通过媒质到达 S_2 时，相位为 $\varphi_2=\frac{L}{\lambda}2\pi+\varphi_1$。两点之间的相位差为

$$\Delta\varphi=\varphi_2-\varphi_1=\frac{L}{\lambda}2\pi=2\pi L\frac{f}{v} \tag{14.4}$$

当 f 已知时，测出 $\Delta\varphi$ 即可求得声速 v。但是实验时无法获取两个换能器处声波的相位，故不能直接使用式(14.4)。

由于波的周期性，$\Delta\varphi$ 随 L 的改变而连续变化，当 L 改变一个波长 λ 时，$\Delta\varphi$ 改变 2π，因此，可以通过测量 ΔL 来测得声速。具体做法如下。

将函数信号发生器的输出信号（即输给激发换能器 S_1 的信号）和 S_2 接收的信号分别输入示波器 X、Y 通道，合成得到李萨如图形。令输入 X 通道的入射波振动方程为

$$x=A_1\cos(\omega t+\varphi_1)$$

输入 Y 通道的接收波振动方程为

$$y=A_2\cos(\omega t+\varphi_2)$$

合成后的振动方程为

$$\frac{x^2}{A_1^2}+\frac{y^2}{A_2^2}-\frac{2xy}{A_1A_2}\cos(\varphi_2-\varphi_1)=\sin^2(\varphi_2-\varphi_1) \tag{14.5}$$

此方程为椭圆方程的一般表达式，合振动在示波器上显示的具体图形由两信号的相位差 $\Delta\varphi=\varphi_2-\varphi_1$ 决定。当 $\Delta\varphi$ 分别等于 0、$\pi/4$、$\pi/2$、$3\pi/4$、π、$5\pi/4$、$3\pi/2$、$7\pi/4$、2π 时，得到图 14.3 中对应的图像。

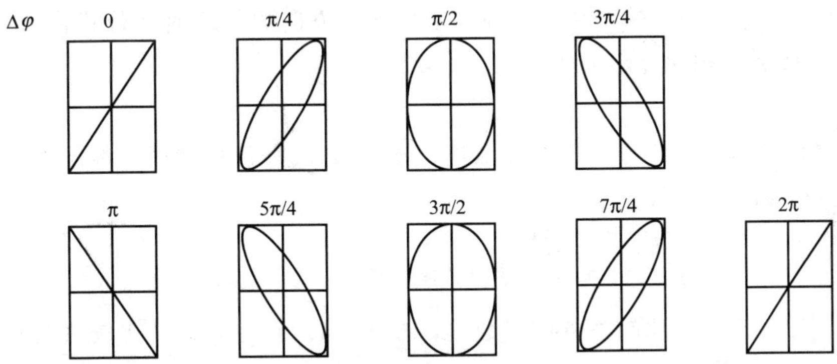

图 14.3　不同相位差的李萨如图像

固定 S_1，沿同一个方向连续改变 S_2 的位置，此时，合振动的图像将按图 14.3 的顺序呈周期性变化，位置每改变 λ 时（$\Delta\varphi=2\pi$），图像还原，于是有

$$\Delta\varphi=\varphi_2-\varphi_1=2\pi\frac{L_2}{\lambda}-2\pi\frac{L_1}{\lambda}=2\pi$$

即

$$\lambda=\Delta L=L_2-L_1 \tag{14.6}$$

其中 L_1、L_2 为 S_2 位置变化前和变化后与 S_1 的间距。此时声速的计算公式为

$$v=\lambda f=\Delta L f \tag{14.7}$$

利用上述方法也可测量液体中的声速。例如，将本实验装置中的两换能器置于水中，即可测定水中的声速。

【实验内容】

1. 调整系统达到最佳发射和接收状态

实验中首先应调节信号发生器的输出频率，当激励正弦电信号与换能器固有频率基本一致时，换能器发生共振，输出声波信号最强，此时能最为有效地实现电能与声能的相互转换。

具体操作如下。

① 按图14.1方式接线。

② 使 S_1 和 S_2 之间的距离为2cm左右，选择适当的信号发生器输出电压和示波器偏转因数，在 S_1 共振频率（由实验室给出）附近观察信号幅值随频率的变化情况，用微调旋钮仔细调节信号发生器的频率，直到 S_2 输出的正弦信号幅值达到最大。记录频率数值，以下测量中保持该频率不变。注意：测量过程中保证 S_1、S_2 相对平面平行。

2. 用共振干涉法测量空气中的声速

在步骤1的基础上，缓慢移动 S_2 观察信号幅值随距离周期性变化的现象。选择某个振幅极大值作为测量起点，记录此时 S_2 的位置；然后继续同方向缓慢移动 S_2，逐一记下各振幅极大值的位置，记录12组数据。

注意：由于声波在空气中传播时随距离的增大发生衰减使其幅度减小，当 S_1、S_2 距离过大时示波器观察到的正弦波幅度将变得很小，不便于观察。因此，测量时 S_1、S_2 间距不宜过大；同时，为便于观察，示波器上应选择合适的垂直偏转系数。

3. 用相位比较法测量声速

按图14.2方式接线，调节示波器，将两通道的信号垂直合成得到李萨如图形。移动 S_2 并观察示波器上李萨如图形的变化。选择图形为某一方向的斜线时的位置作为测量的起点，连续记录12组图形为相同方向斜线时 S_2 的位置。

【数据处理】

① 用逐差法处理共振干涉法的测量数据，按式(14.3)计算共振干涉法测量的声速，计算不确定度，并写出结果表达式。

计算公式为：$U_r=\sqrt{\left(\frac{U_\lambda}{\lambda}\right)^2+\left(\frac{U_f}{f}\right)^2}$，$U_V=\bar{v}U_r$。

② 用逐差法处理相位比较法的测量数据，按式(14.7)计算相位比较法测量的声速，计算不确定度，并写出结果表达。

【注意事项】

① 本实验要求较熟练地运用示波器，所以实验前必须认真阅读实验3，熟悉示波器和信号发生器的使用方法。

② 信号发生器的输出端严防短接。

【思考题】

① 如果两个换能器不平行对实验有什么影响？

② 按图14.1连接线路打开各仪器电源后，发现示波器上没有信号，可能有哪些原因？应该如何检查？

③ 实验中应如何确定换能器共振频率？

④ 什么情况下可以用逐差法处理数据？有什么好处？

【附录】

物理概念

1. 驻波

振动方向相同、频率相同、振幅相同、传播方向相反的两列简谐波相干叠加得到的波动称为驻波。驻波具有以下特征：a. 在驻波的传播路径中，某些点的振幅始终具有最大值，称之为驻波的波腹，某些点的振幅始终为零，称之为驻波的波节；b. 相邻两波腹或波节间的距离为半个波长；c. 两相邻波节之间各介质元振动相位相同，即同时达到正的最大位移、同时过平衡点、同时达到负的最大位移；d. 一波节两侧的各介质元振动相位相反，即一侧达到正的最大位移，另一侧达到负的最大位移。

2. 声波、声速与声压

机械振动在弹性介质中的传播称为弹性波。声波是一种在气体、液体、固体中传播的弹性波，根据其频率的范围大致可分为次声波（$f<20\text{Hz}$）、可听声波（$20\text{Hz}\leqslant f\leqslant 20\text{kHz}$）、超声波（$20\text{kHz}<f$）。次声波和超声波是人耳听不见的。

（1）声速

声波在介质中的传播速度称为声速。声速的大小取决于介质的弹性模量和密度，即声速与介质的性质有关，因而可通过对声速的测量来研究介质的性质和状态变化。例如，通过声速测量可以求得固体媒质的弹性模量，进行气体分析，测定液体的密度等。

在液体和气体中传播时声波只能以纵波传播（质点振动方向和波的传播方向一致）。气体中声波的传播速度公式为

$$v=\sqrt{\gamma RT/M}$$

式中，γ 为空气定压比热容和定容比热容之比（$\gamma=C_P/C_V$），R 是普适气体常量；M 为空气的摩尔质量；T 为热力学温度。忽略空气中水蒸气及其他杂质影响，0℃（$T_0=273.15\text{K}$）时 $v_0=331.45\text{m/s}$，在温度为 t 时

$$v=v_0\sqrt{\frac{T_0+t}{T_0}}=v_0\sqrt{1+\frac{t}{T_0}}$$

液体中声波的传播速度公式为

$$v=\sqrt{E/\rho}$$

公式中 E 为体积弹性模量，ρ 为密度。

液体中声速在 900～1900m/s 之间，水中声速约为 1500m/s，随着温度升高而增大（76℃～85℃时最大），其他液体中声速随温度升高而减小。

（2）声压

当声波在介质中传播时，空气中由于声扰动而引起的超出静态大气压强的那部分压强称为声压。介质中无声波传播时的压强称之为静态大气压强。

声波是纵波，有疏密区。在疏区，实际压强小于静压强，声压为负值；在密区，实际压强大于静压强，声压为正值。对于驻波而言，波腹两侧各介质元始终朝同一个方向移动，使得其附近介质的密度变化最小，故波腹处声压绝对值较小；而波节两侧各介质元的振动方向始终相反，使得其附近介质的密度变化最大，故波节处声压绝对值最大，若该声压作用在压电元件上，将使压电元件产生的正弦电信号的振幅最大。

实验15 非平衡直流电桥及其应用

直流电桥是一种精密的电阻测量仪器，具有重要的应用价值，按电桥的测量方法可分为平衡电桥和非平衡电桥。二者的电路结构基本相同，都是桥式电路，而且都是用于测量电阻的。不同的是：平衡直流电桥是通过调节电桥平衡来准确测量电阻；而非平衡电桥则是通过测量电桥的不平衡电量（电压或电流）来求电阻值的，由此而进一步得到引起电阻变化的其他物理量，如温度、压力、形变等。在实验7中我们介绍了平衡直流电桥，本实验则着重介绍非平衡直流电桥。

【实验目的】

① 了解非平衡直流电桥的电路结构及测量原理；

② 学习自己搭建简易非平衡直流电桥；

③ 了解铂（Pt）电阻温度传感器的温度特性，并用自建的非平衡直流电桥测量（Pt100）的温度系数。

【实验仪器】

铂电阻温度传感器（Pt100），直流电源，四位半万用表，比例电阻板，电阻箱，数字温度计，电热杯，保温杯，导线，开关等。

【实验原理】

非平衡直流电桥如图15.1所示，与实验7中的平衡直流电桥的区别有两处：一是用毫伏计取代检流计，用以检测电桥的不平衡电压；二是待测电阻 R_x 的值不再是固定不变的，而是随外界条件的变化有相应的改变，实际上 R_x 一般是一个电阻型传感器。

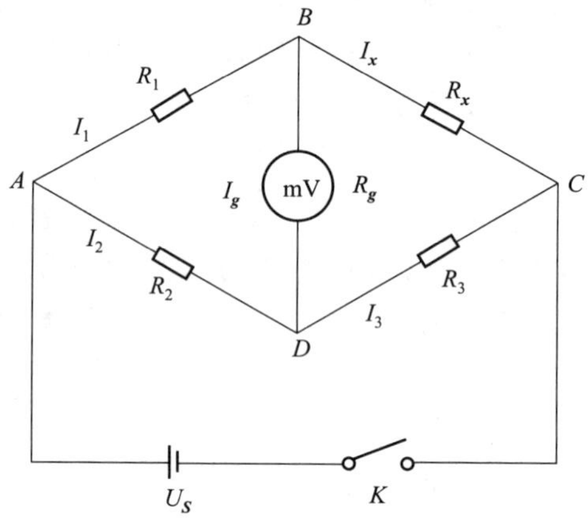

图15.1 非平衡直流电桥电路图

1. 非平衡电桥的工作原理

当要测量的量是不平衡电桥的输出电压 U_{BD} 时，一般是用数字电压表或高输入阻抗的放大器进行测量。由于测量仪表的内阻很大，与电桥的电阻相比，相当于 $R_g \to \infty$，因而 $I_g=0$，故 $I_1=I_x$，$I_2=I_3$。根据分压原理，输出电压

$$U_{BD}=U_{BC}-U_{DC}=\frac{R_x}{R_1+R_x}U_S-\frac{R_3}{R_2+R_3}U_S=\frac{R_2R_x-R_1R_3}{(R_1+R_x)(R_2+R_3)}U_S \tag{15.1}$$

当满足条件 $R_1R_3=R_2R_x$ 时，电桥输出电压 $U_{BD}=0$，即电桥处于平衡状态，平衡的条件为

$$\frac{R_1}{R_2}=\frac{R_x}{R_3} \tag{15.2}$$

这就是实验7的平衡直流电桥测量原理。

若 R_1、R_2、R_3 为固定电阻，R_x 随外部环境而变化，例如随温度而变，即 $R_x=R(T)$，则可以通过测量与不同温度 T 对应的 U_{BD} 测得与各个温度对应的 $R(T)$。下面对这一测量

工作进行分析。

设室温 $T=T_0$ 时，$R_x=R_{x0}$，当温度改变为 $T_1=T_0+\Delta T$ 时，电阻变为 $R_x=R(T_1)=R_{x0}+\Delta R$，由式(15.1)可知，电桥输出电压为

$$U_{BD}=\frac{R_2R_0+R_2\Delta R-R_1R_3}{(R_1+R_{x0}+\Delta R)(R_2+R_3)}U_S \tag{15.3}$$

若在室温 T_0 时，先已调节电桥平衡，即调节 R_1、R_2 和 R_3，使 $R_1R_3=R_2R_{x0}$，式(15.3)变为

$$U_{BD}=\frac{R_2\Delta R}{(R_1+R_{x0}+\Delta R)(R_2+R_3)}U_S \tag{15.4}$$

由于一般情况下 ΔR 都很小，即 $\Delta R\ll R_1$、R_2、R_3，则式(15.4)分母中的 ΔR 可以略去，式(15.4)变为

$$U_{BD}=\frac{R_2\Delta R}{(R_1+R_{x0})(R_2+R_3)}U_S \tag{15.5}$$

式(15.5)表明，只要测出电桥输出的不平衡电压 U_{BD}，就可以求出电阻的改变量 ΔR，因而可求出 $R(T_1)$，这就是非平衡电桥的工作原理。

实际使用中，常常对桥臂的电阻做某种设定，以使测量工作简单明了，因此就出现了不同类型的非平衡电桥，具体可分为三类。

(1) 等臂电桥：$R_1=R_2=R_3=R_{x0}$

对于等臂电桥，式(15.5)变为

$$U_{BD}=\frac{U_S}{4}\times\frac{\Delta R}{R_{x0}} \tag{15.6}$$

(2) 卧式电桥：$R_1=R_{x0}$，$R_2=R_3$，且 $R_1\neq R_3$

对于卧式电桥，式(15.5)变为

$$U_{BD}=\frac{U_S}{4}\times\frac{\Delta R}{R_{x0}} \tag{15.7}$$

(3) 立式电桥：$R_1=R_2$，$R_3=R_{x0}$，且 $R_1\neq R_3$

对于立式电桥，式(15.5)变为

$$U_{BD}=\frac{R_1R_3}{(R_1+R_3)^2}\times\frac{\Delta R}{R_{x0}}U_S \tag{15.8}$$

由式(15.6)~式(15.8)可以看出，当 $\Delta R\ll R_1$、R_2、R_3 时，三种电桥的输出电压 U_{BD} 都与 $\Delta R/R_{x0}$ 呈线性关系。但对于同样的 R_{x0} 和 ΔR（即对于一个确定的测量对象），等臂电桥、卧式电桥的输出电压较高[因为 $(R_1+R_3)^2>4R_1R_3$，试证明之]，即它们的灵敏度比立式电桥的要高，而立式电桥可以通过选择 R_1 和 R_3 来扩大测量范围（相同的输出电压 U_{BD} 给出较大的 ΔR），R_1、R_3 的差距越大，R_x 的测量范围越大（试分析之）。

由以上分析可知，等臂电桥与卧式电桥具有相同的灵敏度，但使用等臂电桥时，需要调节四个电阻都相等，即根据室温时的待测电阻 R_{x0} 同时调节另外三个电阻，而卧式电桥事先调好固定电阻 $R_2=R_3$，使用时只需根据 R_{x0} 调节一个电阻 R_1 就可以了，故操作起来较为方便。本实验即采用卧式电桥测 Pt100 的温度系数。

当 ΔR 较大，条件 $\Delta R\ll R_1$、R_2、R_3 不成立时，虽然预先已经调成平衡，但式(15.4)分母中的 ΔR 不能略去，计算公式对三种类型都将比较复杂。

2. 铂电阻的温度特性

当温度变化时，导体或半导体的电阻值随温度而变化，称之为热电阻效应。根据电阻与温度的对应关系，通过测量电阻值的变化可以检测温度的改变，由此可制成热电阻温度传感器。常见的热电阻有铜和铂。

工业用铂热电阻（Pt10、Pt100）广泛用来测量−200～850℃范围的温度，它具有准确度高、灵敏度高、稳定性好等优点。

Pt100型铂电阻温度特性如下。

在0℃～850℃之间的温度特性为

$$R(T)=R_0(1+AT+BT^2) \tag{15.9}$$

其中$A=3.908\times10^{-3}$(℃$^{-1}$)，$B=-5.775\times10^{-7}$(℃$^{-2}$)。

在0℃～100℃范围内，其温度特性可近似为

$$R(T)=R_0(1+A_1T) \tag{15.10}$$

式中，A_1为温度系数，其值$A_1=3.85\times10^{-3}$(℃$^{-1}$)。

式(15.9)、式(15.10)中，R_0为$T=0$℃时的电阻值，$R_0=100\Omega$；$T=100$℃时，电阻值$R(100)=138.5\Omega$。

3. 数字温度计

与本实验所使用的SN2204型数字温度计配套的是pn结型温敏二极管传感器。其测量范围为−20～150℃，允差为±0.3%乘测量范围再加1，分辨率为0.1℃。由于pn结温度传感器的互换性不好，所以数字温度计所用的传感器不能在不同的数字温度计之间互换，只能配套使用。

温敏二极管的最大正向工作电压为1.0V，最大正向工作电流为10mA，最大反向工作电压为100V，反向饱和电流为25nA。

使用数字温度计时，应使传感器的敏感部位（前端10mm以内）与被测物体贴紧，以保证快速准确测量。测量液体温度时，应使传感器的80%浸入液体内。此外，使用数字温度计时还应注意以下几点。

① 传感器外壳为不锈钢材料，在测量酸碱溶液时，需加保护管；

② 不得超范围使用；

③ 仪表应尽量远离磁场；

④ 应在6～20℃，$RH<60\%$的洁净环境中使用。

【实验内容】

1. 观察铂电阻的温度特性

用数字万用表测量Pt100的阻值，用手握住传感器头，观察阻值变化。

2. 用卧式非平衡电桥测量铂电阻的温度系数

① 用实验室提供的比例电阻板、电阻箱、电源、开关和铂电阻，按图15.1接成非平衡电桥。电阻板上已经给出固定电阻$R_2=R_3=1\text{k}\Omega$，且A、D、C三点已接通。自己进行连接的工作为在A、B两点之间接电阻箱，作为R_1。B、C两点间接铂电阻（温敏传感器已与之固定在一起）。B、D两点间接$4\frac{1}{2}$数字万用表。U_S用5.0V。

② 在室温条件下调节电阻箱R_1，使电桥平衡（万用表指示为零），记下此时的室温T_0

和电阻箱的接入电阻值（即室温 T_0 时铂电阻的阻值）R_{x0}。

③ 用电热杯将水烧开，倒入保温杯中，再将铂电阻（连同温敏传感器）放入热水中，此时应保证水温在85℃左右。

④ 用自然冷却的方法测铂电阻阻值随温度的变化。从65℃开始测量，每隔5℃测量一组数据（T_i，U_{BDi}），自拟表格进行记录。

【数据处理】

① 将记录在原始记录上的测量数据组（T_i，U_{BDi}）以表格的形式整理到实验报告纸上，表格中应有一栏填写由 U_{BDi} 求出的 R_i 值，[用式(15.7) 计算 ΔR_i，而 $R_i = R_{x0} + \Delta R_i$]。

② 利用数据组（T_i，R_i）或（T_i，U_{BDi}）作图。用图解法求直线的斜率 K，进而求出Pt100的温度系数 $A_1 = \dfrac{K}{R_0}$，（$R_0 = 100\Omega$）。

③ 将求出的温度系数 $A_{1测}$ 与 A_1 的理论值 $A_{1理}$ 进行比较，求测量的相对误差。

【思考题】

① 用非平衡电桥测Pt100的温度系数时，为什么要在室温下调节 $R_1 = R_{x0}$？

② 各类非平衡电桥中，为什么立式电桥的测量范围大？

实验16 RC串联电路的暂态过程

【实验目的】

① 了解RC串联电路的暂态过程，加深对电容特性的理解；

② 学习用示波器观测以方波为信号时RC串联电路的暂态过程；

③ 进一步熟悉双踪示波器的使用。

【实验仪器】

双踪示波器，信号发生器，标准电阻箱，电容器。

【实验原理】

RC串联电路在接通或断开直流电源的瞬间，相当于受到阶跃电压的影响，电路对此要作出响应，会从一个稳定状态转变到另一个稳定状态，这个过程称为RC串联电路的暂态过程。暂态过程一般很短，但电路的暂态特性在实际工作中十分重要，例如在脉冲电路中经常遇到元件的开关特性和电容充放电的问题。

1. RC串联电路的充放电过程

考虑图16.1所示的电路，当开关K打向1时，直流电源E对电容C充电；在充电过程完毕后，将开关K由1打向2，电容C放电。电路方程为

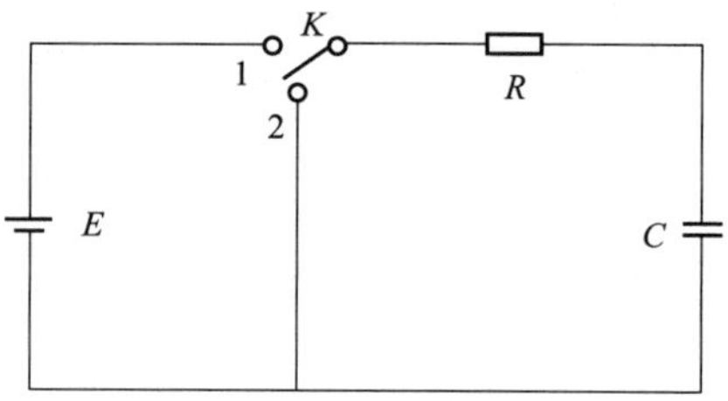

图16.1 电容充放电电路

充电过程：$u_R+u_C=iR+u_C=E$ (16.1)

放电过程：$u_R+u_C=iR+u_C=0$ (16.2)

由电流的定义 $i=\dfrac{dq}{dt}=C\dfrac{du_C}{dt}$ $\left(\text{电容 } C=\dfrac{q}{u_C}\right)$，方程可改写为

充电过程：
$$\frac{du_C}{dt}+\frac{1}{RC}u_C=\frac{E}{RC};\ t=0\text{ 时，}u_C=0 \tag{16.3}$$

放电过程：
$$\frac{du_C}{dt}+\frac{1}{RC}u_C=0;\ t=0\text{ 时，}u_C=E \tag{16.4}$$

方程的解分别为

充电过程：
$$\begin{cases}u_C=E(1-e^{-t/RC})\\ u_R=Ee^{-t/RC}\end{cases} \tag{16.5}$$

放电过程：
$$\begin{cases}u_C=Ee^{-t/RC}\\ u_R=-Ee^{-t/RC}\end{cases} \tag{16.6}$$

由式(16.5)和式(16.6)可以看出，在RC串联电路中接入与撤出直流电源E时，电容器和电阻上的电压u_C、u_R都不能发生突变，而是按指数规律改变，称上述两种情况为RC串联电路的暂态特性。究其本质，是因为电容器上的电压需要靠积累电荷来建立而不能发生突变。u_C和u_R随时间的变化曲线如图16.2所示。

2. 电路的时间常数

暂态过程的快慢（时间长短）与R和C的乘积有关，令

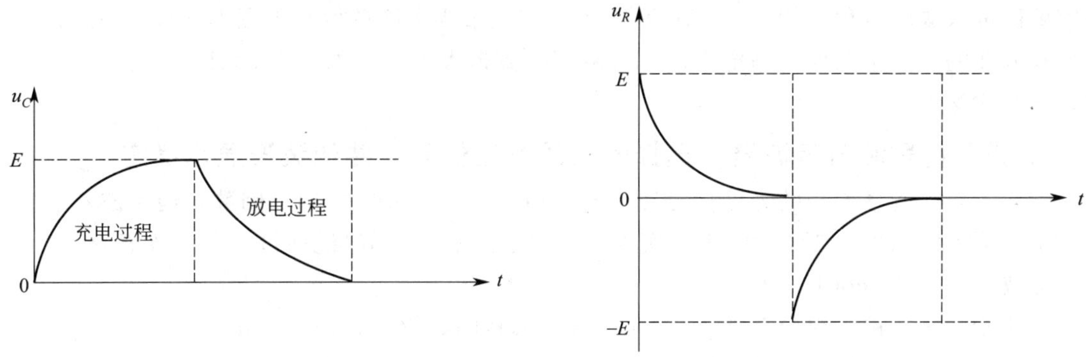

图 16.2 RC 串联电路充、放电曲线

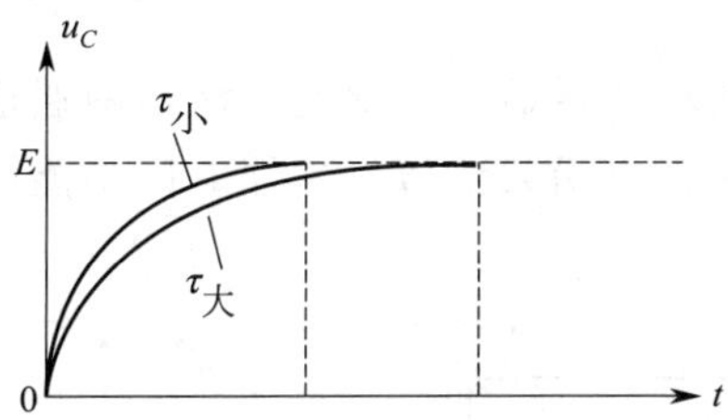

图 16.3 τ 的大小对充电过程的影响

$$\tau = RC \tag{16.7}$$

称为 RC 电路的时间常数，具有时间的量纲（国际单位为秒）。它反映了 u_C 和 u_R 随 t 按指数规律变化的快慢，即暂态过程的长短。由式(16.5) 和式(16.6) 不难看出，τ 越大，指数变化越慢，暂态过程越长；τ 越小，指数变化越快，暂态过程越短。图 16.3 中以电容器充电过程为例给出了暂态过程的长短与时间常数 τ 的关系。

当 $t=\tau$ 时，对于充电过程，$u_C=E(1-e^{-1})=0.632E$，表明 τ 的物理意义可以理解为使电容器上的电压达到电源电压 E 的 63.2%所需要的充电时间。

用 $t_{E/2}$ 表示使电容器上的电压达到电源电压 E 的一半所用的时间，则有

$$u_C=E(1-e^{-t_{E/2}/\tau})=\frac{1}{2}E \quad 即\ e^{t_{E/2}/\tau}=2$$

得

$$t_{E/2}=\tau\ln 2=0.692\tau \tag{16.8}$$

或

$$\tau=1.44t_{E/2} \tag{16.9}$$

式(16.9) 表明：只要通过实验测出 $t_{E/2}$，便可以求出时间常数 τ。

3. 暂态过程的波形观测与临界图形

为了观测到稳定、完整的暂态过程，实验中采用方波信号代替图 16.1 中开关 K 的换位动作，方波信号每个周期的前半个周期输出电压为 E，相当于开关 K 打向 1，后半个周期输出电压为零，相当于开关打向 2，如图 16.4(a) 所示。利用方波信号的快速变化特性和示波器的快速同步扫描功能可以分别将 RC 串联电路暂态过程中的 u_C 和 u_R 变化波形显示出来。

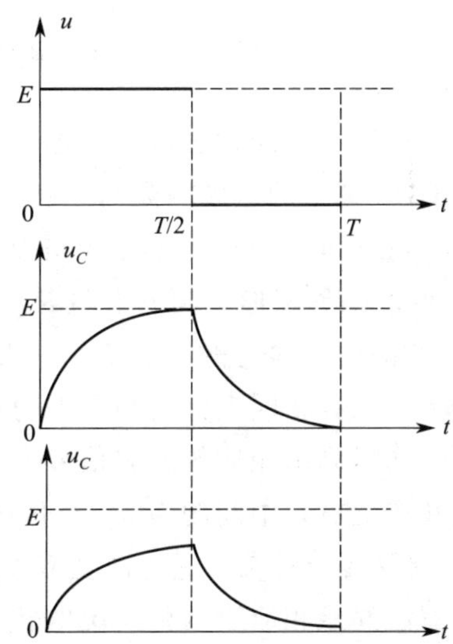

图 16.4 RC 串联电路暂时态特性
(a) 方波波形；(b) 临界 u_C 波形；
(c) τ 较大时 u_C 波形

当方波的周期远大于电路的时间常数 $\tau=RC$ 时，从示波器上可观测到完整的充、放电曲线，充电完

毕时 $u_C=E$；反之，当 $\tau=RC$ 较大时，电容充电电压未达到方波输出电压，即 $u_C<E$ 时，电容就已进入放电过程，如图 16.4(c) 所示。实验中要求能调取临界图形，即使 u_C 的充电波形在方波的前半个周期（高电平状态）刚好达到最大值 E，如图 16.4(b) 所示。

【实验内容】

1. 调节信号源与示波器，选择恰当的方波信号，并使波形显示稳定

实验中要求选择恰当的方波信号频率与幅值。调节示波器的偏转因数，使示波器上显示大小恰当的方波图形（具体操作参见实验 4 数字示波器的调节与使用）。参考数值如下

方波信号：$f=500\text{Hz}$ $E=4\text{V}$；

示波器：垂直偏转因数 $Y_1=2\text{V/cm}$，水平偏转因数 $X=0.5\text{ms/cm}$。

2. 观测 RC 串联电路的暂态过程

(1) 连接测试电路

按图 16.5 连接线路，图中 R 为标准电阻箱，可以选择电阻 R 约为 500Ω，电容选择 0.47μF。将 u_C、u_R 信号输入示波器观察。

注意：若使用模拟函数信号发生器，两信号可同时输入示波器显示，此时示波器两通道应公共接地，即地线两地线均接在 R、C 之间；若使用数字合成函数信号发生器，则不能同时将两信号输入示波器，需分别接入示波器。

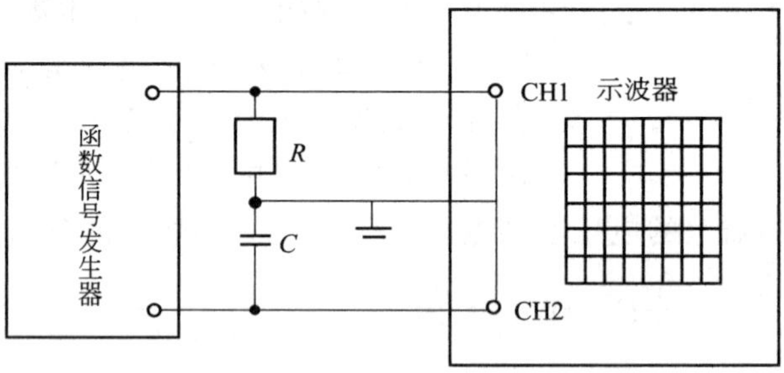

图 16.5 观察 RC 串联电路暂态过程电路连接图

(2) 观测、记录暂态过程波形

取 CH2 通道的偏转因数与 CH1 的相同，通过 CH1 和 CH2 通道的“垂直位移”旋钮使 u_C 和 u_R 在荧光屏上的图形上下分开。

① 调取临界图形 调节电阻 R，使 u_C 的充电波形在方波的前半个周期刚好达到最大值（应如何判断?），参考图 16.4(a)、(b)。将此时的 u_C 和 u_R 的波形在坐标纸上按 1∶1 的比例描绘下来，并在图上标明与图形对应的 R 值。

要求同时画出相应的方波信号。将 3 个图形取上下对应排布（纵轴上下对齐），方波信号图放在最上方，中间的为 u_C，下方的为 u_R。

② 调取两个极端情况 改变 R 的值（加大和减小），使时间常数 τ 增大和减小，按①中同样的方法描绘相应于两种情况的暂态图形。

要求图形相对于①的情况有明显不同。

(3) 用实验方法测时间常数 τ

将 R 调回到临界图形对应的值，只在荧光屏上显示 u_C 图形。通过改变垂直、水平偏转

因数，对图形进行尽可能放大，较准确地读取时间 $t_{E/2}$。

【数据处理】

由实验测出的 $t_{E/2}$ 用式(16.9) 计算 $\tau_{测}$，并与理论值 $\tau_{理}=R\cdot C$ 比较，给出测量的相对不确定度。

【思考题】

① 在测量 RC 串联电路的时间常数时，充电时间不够或充电过快对结果有什么影响？

② 实验中如果改变方波周期，u_C 和 u_R 的波形是否会发生变化？若方波周期远大于或远小于时间常数 τ，u_C 和 u_R 的波形是什么样的？

实验 17 热电偶温差电动势的测量与定标

热电偶温差电动势的形成原理：两个具有温差的物体接近时，物体间会有“热辐射”，即“电磁辐射”。这种电磁辐射的波长要比可见光长一些，当温度高时发出的辐射就是“可见光”。物体只要在绝对零度以上就能向外界发射“电磁辐射”线，仅是不同物体在不同温度下，电磁辐射的强度不同。温差是指两种物体在接触时电磁辐射强度的差别，也就是说物体间存在电磁场强度差别，即存在“电位差”或者说存在“电动势”。而导线可以理解为“等势体”，当温度不同的物体间用导线连接时即可形成电流。这也是温差发电的基本原理。

热电偶温差电动势的应用：①利用热电偶的温差与电动势的关系，可将其用在温度测量、温度传感器、半导体制冷等方面。热电偶温差电动势定标后可用于测量温度，使用不同的材料，测量的低温可以到－268.95℃（4.2K），高温可至 28000℃，其温度测量范围大，操作方便，稳定性好，测量灵敏度和准确度高。②温差热电偶可用作温度传感器，它将温度的变化转化为电学量的变化，从而通过电路进行检测、监控、报警等。③用 N 型和 P 型半导体材料连接制成电偶对，控制其电流极性时，可实现制冷或制热，它的优点是没有滑动部件，应用在一些空间受到限制、可靠性要求高、无制冷剂污染的场合。

【实验目的】

① 了解热电偶的基本原理；

② 了解热电偶的定标方法及测温方法。

【实验仪器】

SC-RDO 热电偶定标实验仪，温差热电偶两组，导线。

【实验原理】

热电偶也叫作温差电偶，是将两种不同材料的端点精密连接而成的，如图 17.1 所示。当两个接触点处于不同温度时，在回路中即可产生直流电动势，该电动势称为温差电动势或热电动势。

一般来说，任意两种不同的金属组成的回路都可以构成一对热电偶。只要两个接头端有温度差，回路中就有温差电动势，进而会产生温差电流。（利用这一特点，我们就可以把非电量的温度转化为可以用仪表检测的电学量。）

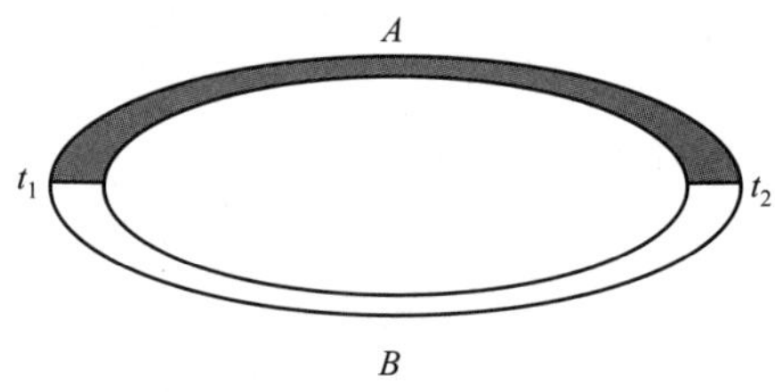

图 17.1 热电偶

各种不同的热电偶都有其特定的温差电动势的变化曲线。换言之，只要确定了组成热电偶的金属材料，则其温差电动势的变化规律就是一定的，且与热电偶的体积、导线长短等因素无关。由于各种不同热电偶的温度特性不同，故不同的热电偶有其不同的适用温度范围。根据不同的测温环境，选择合适的热电偶进行测温。

一对热电偶所产生的温差电动势一般都很小，只有零点几至数十毫伏。须用很灵敏的检流装置才能检验出来。但若把大量的热电偶串联起来，组成温差电堆，其产生的温差电动势和温差电流就有明显的实用价值。特别是用某些半导体材料组成的热电偶，有些地方已把它用来制成热转换效率较高的温差电堆发电装置。

图 17.1 中，回路中的电动势由佩尔捷电动势和汤姆孙电动势联合构成。佩尔捷电动势，是在金属的结点处，由于电子扩散的结果而产生的接触电势差，其热端和冷端的总接触电势差为

$$\Delta E_{AB}=\frac{k}{e}(t_2-t_1)\ln\frac{n_A}{n_B} \tag{17.1}$$

汤姆孙电动势，是同一导体的两端温度不同而产生的电势差，在热电偶回路中，两种金属总的汤姆孙电势差为

$$\Delta E'_{AB}=\int_{t_1}^{t_2}(\sigma_A-\sigma_B)\,\mathrm{d}t \tag{17.2}$$

则回路中总的电势差为

$$E_{AB}(t_2,t_1)=\Delta E_{AB}+\Delta E'_{AB}=\frac{k}{e}(t_2-t_1)\ln\frac{n_A}{n_B}+\int_{t_1}^{t_2}(\sigma_A-\sigma_B)\,\mathrm{d}t=f(t_2)-f(t_1) \tag{17.3}$$

因此，热电偶回路中温差电动势的大小除了和组成电偶的材料有关系外，还与两接触点的温差有关系。由式(17.3) 可以看出，当制作电偶的材料确定以后，温差电动势的大小就只取决于两接触点的温度差。一般来说，电动势和温差的关系是非常复杂的，式(17.3) 不是严格的线性关系，将其展开可以得到一个无穷级数。若取二级近似，则其关系如下：

$$E_{AB}=c(t_2-t_1)+d(t_2-t_1)^2 \tag{17.4}$$

式中，t_2 为热端温度；t_1 为冷端温度；c 和 d 为电偶常数，它们的大小取决于构成电偶的材料。在要求不太高时可只取一级近似，即

$$E_{AB}=c(t_2-t_1) \tag{17.5}$$

c 称为温差电系数（热电偶常量），它只与构成电偶的两种材料性质有关，在数值上等于两接触点温度差为 1K 时所产生的温差电动势，单位为 mV/K。当热电偶的冷端温度 t_1 不变时，温差电动势 E_{AB} 仅仅是高温端 t_2 的函数，可用实验方法确定出两者的函数关系。

利用温差热电偶进行测温前需要进行定标。设法确定温差电动势大小与温度差的对应关系的过程称为定标。定标的方法一般有两种：一种是固定点法；另一种是比较法。固定点法定标，是利用一种或两种特定物质在一定的条件下呈现所能确定的温度，即可准确知道 t_1、t_2，再通过测量的 E 来确定 E-Δt 曲线。例如，低温源可用冰水混合物 t_1（0℃），高温源可用常压下的沸水 t_2（100℃）。比较法定标，即利用一标准热电偶和未知热电偶同时测量同一温度，标准热电偶为已知，未知热电偶即被标定。

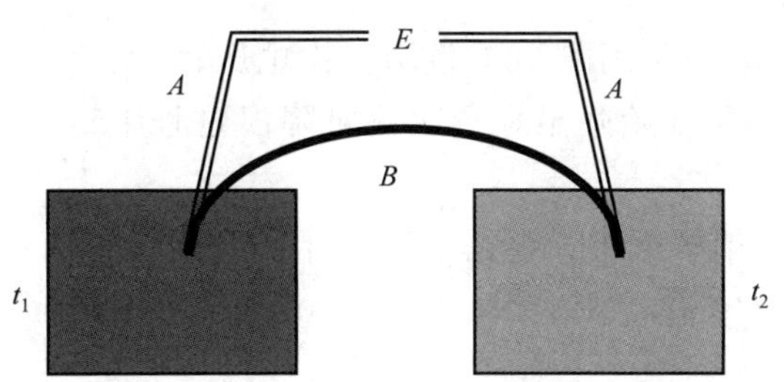

图 17.2　热电偶结构

热电偶结构示意图如图 17.2 所示。图中，t_1 为低温源（恒定），t_2 为高温源（可变），A、B 为两种不同金属材料（如铜-康铜、铜-铁），可用仪表测得温差电动势 E。

对于完成定标的热电偶可作为温度计，用于测量温度。将热电偶一端仍置于恒定的低温源 t_0 中（温度已知，例如冰水混合物 0℃），另一端置于待测的高温源中（例如熔化的焊锡）。用电压表测量出电动势 E，即可得到待测温度

$$t=t_0+\frac{E}{c} \tag{17.6}$$

本实验采用制冷井和制热井获得低温源和高温源，智能控温，加热控温较为精确，其中制冷井采用了半导体制冷的方法（环境温度为 25℃以下时制冷效果较好），避免了使用冰水混合物和沸水的不安全因素。本实验热电偶使用“铜-康铜”材质。

仪器面板见图 17.3 所示，此仪器既可完成温差热电偶定标测温实验，也可完成热敏电阻测温实验。杜瓦瓶内装入适量的冰水混合物，形成恒定冷端零摄氏度。加热井、杜瓦瓶、热电偶如图 17.4 所示。测试仪使用方法如下：①打开电源开关，在页面右下角点击“进入”；②点击右上温度设置，进入温度设置界面后再用相应数字设置好所需的加热温度；③最后再点击“√”，此时仪器进入加热状态。通过“加热电流”按键可以控制加热速度，按下时加热速度较快，弹起时加热速度较慢。在散热时可按下“电机/风扇”按键，打开加热井中的散热风扇加速降温（在解热时不能打开散射风扇）。

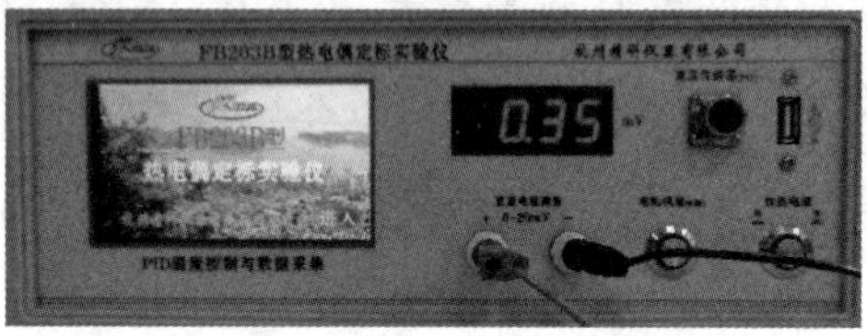

图 17.3 FB203B 热电偶定标实验仪

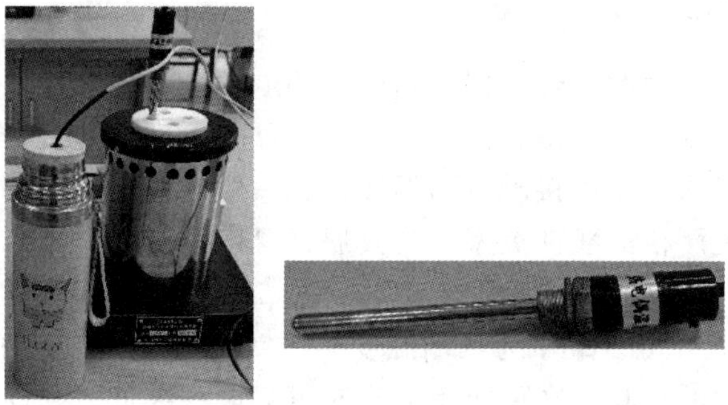

图 17.4 加热井、杜瓦瓶、热电偶

【实验内容】

① 将 T 形热电偶热端（标注“T”形）插入加热装置中，另冷端插入装有冰水混合物的杜瓦瓶中（杜瓦瓶中装入足量的冰块，确保测量过程中始终保持冰水混合物），盖好瓶盖；

② 热电偶连线接入“热电偶定标实验仪”上的“电压测量接线端”，红色插头接正极，黑色插头接负极；

③ 开启“热电偶定标实验仪”电源，进行温度设置，面板上 PV1 显示加热装置内部温度，“SV（℃）”显示设定温度，点击“SV（℃）”进入温度设置状态，设置好加热的温度为 100℃，点击“√”确认，若需修改可点击“X”；

④ 点击“启动”，开始供电加热，从 40℃开始，每间隔 10℃读取一次电压；

⑤ 完成升温测量后，停止加热，启动风扇开关开始降温，再次测量降温过程中对应温度下的电压；

⑥ 将热端从加热装置中取出，待其冷却后，读取电压。根据电压值计算出当前室温。

【数据处理】

① 将温度升降过程中对相同温度下的 E 进行平均。

② 用坐标纸作出 E-t 关系曲线（t 为横坐标，E 为纵坐标），在本实验测量范围内可近似获得一条直线，求出直线斜率 k，即为$\bar{c}$。铜-康铜的 c 理论值为 0.0436mV/℃。

③ 利用式(17.6) 计算焊锡的温度。

【注意事项】

① 铜-康铜焊接点必须良好地与制冷井和制热井内部的金属片接触，可用导热硅胶

涂抹。

② 制热井的温度显示可能有滞后现象，在读取温差电动势时可适当提前一点读取。

③ 使用铜-康铜线时不可多次地弯折，避免折断。

【思考题】

① 当热电偶回路中串进了其他的金属（比如测量仪器等），是否会引入附加的温差电动势，从而影响热电偶原来的温差电特性？如果不影响的话，你是否能从理论上给予推导证明？

② 温差热电偶是否在所有温度范围内 E-t 均为线性的？

③ 若热电偶电动势与温度之间的关系不是线性的，能否用于温度测量？如果可以，如何实现？

实验18 霍尔效应研究

霍尔效应是磁场与导电体内运动的带电粒子（载流子）磁相互作用过程中的重要物理现象。根据这一效应制成的传感器件——霍尔器件（霍尔片），可用于测量磁场，例如，用于测量磁场的高斯计的传感探头就是半导体材料制成的霍尔片；霍尔器件可通过检测磁场变化，将许多非电、非磁的物理量，例如力、力矩、压力、应力、位置、位移、速度、加速度、角度、角速度、转数、转速以及工作状态发生变化的时间等，转变成电量来进行检测和控制，其应用非常广泛。例如，在现代汽车上霍尔器件被用作ABS系统中的速度传感器、汽车速度表和里程表、各种用电负载的电流检测及工作状态诊断、发动机转速及曲轴角度传感器、各种开关等。

【实验目的】

① 了解霍尔效应的物理本质及应用原理。

② 学习用消除测量副效应的“对称测量法”测霍尔灵敏度。

③ 学习利用霍尔效应研究半导体材料的特性。

【实验仪器】

SC-QS-H型霍尔效应组合仪（包括实验仪和测试仪）。

【实验原理】

1. 霍尔效应的物理本质

如图18.1所示，将一通有电流的导电板垂直于均匀磁场 $\boldsymbol{B}$ 放置，当电流 I 垂直于 $\boldsymbol{B}$ 时，在导电板的 A、A' 两个表面间会产生一个电位差 U_H，这种物理现象是霍尔（Edwin H. Hall）于1879年发现的，称之为霍尔效应（Hall effect），U_H 称为霍尔电压。

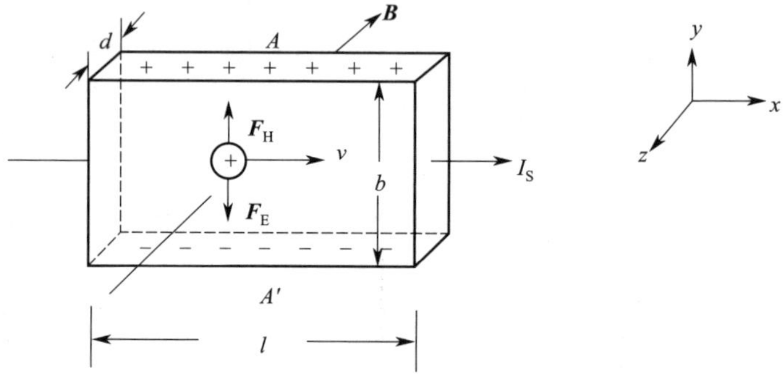

图18.1 霍尔效应原理图

霍尔效应从本质上讲是带电粒子在磁场中运动时受到洛伦兹力作用发生偏转所引起的。当带电粒子被约束在固体材料中时，这种偏转就导致在垂直于电流和磁场的方向上产生正负电荷的积累，从而形成附加的横向电场。这一效应对导体并不显著，但对半导体非常明显（半导体分为N型半导体和P型半导体，其中载流子分别为带负电的电子和带正电的空穴。）。现在以P型半导体样品为例，推导霍尔效应的数学表达式。

在P型半导体中，其载流子为带正电的空穴（带电量 $q>0$），因空穴的定向漂移而形成电流。如图18.1所示，设样品的长为 l，宽为 b，厚为 d。沿 z 轴加一磁场 $\boldsymbol{B}$，沿 x 轴正向

通一工作电流 I_S，半导体中的载流子将在 y 方向受到一个洛伦兹力

$$\boldsymbol{F}_H = q\boldsymbol{v} \times \boldsymbol{B} \tag{18.1}$$

$\boldsymbol{F}_H$ 使载流子向着 A 面偏转，使得表面 A 积累正电荷；根据电荷守恒定律，在与之相对的另一个表面 A' 上将积累等量的负电荷，从而在 A、A' 两表面之间产生静电场 $\boldsymbol{E}$。随着电荷的不断积累，静电场 $\boldsymbol{E}$ 不断增强，$\boldsymbol{E}$ 的方向为由 A 指向 A'。静电场将对载流子施加一个与 $\boldsymbol{F}_H$ 反方向的静电力 $\boldsymbol{F}_E = q\boldsymbol{E}$，阻碍电荷的进一步积累。当静电场 $\boldsymbol{E}$ 增大到某一个值 E_H 时，$\boldsymbol{F}_E$ 和 $\boldsymbol{F}_H$ 大小相等，即

$$qE_H = qvB \tag{18.2}$$

或

$$E_H = vB \tag{18.3}$$

此时，定向运动的载流子受到的合力为零，电荷的累积达到动态平衡，在 A、A' 两表面间将形成稳定的静电场 $\boldsymbol{E}_H$ 和电势差 U_H。

由静电场理论给出

$$U_H = \int_A^{A'} \boldsymbol{E}_H \mathrm{d}\boldsymbol{l} = \int_0^b v\boldsymbol{B}\mathrm{d}\boldsymbol{l} = vBb \tag{18.4}$$

设半导体内载流子的浓度（单位体积内的载流子数目）为 n，载流子的平均定向漂移速度为 v，则由电流强度的定义

$$I_S = nqvbd \tag{18.5}$$

可得

$$v = \frac{I_S}{nqbd} \tag{18.6}$$

将式(18.6) 代入式(18.4) 得到

$$U_H = \frac{1}{nq} \times \frac{I_S B}{d} \tag{18.7}$$

令 $R_H = \frac{1}{nq}$，称为霍尔系数，它是一个由材料的物质特性决定的常数。

应用中通常将霍尔电压 U_H 写成

$$U_H = K_H I_S B \tag{18.8}$$

其中

$$K_H = \frac{1}{nqd} = \frac{R_H}{d} \tag{18.9}$$

称为霍尔元件的灵敏度，K_H 的单位为 $\mathrm{V \cdot A^{-1} \cdot T^{-1}}$（或$\mathrm{cm^2 \cdot C^{-1}}$）。

K_H 是反映材料霍尔效应强弱的重要参数，一般需要用实验方法确定。K_H 越大，表明器件的性能越好。由于半导体中的载流子浓度 n 远比导体中的小，因而其 K_H 较大，故一般都用半导体材料制作霍尔器件。由于霍尔效应建立电场所需时间很短（约 $10^{-12} \sim 10^{-4}$s)，可以利用器件快速通过磁场时产生的脉冲电压 U_H，实现各种自动控制功能和信息处理任务。

2. 霍尔效应的测量原理

由式(18.8) 可以看出，霍尔电压 U_H 与工作电流 I_S 和外磁场 B 成正比。如果已知 K_H、I_S、B 三个量中的任意两个，就可以通过测量霍尔电压 U_H 求出另外一个。

(1) 霍尔灵敏度 K_H 与磁感应强度 B 的测量

如果已知工作电流 I_S 和磁场 B，通过测定霍尔电压 U_H，由式(18.8) 可计算得到霍尔灵敏度 K_H；反之，如果霍尔灵敏度 K_H 和工作电流 I_S 已知，通过测定霍尔电压 U_H，由

式(18.8)可计算得到霍尔片所在处的磁感应强度 B。

（2）半导体材料电学参数的测定

根据 K_H 的正负可以判断半导体材料的导电类型。如果半导体为N型（载流子为电子），则 K_H 为负；如果半导体为P型（载流子为空穴），则 K_H 为正。

通过测定霍尔灵敏度 K_H，可以求出材料中的载流子浓度等；配合对器件材料的电导率 σ 的测量，也可以求出材料中载流子的迁移率 μ（单位电场强度下载流子的运动速度），这些是研究半导体材料特性的主要参数。若已知霍尔片厚度为 d，宽度为 b，电极间的距离为 L，可得载流子浓度 $n=\dfrac{1}{K_H ed}$ 和迁移率 $\mu=\dfrac{\sigma}{ne}$。式中 σ 为电导率，可通过公式 $\sigma=\dfrac{LI_S}{bdU_\sigma}$（$U_\sigma$ 为电导电压）求得。

3. 热磁副效应与对称测量法

在研究处于磁场中的固体的导电过程时，继霍尔效应后又相继发现了一些由于电极间存在温度梯度而在霍尔器件 A、A' 面之间产生附加电压的现象，称这些现象为“热磁副效应”。

（1）爱廷豪森效应

1887年爱廷豪森发现当在金属铋薄片中沿 x 方向通过电流，沿 z 方向加磁场，如图18.2所示，则在金属片的两侧（沿 y 方向）有一温度差，所产生的温度梯度与通过样品的电流和磁场成正比，即

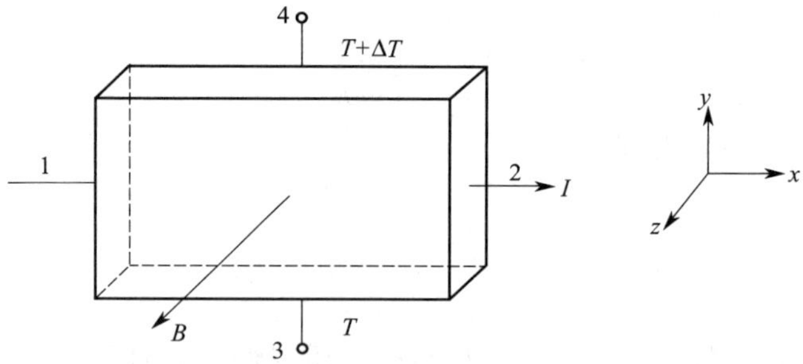

图18.2 爱廷豪森效应

$$\frac{\partial T}{\partial y}=pIB \tag{18.10}$$

式中，p 为爱廷豪森系数。温度梯度引起温差电动势 U_E，实验表明

$$U_E \propto I\boldsymbol{B} \tag{18.11}$$

式中，U_E 称为爱廷豪森电压。U_E 与霍尔电流 I 及磁场 $\boldsymbol{B}$ 的方向有关。实验表明，U_E 方向与 U_H 方向相同。U_E 一般较小，由它带来的误差约为5%。从本质上讲，U_E 是由于载流子的定向漂移速度不同引起的。

（2）能斯特效应

能斯特和爱廷豪森在研究铋的霍尔效应时发现，当有热流通过霍尔片时，在与热流及磁场垂直的方向产生电动势 U_N，改变磁场或热流方向，电动势方向也将改变，这个现象称为能斯特效应。其本质是热扩散电子在磁场作用下形成的横向电场造成的。

霍尔元件的两个通电电极与霍尔片的接触电阻一般不相等，通电后会产生不同的焦耳热，使两极间（图18.2的 x 方向）产生温度梯度。在 x 方向形成热流，因而在 y 方向产生电动势 U_N。U_N 的方向与磁场 $\boldsymbol{B}$ 的方向有关（热流方向一定），而与通过样品的电流 I 的方向无关。

（3）里纪-勒杜克效应

1887 年里纪和勒杜克几乎同时发现，当有热流通过霍尔片时，与样品面垂直的磁场可以使霍尔片两旁产生温度差，如果改变磁场方向，温度梯度方向也随着改变。由此而产生温差电动势 U_R，U_R 的方向随 $\boldsymbol{B}$ 而改变，而与 I 无关。其本质与爱廷豪森效应相似。

（4）不等势电位差

除了以上 3 种热磁副效应引起附加电势差以外，由于霍尔电极（图 18.2 中的 3 和 4）不在 x 方向的等势面上，造成 3、4 两点间的电势差 U_0 称为不等势电位差。U_0 的正负只与电流 I 有关而与磁场 $\boldsymbol{B}$ 无关。

由于以上 4 种副效应的存在，用霍尔元件实际测出的电压值中，除了 U_H 以外，还包含 U_E、U_N、U_R 和 U_0。为了消除它们的影响，根据各种热磁副效应成因及其特性，取 $(+B,+I)$、$(+B,-I)$、$(-B,-I)$、$(-B,+I)$ 四种条件进行测量：

当 $(+B,+I)$ 时，3、4 端电压为　$U_1=U_H+U_0+U_E+U_N+U_R$

当 $(+B,-I)$ 时，3、4 端电压为　$U_2=-U_H-U_0-U_E+U_N+U_R$

当 $(-B,-I)$ 时，3、4 端电压为　$U_3=U_H-U_0+U_E-U_N-U_R$

当 $(-B,+I)$ 时，3、4 端电压为　$U_4=-U_H+U_0-U_E-U_N-U_R$

并作如下运算

$$\frac{1}{4}(U_1-U_2+U_3-U_4)=U_H+U_E$$

由于 $U_E \ll U_H$，因此有

$$U_H=\frac{1}{4}\left|(U_1-U_2+U_3-U_4)\right| \tag{18.12}$$

称此为对称测量法。

【实验内容】

（1）装置介绍

如图 18.3 所示，霍尔元件 H 上有 4 根导出引线，分别引向仪器换向开关，其中导线

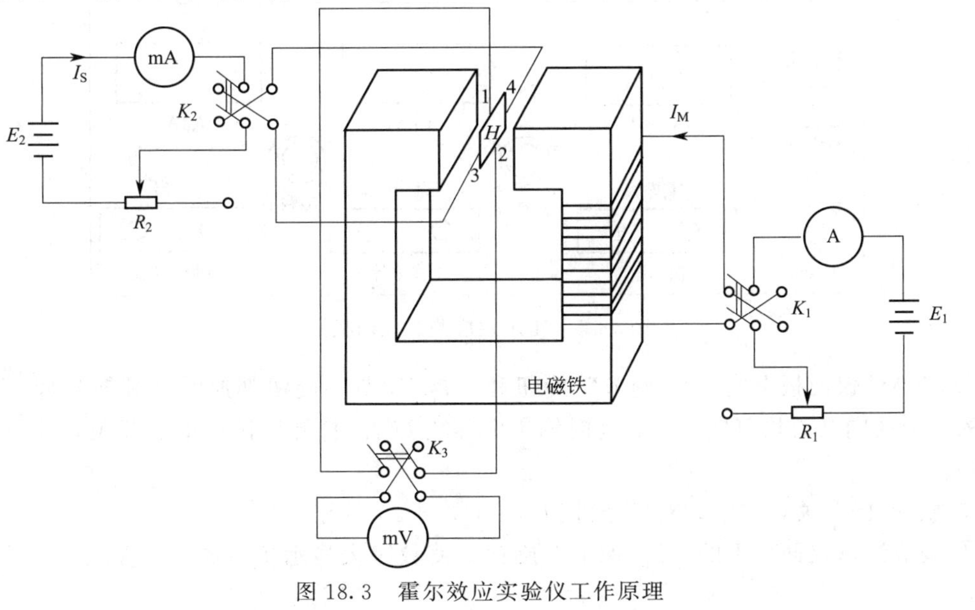

图 18.3　霍尔效应实验仪工作原理

1、2为霍尔电压输出极，导线3、4为工作电流输入极；工作电流 I_S 由稳压电源提供，其大小由串联的毫安表显示；霍尔电压用数字毫伏表测量；电磁铁的励磁电流 I_M 由稳压电源提供，其大小由串联的安培表显示。电路中用了三个换向开关，可以方便地改变励磁电流、工作电流的方向以及霍尔电压的正、负极。

（2）固定励磁电流 I_M（即固定磁场 B），测量在不同的工作电流 I_S 下样品的霍尔电压

① 按图18.4和图18.5所示内容将实验仪和测试仪连接好。即测试仪的"I_M 输出"接实验仪的"I_M 输入"，测试仪的"I_S 输出"接实验仪的"I_S 输入"，仔细操作，切不可接错，否则一旦通电，霍尔片便会被损坏。

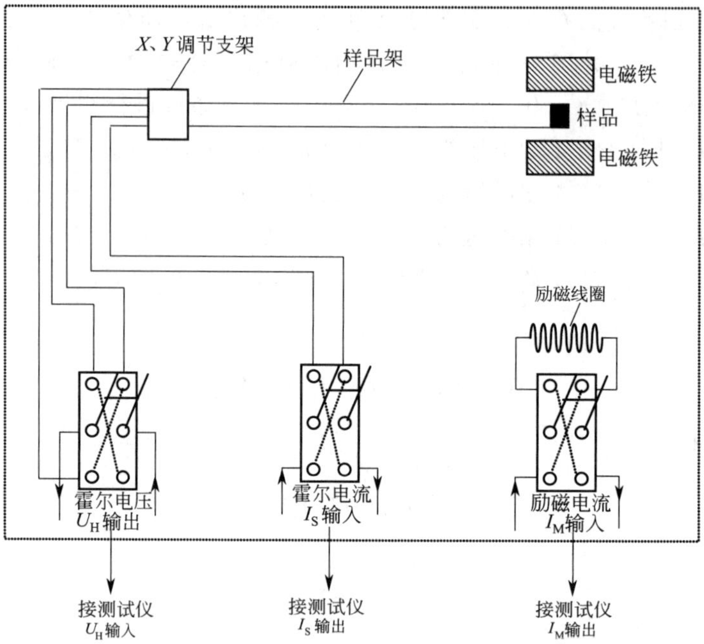

图18.4 霍尔效应实验仪示意图

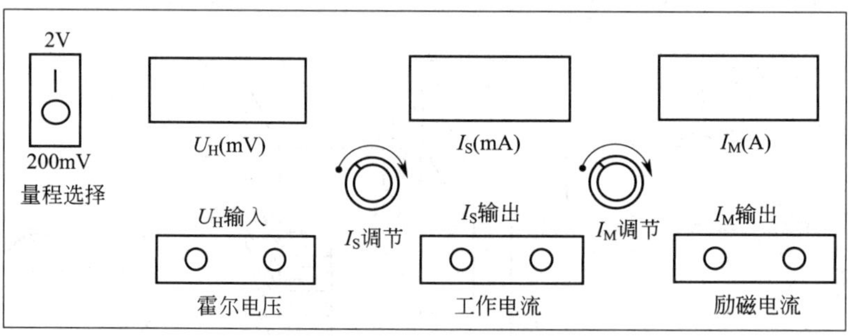

图18.5 霍尔效应测试仪面板图

② 将测试仪面板上的"I_S 调节"旋钮和"I_M 调节"旋钮都逆时针旋转到底；将实验仪上的三个换向开关均打向上方，此时输出电压为 U_H。打开测试仪电源开关，让仪器预热几分钟。

注意：换向开关均向上，对应条件为（$+B$，$+I_S$）。

③ 调节测试仪面板上的"I_M 调节"旋钮，使数字表显示 I_M＝0.450A，此后保持此电流不变。

④ 调节测试仪面板上的“I_S 调节”旋钮，分别设定工作电流为 $I_S=1.00$mA，1.50mA，2.00mA，…，4.50mA。采用对称测量法，取（$+B$，$+I_S$）、（$+B$，$-I_S$）、（$-B$，$-I_S$）、（$-B$，$+I_S$）四种测量条件，读取各 I_S 值对应的 U_H（注意：量程选择为“0～200mV”，以下同）。

（3）固定工作电流 I_S，测量在不同的励磁电流 I_M（即不同的磁场 B）下的霍尔电压 U_H

① 将“I_S 调节”和“I_M 调节”都逆时针旋转到底，并将 I_S 和 I_M 换向开关均打向上方。

② 调节测试仪面板上的“I_S 调节”旋钮，使数字表显示 $I_S=4.50$mA，此后保持此电流不变。

③ 分别取 $I_M=0.100$A，0.150A，0.200A，…，0.450A，采用对称测量法，取（$+B$，$+I_S$）、（$+B$，$-I_S$）、（$-B$，$-I_S$）、（$-B$，$+I_S$）四种测量条件，读取各 I_M 值对应的 U_H。自拟表格记录数据。

【数据处理】

（1）作 U_H-I_S 关系曲线，用图解法求霍尔灵敏度 K_H

按式(18.12) 先求出与各 I_S 值对应的 U_H，用坐标纸作图（直线）。直线的斜率 K 与霍尔灵敏度 K_H 的关系为

$$K_H=\frac{K}{B}\quad（K_H \text{ 单位为 } V\cdot A^{-1}\cdot T^{-1}）$$

而

$$B=pI_M,\ K=\frac{\Delta U_H}{\Delta I_S}$$

式中，p 为实验仪中电磁铁的规格，其数值是线圈中通过 1A 电流时，在磁铁间隙内产生的磁感应强度 B 的大小，具体值标在仪器上，单位为 T/A。

（2）作 U_H-I_M 关系曲线，用图解法求霍尔灵敏度 K_H

按式(18.12) 计算出与各 I_M 值对应的 U_H，用坐标纸作图（直线）。直线的斜率 K 与霍尔灵敏度 K_H 的关系为

$$K_H=\frac{K}{I_S p}$$

【思考题】

① 如何用霍尔效应测转轮的转速和它所带动的皮带的速度？请给出方案。

② 如何从本实验给出的条件判断所用半导体霍尔片的导电类型？

实验19 用电子积分器测量通电螺线管轴向磁场及其分布

【实验目的】

① 了解磁场、磁感应强度、磁通量等物理量和电磁感应定律的物理概念。

② 学习利用电磁感应定律测量测未知磁场。

③ 了解一种测量磁通量的电子学方法——模拟电子积分法及相应仪器的结构与工作原理。

【实验仪器】

JCC-1型静态磁参数测试仪，长螺线管（含探测线圈与移位机构）。

【实验原理】

1. 通电螺线管轴线上的磁场分布

在一根圆形长管子上用漆包线紧密缠绕上 N 匝，就构成一个螺线管，其长度是其直径的10倍以上，可视为无限长。因为每个圆环在它们的共同轴线（即螺线管的轴线）上产生的磁场都沿轴线方向，因而叠加后磁场的方向仍与螺线管的轴线方向相同，对于螺线管轴线上的一个场点 p，因为各个环到 p 点的距离不同，因而其磁场的大小也不同，各个环在 p 点的磁场叠加后磁场的大小为

$$B(p)=\frac{\mu_0 NI}{2l}(\cos\beta_2-\cos\beta_1) \tag{19.1}$$

式中，l 是螺线管的长度；β_1、β_2 分别为螺线管左、右端口处的圆环对场点 p 的张角，如图19.1所示。

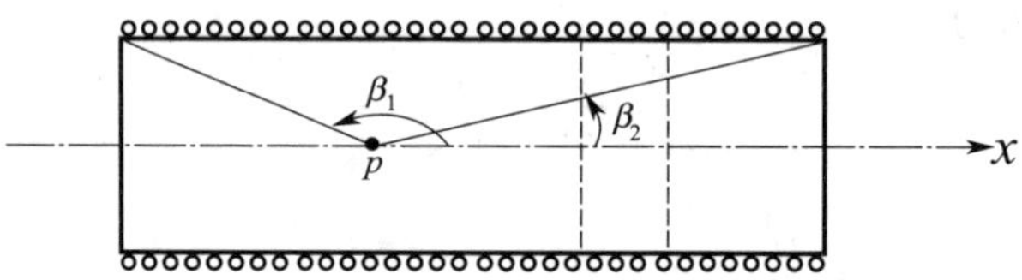

图19.1 计算螺线管轴线上的磁场

设圆环的直径为 d，当 $d\ll l$ 时，对于螺线管内部中心两侧轴线上的各点，都有 $\cos\beta_2\approx 1$，$\cos\beta_1\approx -1$，因而式(19.1) 变为

$$B(\text{内})=\frac{\mu_0 NI}{l}=\mu_0 nI \tag{19.2}$$

式中，n 为螺线管单位长度上的匝数。式(19.2) 为无限长螺线管内部的磁场公式，由此可得出，在无限长螺线管内部横截面上磁场是均匀的。

在螺线管的左端，$\beta_1=\frac{\pi}{2}$，$\beta_2=0$；在螺线管的右端，$\beta_1=\pi$，$\beta_2=\frac{\pi}{2}$，两种情况都使式(19.1) 化为

$$B(\text{端})=\frac{1}{2}\mu_0 nI \tag{19.3}$$

即螺线管两端磁场的大小是其中心磁场大小的一半。

在两端的横截面上，磁场已变得不均匀，中心强，边缘弱；到管的外部，磁场剧烈发散，磁场大小急剧下降。

2. 电子积分器工作原理

图 19.2 是由 RC 串联电路组成的简单电子积分器，其特征是 RC 较大，根据基尔霍夫定律有

$$u_1=u_R+u_C=iR+u_C=iR+u_2$$

式中，u_2 为电容上的电压，即输出电压

$$u_2=u_C=\frac{Q_C}{C}=\frac{1}{C}\int i\,\mathrm{d}t$$

由 RC 串联电路的暂态过程(参阅实验 16) 可知，当电路的时间常数 $RC \gg t$ (t 为输入电压的积分时间) 时，$iR \gg u_2$，因此可以认为 $u_1 \approx iR$，代入上式中则有

$$u_2=\frac{1}{C}\int i\,\mathrm{d}t \approx \frac{1}{RC}\int u_1\,\mathrm{d}t \tag{19.4}$$

即输出电压近似与输入电压的积分成正比。

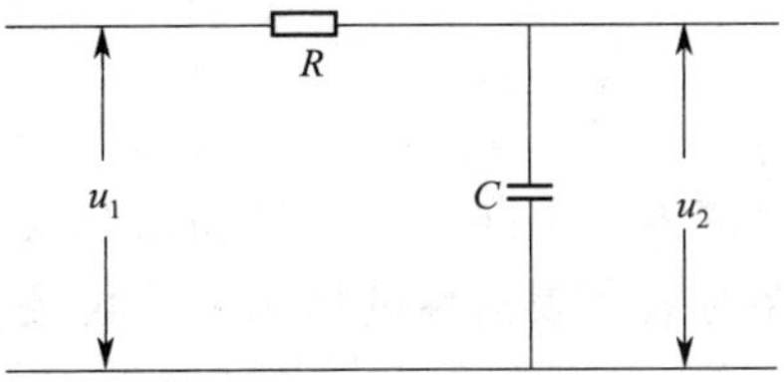

图 19.2　RC 积分电路

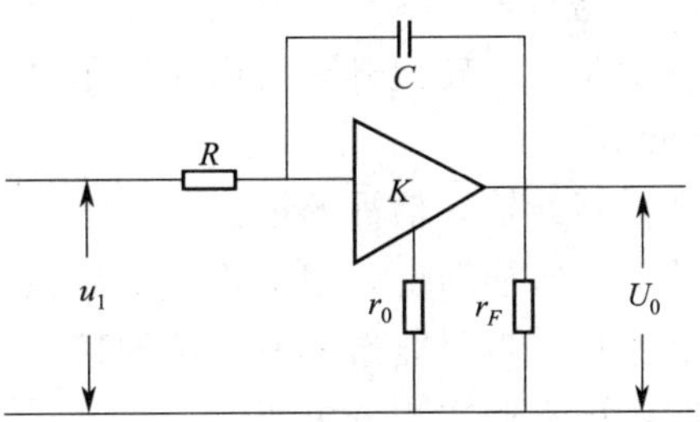

图 19.3　运算放大器积分器电路

为了提高积分精度，通常采用运算放大器来实现积分运算。图 19.3 是典型的运算放大器积分器电路。由电路分析可知，当运算放大器的开环放大系数 K 很大时，其输出电压 U_0 与输入电压 u_1 的积分成正比

$$U_0=-\frac{1}{RC}\int u_1\,\mathrm{d}t \tag{19.5}$$

3. 电子积分器测量磁场的工作原理

根据电磁场理论，设放在磁场中的线圈的匝数为 N，它们的面积 S 基本相同，且平面与磁场垂直，则通过此线圈总的磁通量为

$$\psi=N\Phi=NBS$$

称为磁通匝链数。当磁场变化，导致磁通量发生改变时，会在此线圈中产生感生电动势 ε_i，称此线圈为“探测线圈”。由电磁感应定律可知

$$\varepsilon_i=-\frac{\mathrm{d}\psi}{\mathrm{d}t}$$

将 ε_i 作为积分器的输入电压 u_1 代入式(19.5) 有

$$U_0=-\frac{1}{RC}\int\varepsilon_i\,\mathrm{d}t=\frac{1}{RC}\int\frac{\mathrm{d}\psi}{\mathrm{d}t}\mathrm{d}t=\frac{1}{RC}\int\mathrm{d}\psi=\frac{1}{RC}\Delta\psi$$

若令磁场大小不变，使磁场方向反向（比如通过改变励磁电流方向使磁场反向），在保持线圈的匝数 N、面积 S、结构、位置等条件不变的情况下，磁通量的改变量为

$$\Delta\psi=2\psi=2NBS \tag{19.6}$$

因而输出电压

$$U_0=\frac{1}{RC}2NSB \tag{19.7}$$

从而可以由测得的积分电压 U_0 求出磁感应强度 B，即

$$B=\frac{RC}{2NS}U_0 \tag{19.8}$$

【实验内容】

1. 熟悉 JCC-1 型静态磁参数测试仪的各种功能

用连接线将螺线管的两端与“恒流输出”端连接起来；将探测线圈与“积分输入”端连接起来，打开电源，将 A/V 开关打向 A，将励磁电流调到约 500mA。

2. 调节仪器工作状态

（1）电压表调零与零点调节

将“A/V”转换开关打向 V，用“清零”键对数字表清零。若清不到零，则应进行电压“零点调节”。

（2）判断输入信号的极性

按动一次换向键，记下积分电压值。然后对数字表清零；更换一下恒流输出端或积分输入端（注意二者只能选其一）两根接线的上下位置，在对数字表清零的情况下，再按动换向键一次，记下此次积分电压值。

选择两次测量中积分电压值较大的一次导线接法，即达到了第一个脉冲为负脉冲的要求。

3. 测螺线管轴线上的磁场及其分布

（1）测线圈匝数 N_1（或 n）

将探测线圈 N_2 放到螺线管的中心位置。选择励磁电流 I 的值分别为 100mA、200mA、300mA、400mA、500mA 五个值，测量与每个励磁电流对应的磁感应强度 $B_i\,(i=1,2,\cdots,5)$。实际测出的是积分电压 U_{0i}，对应于每个 I，都要重复按换向键三次（注意重复时不能清掉上一次的电压，而且两次之间的时间间隔为 5～10s）。获得 5 组数据 (I_i, U_{0i})。以表格形式记下，再测量螺线管的长度 l。

（2）测螺线管轴线上磁场的分布

根据螺线管的对称性，即中心两侧轴线上的磁场的大小关于中心是对称的，所以只需测量半个螺线管就够了。

选定励磁电流为 500mA，将 N_2 放到螺线管大致中心的位置，开始测量。随后将 N_2 逐次向管的一端移动，每次移动 1cm，直到端口外 2cm 处为止。记下每一点处的积分电压 $U_{0j}\,(j=1,2,\cdots,m)$，$m=\frac{1}{2}l+2$（取正整数）。

【数据处理】

（1）求螺线管的参数 $N_1(n)$

提示：利用式（19.8）由 U_{0i} 求出 B_i，作 B_i-I_i 关系曲线（I_i 为自变量），因为 $B=\mu_0 nI$，所以图线为直线。用图解法求出直线的斜率 K，便可求出

$$n=\frac{K}{\mu_0}$$

再由测得的 l 求出 $N_1=nl$。

（2）计算各测量点的 B_i，画出螺线管轴线磁场的分布图，给出中心和两端的值

注：$N_2=2000$，N_2 的有效磁通面积 $S=1.2\text{cm}^2$。

【附录】

JCC-1 型静态磁参数测试仪简介

测试仪内部结构包括主控电路、恒流源电路、电流换向电路、积分保持电路和交流电源五部分，其面板结构如图 19.4 所示，各部分功能如下。

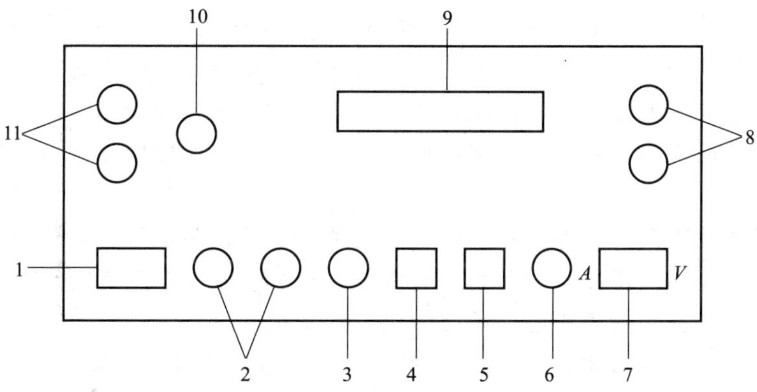

图 19.4　JCC-1 型静态磁参数测试仪面板示意图

1—电源开关；2—交流输出；3—电流调节；4—换向键；5—清零键；6—零点调节；7—V/A 切换开关；8—积分输入端子；9—数字电压表；10—交流调节；11—恒流输出端子

恒流源由恒流输出端子 11 输出恒定电流，通过电流调节电位器可以在 0～1.2A 之间连续变化。

V/A 转换开关可以使数字电压表交替显示积分电压和励磁电流的值。开关打向 A 方时，数字表显示电流；开关打向 V 方时，数字表可以显示积分电压值 U_0。

换向键的功能是使通过励磁线圈 N_1 的电流改变方向，用以使穿过探测线圈 N_2 的磁通量发生两倍于原磁通量的变化而在 N_2 上产生感应电动势。换向电路为一个单稳态电路，按动一次换向键，它改变一下工作状态，产生一个电信号控制换向继电器工作，使电流改变方向。经 1s 之后又恢复到初始状态，即电流又回到原来的方向。

N_2 中的感应电动势通过积分输入端子送到积分电路进行积分，得到的积分电压由积分保持器保持，并加到数字电压表上以数字形式显示出来。积分器上带有放电回路，在将积分电压送交保持器的同时，放电回路也开始释放其输出端的电压。由于放电速度远远小于加到保持器上的速度，所以对保持器的积分电压影响不大。放电电路的作用是使积分器不影响下

次的正常工作，但因放电速度较慢，所以两次正常工作之间的时间间隔要 5～10s。积分电压保持器是由一级耦合运算放大器和一个大电容构成，耦合运算放大器将积分电压 U_0 传递到其输出端，加到 4700μF 大电容上。由于电容充电时间常数较大，不能与积分电压变化同步，如图 19.5 所示，故显示的电压比应有的积分电压要小，给测量带来误差，误差的绝对值随 U_0 的增大而增大。采用多次（一般 2～3 次）重复积分的办法，可以使电容上的电压等于应有的积分电压。根据积分电路的设计，相邻两次积分的时间间隔要 5～10s。

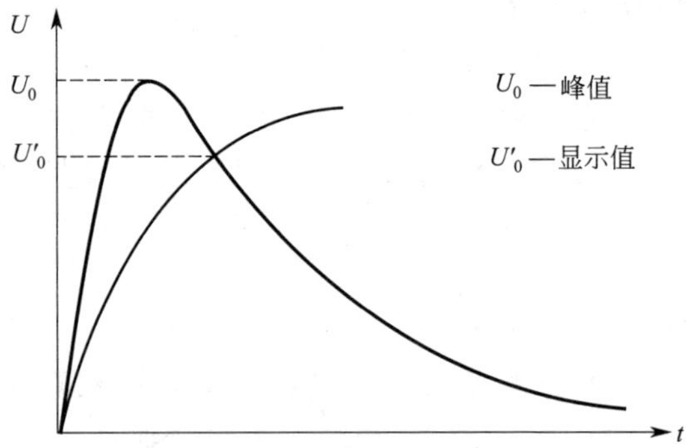

图 19.5　积分电容充电特性

此外，积分电路要求输入的是负脉冲，而换向键一次动作中将先后产生两个脉冲，一个极性为正，另一个为负，中间间隔约 1s。哪个为正哪个为负，与励磁电流的起始方向及积分输入端的接法有关。更换接恒流输出端的两根导线，或更换接积分输入端的两根导线，都可以改变脉冲的极性。只有电流换向时产生的第一个脉冲为负时才能使积分器准确测量积分电压，因为励磁线圈是感性元件，其上的电流不因电路切断而立即变为零，更不会因励磁电流突然变向而立即改变方向，换句话说，产生第二个脉冲的电流会因线圈中还存有与其方向相反的原先的电流而减弱，因而它给出的积分电压偏小。实验中应保证输入积分器的信号为负脉冲。

清零键的基本功能是消除保持器上的上一次测量电压。除此以外，使之与零点调节电位器配合可以进行电压零点调节。调节时，将 V/A 开关打向 V，并使积分输入端短路，一只手按住清零键不放，另一只手小心转动调零电位器即可。

测试仪还提供低压交流电源，交流电压由“交流输出”端 2 输出，配合采样电阻和电容，可以用示波法在示波器上测量同一样品的交流磁化曲线与磁滞回线。

实验 20　平行光管的调节与应用

平行光管是用来产生并出射平行光的精密光学仪器，是安装、校准、调整光学仪器的重要工具之一，也是光学计量仪器的重要组成部分。配用分划板（或玻罗板）、星点板、分辨率板等各种光学附件以及测微目镜或读数显微镜系统，就能测定透镜或透镜组的焦距和分辨率，还可以用来检查透镜或光学元件的成像质量。使用前必须对平行光管进行正确地调节以确保其发射的光束严格平行。

【实验目的】

① 了解平行光管的结构、原理，学习平行光管的调校方法和简单光路的共轴调节技术。

② 掌握用平行光管测定透镜焦距和分辨率的原理以及所采用的测试技术。

③ 学习用平行光管测量平板玻璃的平行度。

【实验仪器】

平行光管，光具座，待测透镜及支架，平板玻璃和测微目镜。

【实验原理】

1. 自准直法调校平行光管

平行光管由物镜和一个安装在物镜焦平面上的十字分划板组成，如图 20.1 所示。平行光管调校的目的就是把平行光管分划板 3 的刻线面准确地调整到平行光管物镜的焦平面位置上，所用的调试方法为自准法。

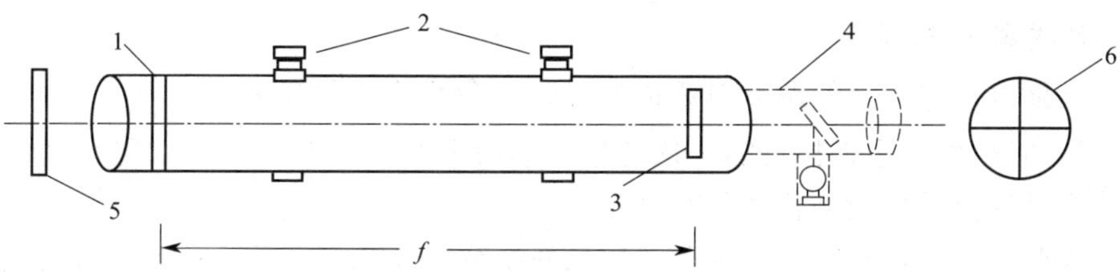

图 20.1　平行光管和自准直目镜的结构

1—物镜；2—底座及螺钉；3—分划板；4—自准直目镜；5—调整式平面反光镜；6—分划板结构图

将要调校的平行光管的分划板后面配置一个自准直目镜（高斯目镜），构成自准直平行光管。物镜 1 是一个质量优良的长焦距凸透镜，自准直目镜 4 的光源通过分光板反射后均匀照亮分划板 3。调校时，在平行光管物镜前放一个平面度良好的调整式平面反光镜 5，人眼通过自准直目镜观察十字分划板和由平面反光镜反射的分划板的像。如果分划板严格位于物镜的焦平面上，分划板每一点发射的光通过物镜后都将成为平行光束；按照自准直原理，此平行光束被反射回平行光管后，应在焦平面上形成清晰的十字分划板像，且分划板的十字刻线和其自准像完全重合，则认为平行光管已调校好。

2. 用平行光管测量透镜焦距

如果在已调整好的平行光管的前方，放置一个待测凸透镜，用刻有多组标准线对的玻罗板取代分划板，此时玻罗板上的线对将成像于待测透镜的焦平面上，用测微目镜可看到玻罗板上线对的像，成像光路图如图 20.2 所示。

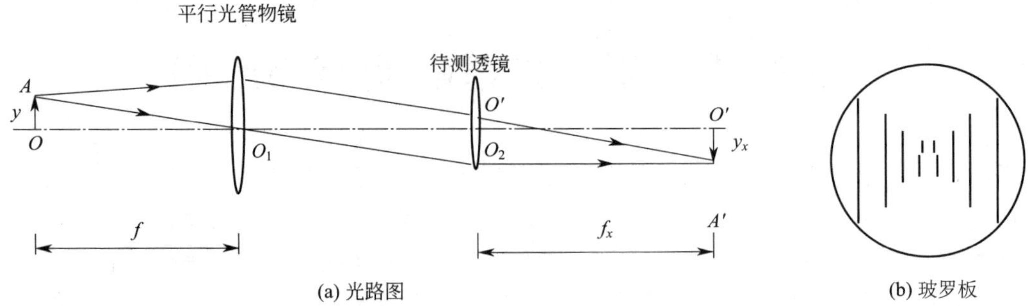

图 20.2　平行光管测量透镜焦距光路图

设透镜的焦距为 f_x，玻罗板上某线对的实际间距为 y，该线对在透镜焦平面上对应的线对像的间距为 y_x，光路图 20.2(a) 中各量的几何关系为

$$\Delta AOO_1 \backsim \Delta A'O'O_2$$

则有

$$\frac{f_x}{f}=\frac{y_x}{y}$$

即

$$f_x=f\frac{y_x}{y} \tag{20.1}$$

式中，f 为平行光管物镜的焦距（已标注在平行光管上）；y_x 可以用测微目镜（或读数显微镜）测量；y 为已知量，可查阅本实验附录。由公式(20.1)，只需测量 y_x，便可计算得到待测透镜的焦距。

为了达到预期精度，待测透镜与物镜的距离最好小于物镜焦距的二分之一，并需要使待测透镜光轴与平行光管光轴重合（为什么?）。

3. 测定透镜分辨率

透镜刚刚能分辨出的空间两点对透镜光心的张角称为透镜的最小分辨角，用符号 θ_0 表示。最小分辨角 θ_0 的大小直接反映了透镜分辨率的高低。θ_0 越小，说明光学系统的分辨本领越大，光学系统分辨细微结构的能力越强。

按几何光学的观点，靠得很近的可分辨的两个物点经光学系统后所成的像也应该是两个可分辨的像点。但按照衍射理论，"像点"实际上是两组衍射图样的中央亮条纹，它是由透镜通光孔径决定的具有一定大小的圆斑，称为艾里斑。所以物点通过光学系统所成的像可能发生重叠，这就限制了光学系统的分辨本领。

根据瑞利判据，恰能分辨时两个像点的最小分辨角

$$\theta_0=1.22\frac{\lambda}{D} \tag{20.2}$$

式中，D 为透镜的直径；λ 为入射光的波长。

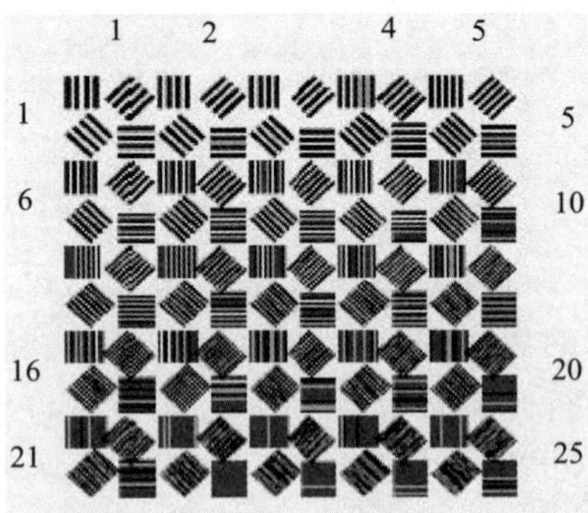

图 20.3　分辨率板

透镜的分辨本领可以用分辨率板测量，分辨率板如图 20.3 所示。在平行光管物镜焦平面分划板的位置装上分辨率板，分辨率板上的刻纹相对待测透镜就是无限远处的物点，在待测透镜的后焦平面上将形成分辨率板的像，若刚能分辨的刻纹宽度为 a，则待测透镜的最小分辨角 θ_0 的值（弧度）可由下式计算

$$\theta_0=\frac{2a}{f} \tag{20.3}$$

式中，f 为平行光管物镜的焦距。

4. 平板玻璃平行度的测定

利用自准直平行光管可以测量平面光学零件的光学不平度（可用两个表面间的楔角表示）。这种方法在工业测量和光学校准中经常使用。检测激光器谐振腔反射镜的平行度也可以用这个方法。

来自平行光管分划板上一点的光束经物镜后成为平行光束，并入射到被测平板玻璃上。由平板玻璃的前后表面 CD、AB 分别反射回来，得到两束夹角为 θ_2 的平行光，如图 20.4(a) 所示。反射的平行光束经物镜聚焦，如图 20.4(b) 所示，在物镜的焦平面上将形成两个互相分开的分划板的像，用自准直目镜（高斯目镜）进行观测，一个与分划板上物点重合，一个略有偏离，如图 20.4(c) 所示。

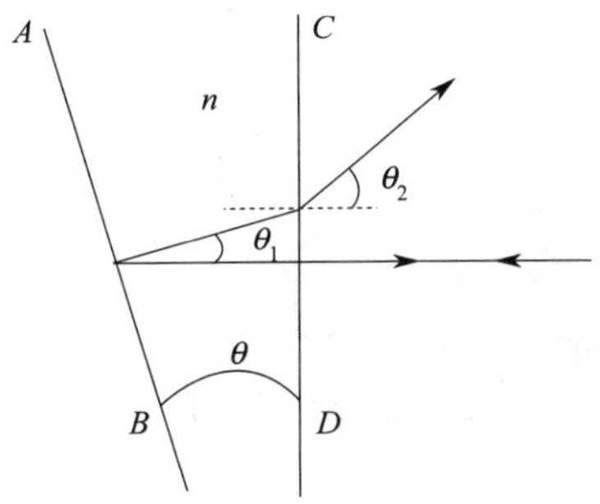

(a) 测量原理

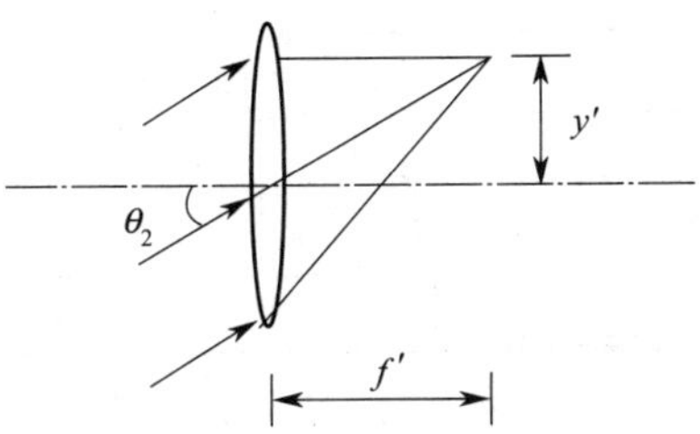

(b) 反射光的几何关系

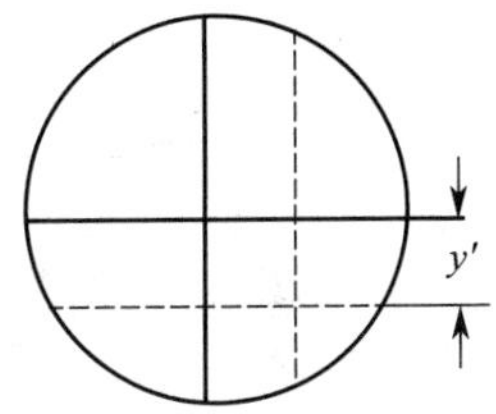

(c) 视场

图 20.4　平板玻璃平行度的测量

在 CD 面上，由折射定律有　　$\sin\theta_2=n\sin\theta_1$

在 AB 面上，由反射定律有　　$\theta_1=2\theta$

设两个反射像的间距为 y'，由图 20.4(b) 可知

$$\theta_2=\frac{y'}{f}$$

式中，f 为平行光管物镜的焦距。

由于 AB、CD 两表面间楔角 θ 一般很小，所以有：$\theta_2=n\theta_1$

于是可得到

$$\theta=\frac{y'}{2nf} \tag{20.4}$$

根据式(20.4)，若已知平板玻璃的折射率 n 及平行光管物镜的焦距 f，测得 y'，即可获知该平板玻璃的不平度。

【实验内容】

1. 自准直法调校平行光管

平行光管在安装时需要进行调校工作，在以后的使用过程中通常是不需再行调节的。调校步骤如下。

① 将平面反射镜放在平行光管物镜前，人眼通过自准直目镜观察并找到分划板刻线的

自准直像。

② 先用清晰度法将分划板的刻线和其像调至一样清晰，然后再用摆头法（即消视差法）判断分划板的刻线与其自准直像有无视差，由此确定分划板是否位于平行光管物镜的焦平面位置上。若自准直像与人眼同向移动，则分划板在平行光管物镜的焦平面后，反之在焦平面前。这时松开分划板的压圈，旋转分划板镜框（分划板镜框与平行光管外镜筒是螺纹配合）使分划板前后移动，反复调校几次，直至分划板的刻线和其自准直像同样清晰无视差为止。

③ 调好后拧紧压圈，取下平面镜和自准直目镜。

2. 调节平行光管、待测透镜及测微目镜三者共轴

① 粗调　将平行光管、待测透镜、测微目镜依次排列在光具座上，如图 20.5 所示。目测调节平行光管光轴与透镜、测微目镜光轴重合并平行于光具座导轨。

② 细调　仔细调节透镜及测微目镜的位置和高低，使从测微目镜中观察光束时，光束中心与分划板中心重合并且不随透镜的移动而改变。

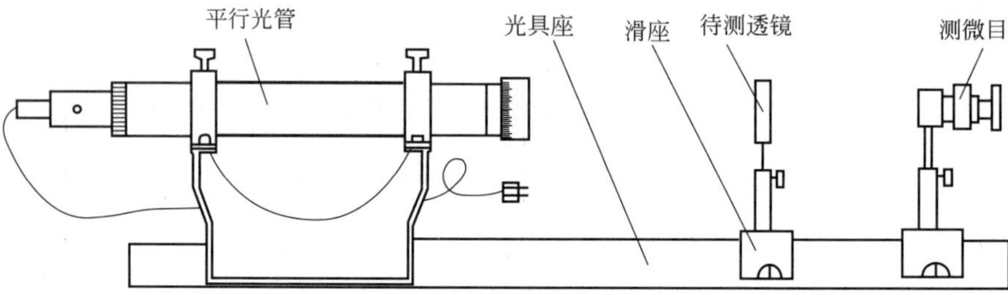

图 20.5　实验装置示意图

3. 测量凸透镜的焦距

① 将分划板换成玻罗板。估测待测透镜的焦距，使平行光管与测微目镜二者间距大于待测透镜焦距。

② 目镜调焦，使分划板叉丝清晰。

③ 在估测焦距值附近沿光轴方向移动凸透镜，直至从测微目镜中观察到清晰的玻罗板的像且与准线无视差。在保证测量精度、减小轴外像差影响的条件下选取一组线对，测量并记录线对的距离。重复测量 6 次。测量时要注意正确地操作测微目镜。

4. 测量透镜分辨率

将分划板换成分辨率板，观察待测透镜后焦平面上所成的像。由于人眼分辨率有限，需借助于倍数足够大的测微目镜。调到像最清晰时，仔细分辨，找出四个方向的刻线数目刚好能分清的图案单元，记下单元号码。

注意：待测透镜的分辨率越高，观察到的能分辨的单元号码就越大。

5. 测量平板玻璃的不平度（选做）

① 用高斯目镜代替光源，并装上玻罗板。透镜换成待测的平板玻璃。

② 仔细调节平板玻璃的方位，使得高斯目镜中能看清玻罗板的反射像。转动平行光管，使两个表面反射的像间距最大，并使一个像与玻罗板重合，根据玻罗板线对的标准间距估测两表面反射像的间距 y'。

【数据处理】

① 查阅记录平行光管物镜实测焦距值 f 和选用的玻罗板线对的标准间距 y，由

式(20.1) 计算待测透镜焦距 f_x 及其不确定度 U_{f_x} 并给出测量的结果表达。

② 根据记下的分辨率板单元号码，从附表中查出对应的刻纹宽度 a，由式(20.3) 计算透镜的最小分辨角。

③ 将测得的反射像间距 y' 及物镜焦距值 f 代入式(20.4) 求出平板玻璃的不平度。

【注意事项】

① 使用测微目镜的注意事项如下。

a. 测量前应先调节目镜，使分划板十字叉丝清晰。

b. 测量时仔细调节工作距离，使目镜中观察到的像清晰且与分划板的叉丝无视差地对准，才可以进行测量。

c. 测量时必须使目镜的一条叉丝与显微镜移动方向相垂直。将这条纵向叉丝对准待测像（如玻罗板第 4 组线对的像），对应两个像位置的读数之差就是所求线对像间距 y_x。为防止回程误差，测量过程中测微鼓轮只能沿一个方向平稳、缓慢地旋转；若旋过了应测位置必须反转时，应多反转几圈再重新向原方向旋转。

② 切忌用手触摸光学器件的光学表面。

③ 实验过程中需多次更换元、器件，应按要求规程操作，注意轻拿轻放；固定螺钉时避免使蛮力拧过头，避免损坏螺纹。

【思考题】

① 调整平行光管的基本要求是什么？应该如何进行？若平行光管旋转 180°后十字刻线物像不重合是什么原因？

② 实验要求平行光管和测微目镜间的距离要大于待测透镜的焦距，用什么方法估测透镜的焦距？

【附录】

① 玻罗板（图 20.6）：其上镀有 5 组标准线对，各标准线对的距离从内到外分别为

(1.000±0.001)mm；

(2.000±0.001)mm；

(4.000±0.001)mm；

(10.000±0.002)mm；

(20.000±0.004)mm。

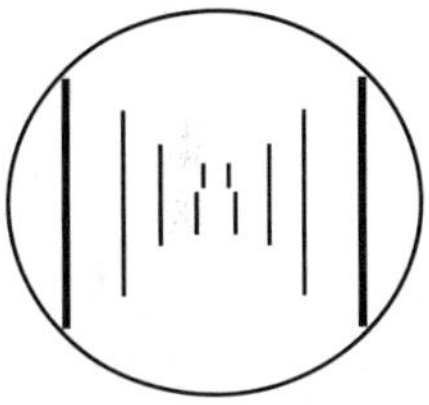

② 分辨率板：用于测量透镜分辨率，分为 2 号板和 3 号板。每块板各刻有 25 个图案单元，每个单元由四个方向的平行刻纹组成，各单元平行条纹宽度不同。其宽度表见表 20.1。

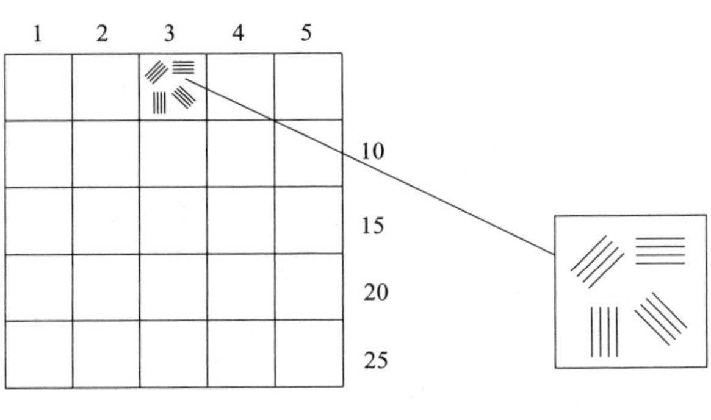

图 20.6　玻罗板

表 20.1 分辨率板刻纹宽度表

分辨率板编号		2号	3号
单元号码	每组刻纹数	刻纹宽度/μm	刻纹宽度/μm
1	4	20.0	40.0
2	4	18.9	37.8
3	4	17.8	35.6
4	5	16.8	33.6
5	5	15.9	31.7
6	5	15.0	30.0
7	6	14.1	28.3
8	6	13.3	26.7
9	6	12.6	25.2
10	7	11.9	23.8
11	7	11.2	22.5
12	8	10.6	21.2
13	8	10.0	20.0
14	9	9.4	18.9
15	9	8.9	17.8
16	10	8.4	16.8
17	11	7.9	15.9
18	11	7.5	15.0
19	12	7.1	14.1
20	13	6.7	13.3
21	14	6.3	12.6
22	14	5.9	11.9
23	15	5.6	11.2
24	16	5.3	10.6
25	17	5.0	10.0

实验 21 光的偏振现象

光的干涉和衍射现象揭示了光的波动性，光的偏振现象显示了光的横波性。偏振光具有很高的应用价值，光的偏振现象在光学计量、晶体性质和实验应力分析、光学信息处理等方面有着广泛的应用。

【实验目的】

① 了解光的横波性及其五种偏振状态；

② 了解线偏振光和椭圆偏振光的获得方法；

③ 掌握线偏振光的检验方法和马吕斯定律；

④ 了解椭圆偏振光经过检偏器后光强的分布特征。

【实验仪器】

半导体激光器、起偏器、检偏器、1/4 波片、1/2 波片、硅光电池、光电流放大器、多功能光学导轨、各种光学元件支架。

【实验原理】

光波是一种电磁波，在光和物质的相互作用过程中，起主要作用的是光波中横向振动着的电矢量 $\boldsymbol{E}$，称之为光矢量。光矢量的振动方向相对于传播方向的不对称性构成了光的各种偏振态。

1. 光的五种偏振状态（五种偏振光）

(1) 自然光

光是光源中大量原子或分子发出的，在普通的光源中各原子或分子发出的光波不仅初相位彼此无关联，它们的振动方向也是杂乱无章的。因此宏观看起来，入射光中包含了所有方向的横振动，而平均说来它们对于光的传播方向形成轴对称分布，哪个横方向也不比其他横方向更为优越（见图 21.1）。具有这种特点的光称为自然光。

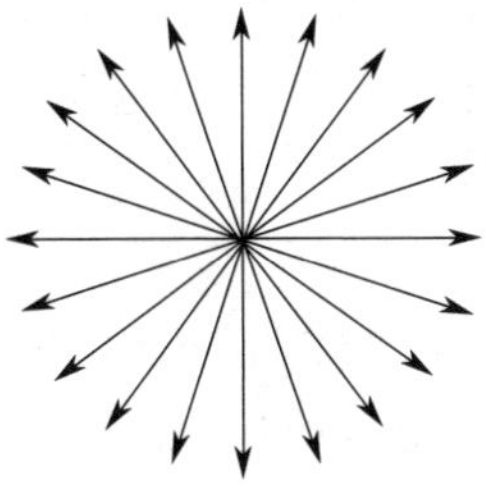

图 21.1 自然光中振动的分布

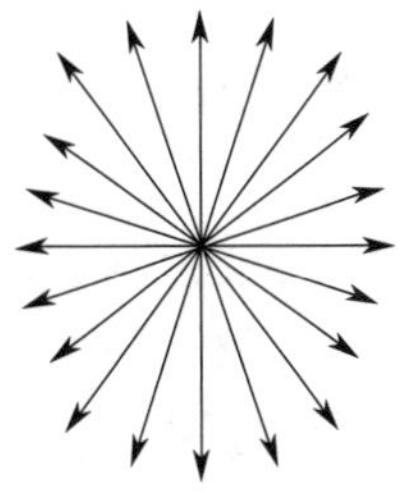

图 21.2 部分偏振光中振动的分布

(2) 线偏振光

电矢量的振动只限于某一确定方向的光称为线偏振光。线偏振光中振动方向与传播方向构成的平面，叫作振动面，所以线偏振光又称为平面偏振光。

(3) 部分偏振光

经常遇到的光，除了自然光和线偏振光外，还有一种偏振态介于两者之间的光，这种光中的振动虽然也是各个方向都有，但不同方向振幅的大小不同（见图 21.2）。具有这种特点的光叫作部分偏振光。相应地线偏振光又称为全偏振光。在晴朗的日子里，蔚蓝色天空所散射的日光多数是部分偏振光。

（4）圆偏振光和椭圆偏振光

若光波的电矢量的大小和方向随时间作周期性变化，在垂直于传播方向的平面上，其电矢量的末端描绘出的轨迹为圆或椭圆，这样的偏振光称为圆偏振光或椭圆偏振光，如图 21.3、图 21.4 所示。

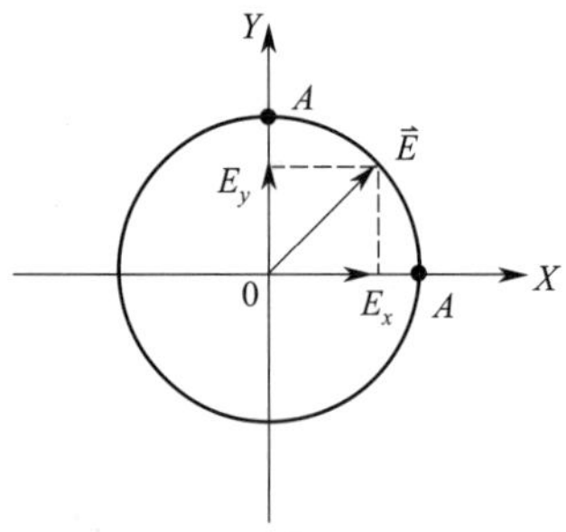

图 21.3 圆偏振光中电矢量的运动

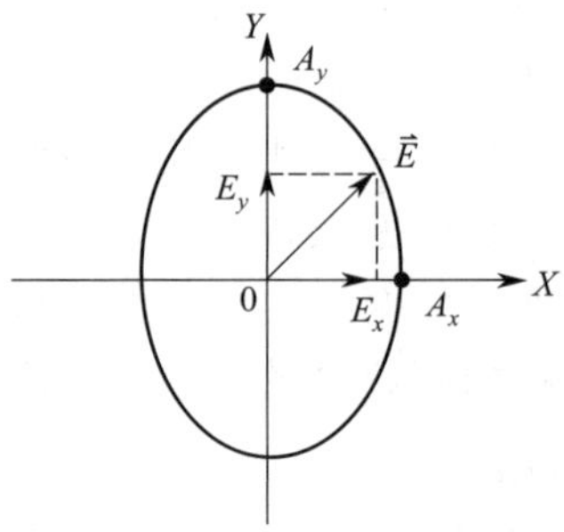

图 21.4 椭圆偏振光中电矢量的运动

在波动学中，两个同频率、相位差恒定的相互垂直的振动合成后仍然是同频率的振动，其合矢量的矢端轨迹形成圆或者椭圆；与此类似，光学中满足上述条件的两个相互垂直的线偏振光的光矢量合成，将形成圆偏振光或椭圆偏振光。

2. 线偏振光与椭圆偏振光的获得

一般都是利用自然光先获得线偏振光，再由线偏振光获得椭圆偏振光。

（1）利用物质对光振动的选择吸收特性获得线偏振光

有些晶体对不同方向的电振动具有选择吸收的特性，在这样的晶体中存在一个特定的方向 P（相对于晶体结构而言），对入射到其上振动方向与 P 平行的光吸收得很少，而对入射到其上振动方向与 P 垂直的光吸收极强。将具有这种性质的晶体做成具有一定厚度的晶体片，并让 P 与片的表面平行，其厚度足以使与 P 垂直的光振动完全被吸收，因而透过的光中只有与 P 平行的电振动，即为线偏振光。称具有上述功能的晶体片为偏振片，用偏振片做成的产生线偏振光的光学器件称为起偏器，称特定方向 P 为偏振片（起偏器）的透振方向，也叫透光轴。

（2）利用双折射晶体器件产生偏振光

① 利用双折射晶体器件产生线偏振光　自然光在进入某种晶体后被分裂成两束折射光，其中的一束遵从光的折射定律，在晶体中沿各个方向的传播速度相同，称为寻常光（o 光）；另一束沿不同传播方向的传播速度不同，不能严格遵从折射定律，称为非常光（e 光）。这种现象称为双折射。实验证明，o 光、e 光都是线偏振光，而且大多数情况下，可近似认为 o 光和 e 光的电振动方向相互垂直。要能较好地用双折射晶体获得线偏振光，必须在它们由晶体中射出时，在空间分得足够开，为此可用双折射晶体切割组合，制作成晶体偏振器件，较常见的晶体偏振器件有尼科耳棱镜、洛匈棱镜、渥拉斯顿棱镜等。

在双折射晶体中也有一个特定的方向，称为光轴。当光线沿光轴方向入射时，不产生双折射现象。

② 利用双折射晶体器件产生椭圆偏振光（波晶片）　将双折射晶体做成薄片，并使其光

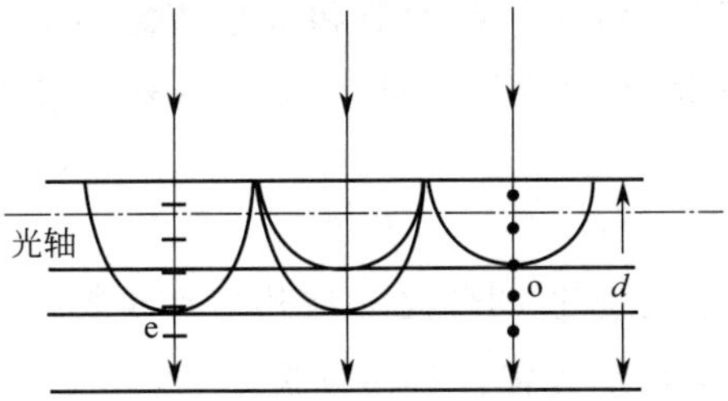

图 21.5 波晶片

轴与表面平行，当一束线偏振光垂直入射到晶体片上时，将被晶体分解成振动方向相互垂直的 o 光和 e 光，它们的传播方向相同，但速度不同，如图 21.5 所示。当两束光由晶片下表面出射时，它们之间出现了一个相位差，因此再重新合成后，其偏振特性将发生改变，具体情况与晶体片的厚度有关。

设晶片的厚度为 d，经过晶片后，o 光和 e 光产生的相位差为

$$\Delta\varphi=\frac{2\pi}{\lambda}(n_o-n_e)d \tag{21.1}$$

式中，λ 为真空中的波长。

当 d 满足：

$$\begin{cases}(n_o-n_e)d=\pm\dfrac{\lambda}{4}\text{时，}\Delta\varphi=\pm\dfrac{\pi}{2}\\(n_o-n_e)d=\pm\dfrac{\lambda}{2}\text{时，}\Delta\varphi=\pm\pi\\(n_o-n_e)d=\pm\lambda\text{ 时，}\Delta\varphi=\pm 2\pi\end{cases} \tag{21.2}$$

分别称这种厚度的晶片为：四分之一波片（1/4 波片）、二分之一波片（1/2 波片）和全波片（λ 波片）。

一般波晶片不可能做得这样薄，通常为式(21.2) 中确定的厚度 d 的整数倍。用作波片的晶体多为石英、云母。

线偏振光通过二分之一波片后仍为线偏振光，但振动方向将发生改变；线偏振光通过四分之一波片后，出射光的偏振态有三种可能：波片光轴与入射光振动方向平行或垂直时，出射光仍为线偏振光；光轴与入射光偏振方向成 45°角时，出射光为圆偏振光；其他情况下均为椭圆偏振光。

3. 线偏振光的检验，马吕斯定律

可以用偏振片来检验入射光是不是线偏振光，此时称偏振片为检偏器，如图 21.6 所示。线偏振光通过检偏器后，透射光强为

$$I=I_0\cos^2\theta \tag{21.3}$$

式中，I_0 为入射线偏振光的强度；θ 为入射线偏光的振动方向与检偏器的透振方向 P 的夹角。式(21.3) 称为马吕斯定律。

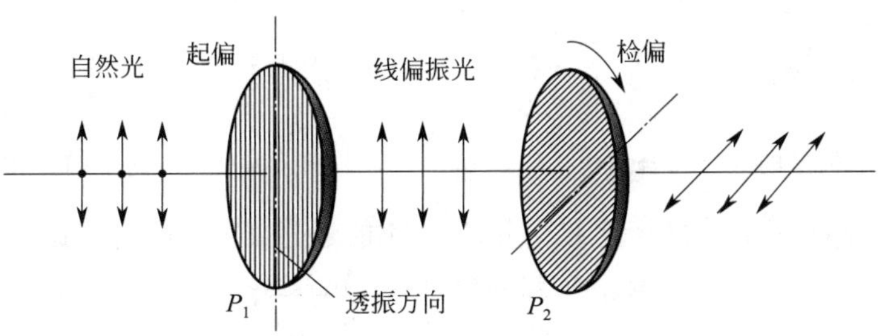

图 21.6 起偏与检偏光路

根据马吕斯定律，让一束线偏振光正入射到检偏器上，围绕入射方向转动检偏器，透射光强将发生周期性变化。当 $\theta=0°$时，透射光的光强最大；当 $\theta=90°$时，透射光强为

最小值（消光状态），即 $I=0$；当 $0°<\theta<90°$时，透射光强介于最大值和最小值之间。根据透射光强的变化规律，可以判定入射光束是否为线偏振光，只有线偏振光入射时才有消光现象。

4. 观察椭圆偏振光通过检偏器后的光强

让自然光垂直入射到起偏器 P_1 产生线偏振光，再使之通过四分之一波片后产生椭圆偏振光，如图 21.7 所示。现在讨论椭圆偏振光通过检偏器后的光强，具体分析如下。

设四分之一波片的光轴 C 与起偏器的透振方向 P_1 的夹角为 θ（$\theta\neq0$，45°，90°，为什么?），光轴 C 与 P_2 的夹角为 φ，如图 21.7 所示。

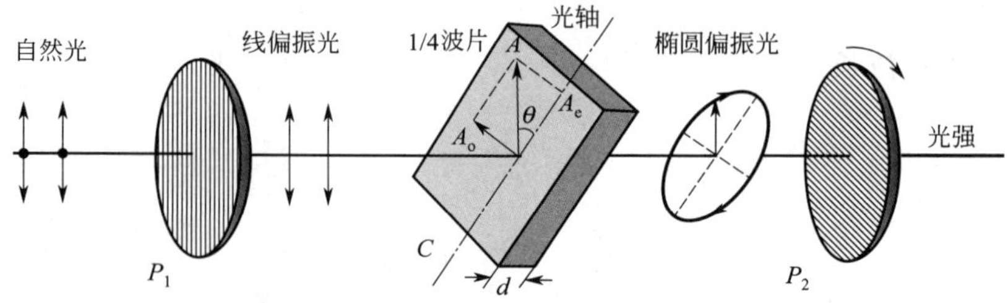

图 21.7 椭圆偏振光的观测光路

根据各种偏光器件对入射光的作用，线偏振光通过四分之一波片和检偏器时其电矢量的分解与合成情况如图 21.8 中所示。E_1 为入射线偏振光，设其振幅为 A_1，入射到四分之一波片上后，被分解为与光轴 C 平行的 e 振动 E_e（e 光）和与光轴 C 垂直的 o 振动 E_o（o 光），它们的振幅分别为

$$
\begin{aligned}
A_o&=A_1\sin\theta \\
A_e&=A_1\cos\theta
\end{aligned}
\tag{21.4}
$$

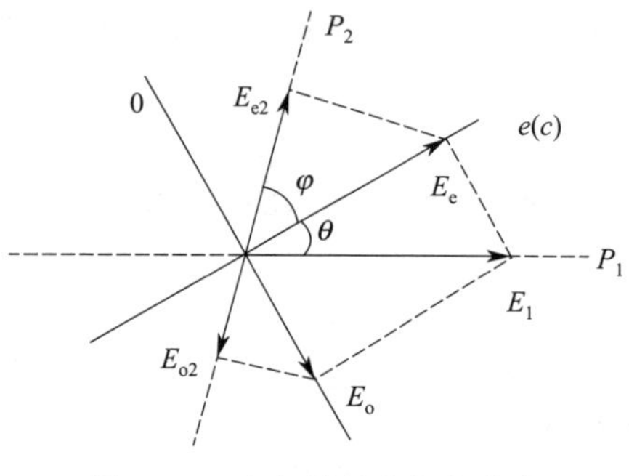

图 21.8 电矢量的分解与合成

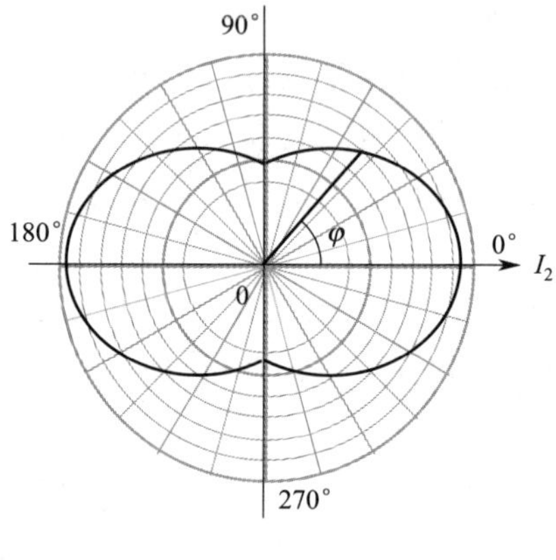

图 21.9 I_2 的空间分布（极坐标系）

只有 o 光和 e 光的平行于 P_2 的分量 E_{o2} 和 E_{e2} 才能通过 P_2，它们的振幅分别为

$$
\begin{aligned}
A_{o2}&=A_o\sin\varphi=A_1\sin\theta\sin\varphi \\
A_{e2}&=A_e\cos\varphi=A_1\cos\theta\cos\varphi
\end{aligned}
\tag{21.5}
$$

最后从检偏器 P_2 射出的光线，其强度应是 $\boldsymbol{E}_{e2}$ 和 $\boldsymbol{E}_{o2}$ 这两个同方向振动相干叠加的结果。对于固定的 θ，转动检偏器 P_2 改变 φ，可以得到在 360°范围内的出射光强 I_2。

I_2 是由四分之一波片产生的 o 光和 e 光的两个平行于 P_2 的振动分量相干叠加的结果。

I_2 的平面分布图形不是椭圆，而是一个近似于“花生”的形状，如图 21.9 所示，它仍存在两个极值，一个为极大值，另一个为极小值。

【实验内容】

1. 光路的共轴调节

在光学导轨上安装所需光学元件：激光器、起偏器、1/4 波片、检偏器和光探测器（硅光电池），调整各光学元件同轴等高。光路图如图 21.10 所示。

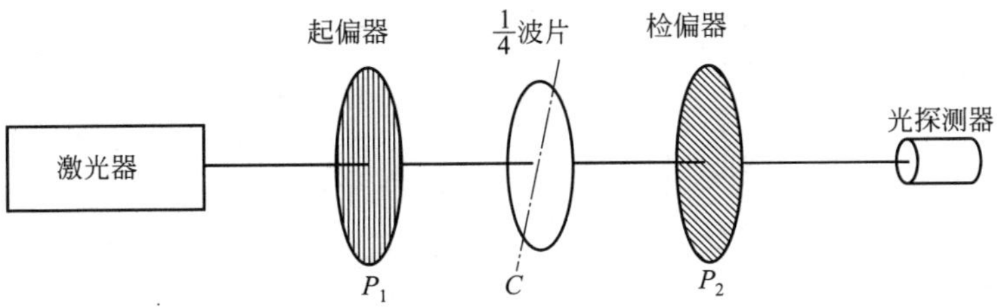

图 21.10 实验光路图

2. 线偏振光的检验，验证马吕斯定律

实验采用波长为 650nm 的半导体激光器，它发出的是部分偏振光，为了得到线偏振光，需要在它前面加上起偏器 P_1。为了使实验现象最明显，需要透过起偏器 P_1 的线偏振光光强最强。

① 按图 21.10 所示光路，在调节好的光路中，暂时先取下检偏器 P_2 和 1/4 波片；

② 让激光光束直接正入射到起偏器 P_1 上，旋转 P_1，观察透射光强的变化；

③ 仔细调节起偏器 P_1，使透过 P_1 的线偏振光光强达到最强，此时固定 P_1，注意以后不可随意再调；

④ 在起偏器 P_1 后方插入检偏器 P_2，旋转 P_2 一周，观测透射光强的变化，选取光强出现极大值作为测量起点，每隔 10°记录一次光电流值。

3. 观测椭圆偏振透过检偏器后的光强

① 调节检偏器，使起偏器与检偏器正交，即使 $P_1 \perp P_2$，方法是固定 P_1 方位不变，旋转 P_2，当出现消光（光电流为零）时，固定住 P_2 方位不再改变。

② 在 P_1 与 P_2 之间插入 1/4 波片（此时有光电流输出），旋转 1/4 波片，当再次出现消光时，记下此时 1/4 波片光轴 C 的方位（角度）。

注意：由于系统会受到杂散光等因素的影响，消光时光电流可能不严格为零，可将此时的光电流值作为光强为零点处理。

③ 将光轴 C 转过 30°，即 1/4 波片的光轴与 P_1 的夹角 $\theta=30°$，此时从 1/4 波片射出的光即为椭圆偏振光。

④ 旋转检偏器 P_2，观测透射光强的变化。选取光强出现极大值作为测量起点，每转过 10°，记录一个对应的光电流值，直到转过 360°。自拟表格记录数据。

【数据处理】

① 验证马吕斯定律。以所测最大光电流为 I_0 求出与各个角度 α 对应的出射光强理论值：$I_0 \cos^2\alpha$，与实验值进行比较。

② 作椭圆偏振光干涉光强随检偏器 P_2 角度 φ 的变化曲线。

【思考题】

① 试证明自然光通过检偏器后强度减为原来的一半。

② 线偏振光通过1/4波片后可能出现的三种偏振态及其形成的条件，试说明其理由。

③ 在观测椭圆偏振光时要在起偏器和检偏器相互垂直的条件下让1/4波片的光轴与起偏器或检偏器成30°角，在0°～90°范围内其他角度行不行？有没有不行的角度？为什么？

④ 在观测椭圆偏振光时，所测得的结果的物理意义是什么？并加以说明。

实验 22　衍射光栅特性与光波波长测量

【实验目的】

① 观察光栅衍射现象，了解衍射光栅的分光原理及主要特性；

② 掌握在分光计上用衍射光栅测定光波波长和光栅常数及角色散率的方法；

③ 进一步掌握分光计的调节与使用方法。

【实验仪器】

透射光栅，分光计，汞灯，平面镜。

【实验原理】

衍射光栅是一种重要的分光元件，分为透射光栅和反射光栅两类（图 22.1）。本实验使用的是透射光栅，它相当于一组数目极多的等宽、等间距平行排列的狭缝。

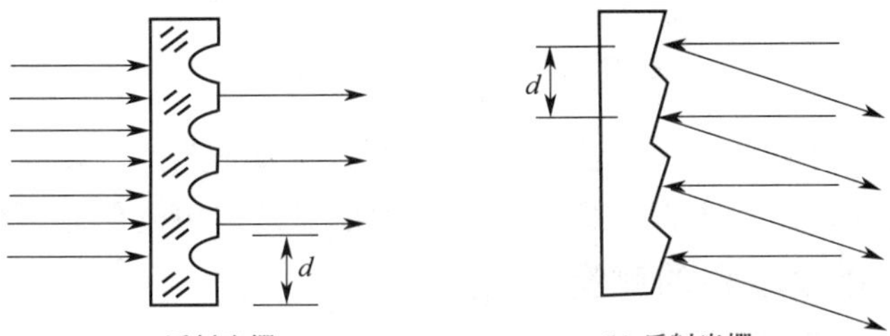

图 22.1　透射光栅和反射光栅

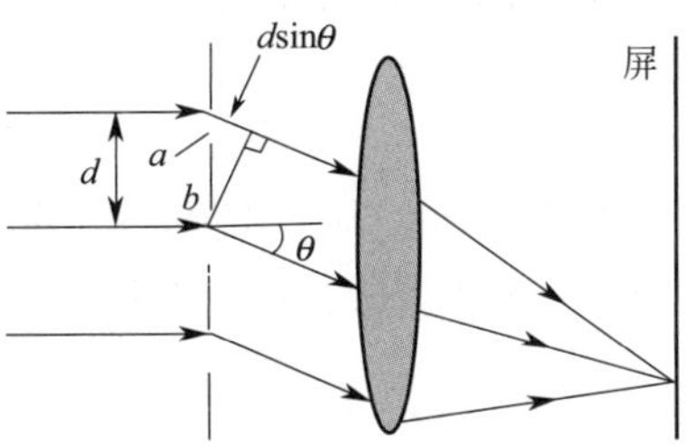

图 22.2　光栅衍射

目前使用的光栅主要通过以下方法获得：①用刻线机直接在玻璃或金属上刻制而成；②用树脂在优质母光栅上复制得到；③采用全息照相的方法制作全息光栅。

1. 光栅衍射

当波长为 λ 的平行光束垂直投射到光栅平面上时，光波将在每条狭缝（即单缝）处发生衍射，各缝的衍射光在叠加处又会产生干涉。所以光栅衍射的图样，是单缝衍射和多缝干涉的综合效果。

设狭缝的宽度为 a，相邻狭缝间不透光部分的宽度为 b，如图 22.2 所示，则 $d=a+b$，称为光栅常数。设 θ 是衍射光束与光栅法线的夹角（称为衍射角），则相邻狭缝沿 θ 方向对应衍射光束的光程差为 $\delta=d\sin\theta$，当 δ 满足以下条件

$$d\sin\theta=k\lambda \qquad (k=0,\pm1,\pm2,\cdots) \tag{22.1}$$

在这些衍射方向上的光干涉加强，在衍射屏上将出现明纹，称之为主极大。式(22.1)称为光栅方程，其中 k 是谱线的级次。

由式(22.1)分析，有以下结论：$\theta=0$ 对应的谱线为中央主极大，中央主极大两边对称排列着 ±1 级、±2 级等各级主极大。实际光栅狭缝数目很大，缝宽极小，相邻两级主极大之间还存在许多次极大及暗纹（次极大与主极大相比，其亮度可以忽略），所以光栅衍射图样是平行排列的细锐亮线。

根据光栅方程可知，复色光通过衍射光栅后会形成按波长顺序排列的谱线，称为光栅光

谱。如图 22.3 所示，图中给出了用分光计观测低压汞灯的衍射光谱，汞灯光谱中有四条较明亮的谱线：紫线、绿线、两条黄线。

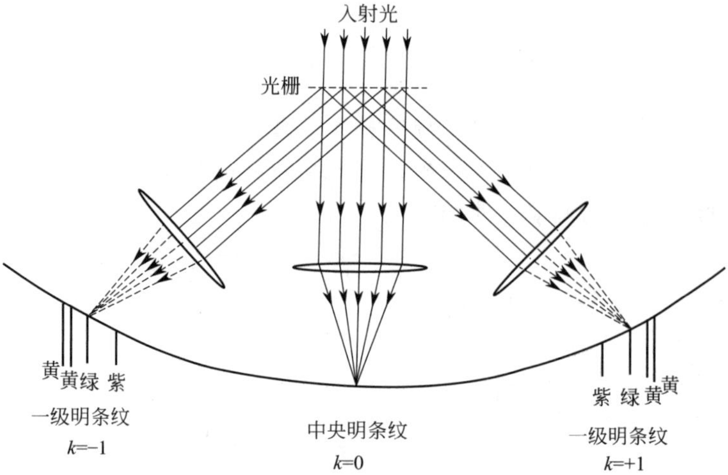

图 22.3　光栅衍射光谱示意图

光栅和棱镜一样，对复色光有色散作用，是重要的分光元件。在精确测量波长和对物质进行光谱分析时普遍使用的单色仪、摄谱仪就常用衍射光栅构成色散系统。

2. 光栅常数与色散本领的测量

（1）光栅常数与光波波长的测量

用已知波长的单色光照射光栅，用分光计测量该单色光的一级衍射角 θ，就可以用式(22.1)求出光栅常数 d；反之，当光栅常数 d 已知时，用未知波长的单色光照射光栅，测量该单色光的一级衍射角 θ，就可以用式(22.1)求出待测光波的波长 λ。

（2）光栅角色散率的测定

衍射光栅能将复色光按波长在透镜焦平面上展开成光谱，称为色散，其色散能力可用角色散率 D 表示。角色散率 D 定义为同一级两条谱线衍射角之差 $\Delta\theta$ 与它们的波长差 $\Delta\lambda$ 之比，即

$$D=\frac{\Delta\theta}{\Delta\lambda} \tag{22.2}$$

D 的物理意义可以理解为单位波长间隔的两条单色谱线间的角间距。它只反映两条谱线中心分开的程度，而不涉及它们能否分辨。

将光栅方程式(22.1)对 λ 微分就可以得到光栅角色散率的计算公式

$$D=\frac{k}{d\cos\theta_k} \tag{22.3}$$

由公式(22.3)可知，光栅常数 d 越小，角色散率 D 越大；光谱级次 k 越高，角色散率越大。对某一级光谱，k 和 d 均为常数，D 正比于 $1/\cos\theta_k$，即衍射角 θ_k 越大，角色散率 D 也越大。

【实验内容】

本实验中使用分光计的平行光管产生平行光，经光栅衍射后，衍射的平行光束通过望远镜的物镜聚焦在分划板上，再利用望远镜的目镜来观察分划板上的衍射图样。

1. 分光计的调节

调节目标：使望远镜对无穷远聚焦，平行光管发射平行光，望远镜和平行光管光轴垂直于分光计旋转主轴。

(1) 调节望远镜：使之对无穷远聚焦

① 旋转目镜调焦手轮，使分划板上的叉丝像清晰；

② 手握平面镜置于望远镜物镜前端，松开目镜套筒锁紧螺钉，伸缩目镜筒使反射回的绿“十”字像清晰，此时望远镜聚焦调节完成。

(2) 调节平行光管，使之出射平行光束

① 用光源照亮狭缝，使望远镜正对平行光管，通过目镜观察狭缝像；

② 松开狭缝装置锁紧螺钉，伸缩狭缝套筒，使狭缝像清晰，此时平行光管发射平行光。

(3) 调节望远镜和平行光管光轴垂直分光计旋转主轴

调节方法参照实验 9“分光计的调节与使用”，此处不详述。

2. 光栅位置调整，使光栅平面垂直于入射光

① 将望远镜对准平行光管，让狭缝像与望远镜分划板上的竖直准线重合，固定望远镜。按图 22.4 所示方式将光栅放在载物台上（注意光栅刻痕与狭缝平行），只转动载物台，用目测方法粗调光栅平面垂直于望远镜光轴。然后设法遮住狭缝光源，打开望远镜照明灯，观察被光栅平面反射的绿色亮“十”字像，微转动载物台并仔细调节螺钉 a 或 b，直至绿色亮十字与分划板准线上方的十字重合，注意切不可动望远镜光轴高低调节螺钉（为什么?）。

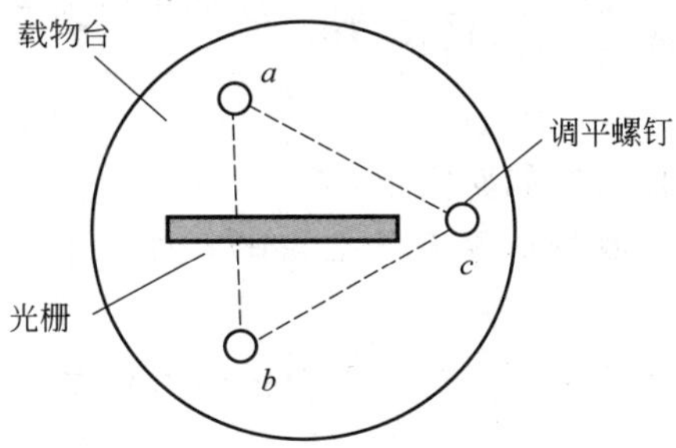

图 22.4 光栅放置示意图

② 转动望远镜，观察汞灯的衍射光谱。若中央零级光谱和左右对称分布的一级、二级光谱的各条谱线相对分划板水平准线的高低不一致，可以调节图 22.4 中的螺钉 c 使其一致。但要注意观察此时绿色亮十字是否仍在正确位置，如有变动应重复①的步骤，反复调节，直到两个条件都满足为止。光栅位置一经调好，实验过程中不要再移动。

也可以通过测定两条一级绿光谱线偏离入射线的角度来判定，若两角近似相等，则可认为入射光是垂直入射到光栅表面上的。

注意：光栅调好后，游标盘（连同载物台）应固定，测量时只转动望远镜（连同刻度盘），不可转动和碰动光栅。

3. 利用汞灯一级光谱中的绿光谱线（$\lambda=5.4607\times10^{-7}$m）测定光栅常数 d

转动望远镜，找到汞灯的绿光谱线；将望远镜分别对准 $k=+1$ 级和 $k=-1$ 级绿光谱线，记录相应角位置的左游标读数 ϕ_1、ϕ_{-1} 和右游标读数 ϕ_1'、ϕ_{-1}'，则有

$$\theta=\frac{1}{4}(|\phi_1-\phi_{-1}|+|\phi_1'-\phi_{-1}'|) \tag{22.4}$$

重复测量5次。

4. 利用黄光的双谱线测量光栅的角色散率

测量光栅的一级光谱中的两条黄光谱线的衍射角 θ_1、θ_2。测量方法参照3，按式(22.4)计算衍射角 Q_1、Q_2，测量3次取平均值。代入公式（22.1）计算两条黄光谱线的波长 λ_1、λ_2；再由 $(\theta_2-\theta_1)/(\lambda_2-\lambda_1)$ 计算角色散率 D。

【数据处理】

① 依据公式(22.1)计算光栅常数 d，并计算 d 的不确定度 U_d。

$$d=\frac{\lambda}{\sin\bar{\theta}}\text{（绿光波长 }\lambda=5.4607\times10^{-7}\,\text{m）}$$

② 依据公式(22.1)与实验室给定的光栅常数 d，计算两条黄光谱线的波长。

$$\lambda_1=\frac{d\sin\bar{\theta}_1}{k},\lambda_2=\frac{d\sin\bar{\theta}_2}{k}\text{（取 }k=1\text{）}$$

并与公认值 $\lambda_1=577.0\text{nm}$、$\lambda_2=579.0\text{nm}$ 比较，计算相对不确定度。

相对不确定度为：$U_r=\frac{|\bar{\lambda}-\lambda_{\text{公认值}}|}{\lambda_{\text{公认值}}}\times100\%$

③ 用测得的两条一级黄光谱线的衍射角 θ_1、θ_2 和由2计算出的波长 λ_1、λ_2，计算光栅的角色散率 D

$$D=\frac{\Delta\theta}{\Delta\lambda}=\left|\frac{\theta_1-\theta_2}{\lambda_1-\lambda_2}\right|\times\frac{\pi}{180}\text{（}D\text{ 的单位为 rad/m）}$$

【思考题】

① 分光计调整的要求是什么？如何实现？

② 如果光栅位置不正确对测量结果有什么影响？如果平行光管的狭缝过宽对实验有什么影响？

③ 如果光栅刻线与分光计转轴不平行，对测量结果有无影响，为什么？

实验 23　迈克耳孙干涉仪

迈克耳孙干涉仪是一种用分振幅法产生双光束干涉的装置，利用它既可观察到相当于薄膜干涉的许多现象，如等厚条纹、等倾条纹以及条纹的各种变动情况，也可以方便地测定微小长度。多用于长度的精密测量、长度标准具的校正以及光谱学上的精密测量工作等。迈克耳孙干涉仪设计精巧、用途广泛，是历史上最著名的干涉仪，也是许多近代干涉仪的原型。由于发明了以他的名字命名的干涉仪，以及借助于干涉仪所做的基本度量学上的研究和光速的测量，迈克耳孙获得 1907 年诺贝尔物理学奖。

【实验目的】

① 了解迈克耳孙干涉仪的结构，学习调节和使用方法；

② 观察和研究等倾干涉和等厚干涉现象；

③ 测量 He-Ne 激光的波长；

④ 测量透明薄膜的厚度

【实验仪器】

迈克耳孙干涉仪，He-Ne 激光器，扩束镜，日光灯，云母薄片。

【实验原理】

1. 干涉仪的基本原理

干涉仪原理如图 23.1 所示，M_1 与 M_2 是两块近乎垂直放置的平面反射镜，G_1 与 G_2 是两块相同的厚度均匀的平行平面玻璃板。光源发出的光线入射到分光板 G_1 上，G_1 的后表面镀有半反射膜图中加黑线表示，使入射到 G_1 的光线，一半被反射成为光线 1，它到达平面镜 M_1 被再次反射后，透过 G_1 到达观察屏；另一半从 G_1 半反射膜透射成为光线 2，光线 2 又经 G_2 透射到达平面镜 M_2 处被反射，然后穿过 G_2，再由 G_1 半反射膜反射到达观察屏。G_2 起到补偿光程的作用，称之为补偿板。在光路中加入 G_2，使得光线 1、2 在相同的玻璃板中都穿过三次，确保了不同波长的光在干涉仪中具有相同的光程差，这对观察白光干涉很有必要。

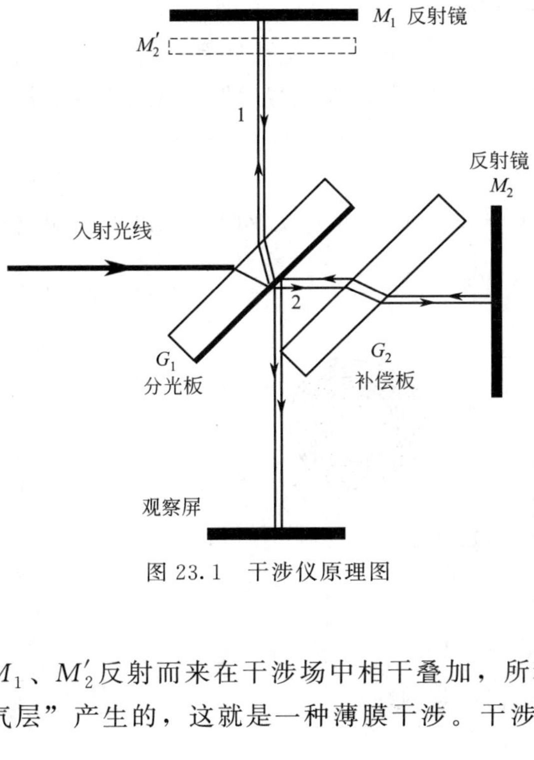

图 23.1　干涉仪原理图

由于光线 1、光线 2 是由同一条入射光分裂而成，它们是相干光，相遇将在空间出现干涉条纹。值得注意的是，图 23.1 中 M_2' 是 M_2 通过 G_1 半反射膜所成的虚像，位于 M_1 附近，从观察者看来就像两束相干光是从 M_1、M_2' 反射而来在干涉场中相干叠加，所看到的干涉图样可视为由 M_1、M_2' 之间的“空气层”产生的，这就是一种薄膜干涉。干涉条纹的形状是由 M_1、M_2' 之间相应的位置决定的，如果 M_1、M_2' 严格平行，可产生等倾干涉条纹；如果 M_1、M_2' 有微小夹角时，则可产生等厚干涉条纹。图 23.2 为迈克耳孙干涉仪产生的各种干涉条纹及 M_1、M_2' 相应的位置。

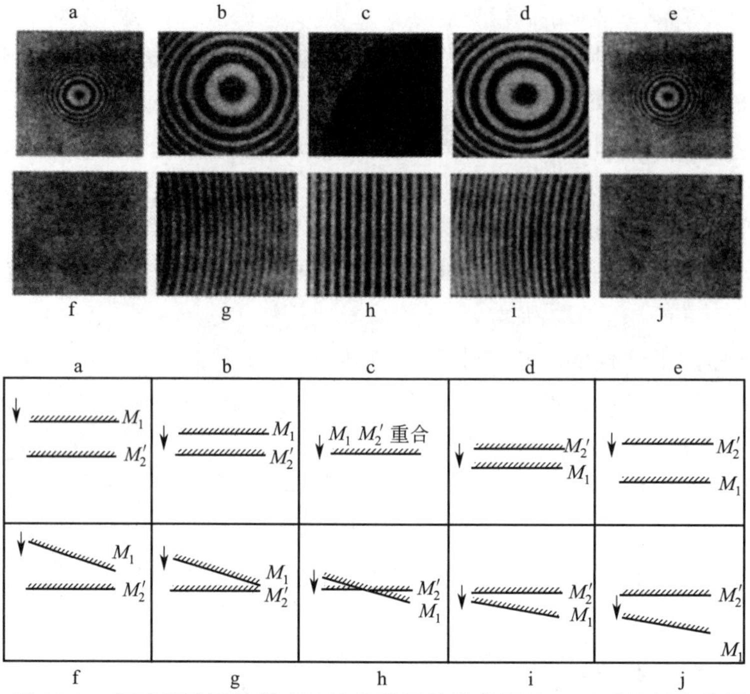

图 23.2　迈克耳孙干涉仪产生的各种干涉条纹及 M_1、M_2' 的相应位置

2. 等倾干涉条纹与激光波长测量原理

当 M_1 严格平行于 M_2' 时，将获得等倾干涉条纹。

下面定量讨论干涉条纹形成原理与性质。如图 23.3 所示，入射角为 i 的光线经 M_1、M_2' 反射后形成的光束 1 和 2 相互平行（因为 M_1、M_2' 平行），在无穷远处（或会聚在透镜焦平面上）形成干涉，这两条光线的光程差为

$$\delta = 2d\cos i \tag{23.1}$$

由于光源发出各种入射角的发散光，在垂直于 $M_1(M_2')$ 方向观察时，可以看到明暗相间的同心圆环。

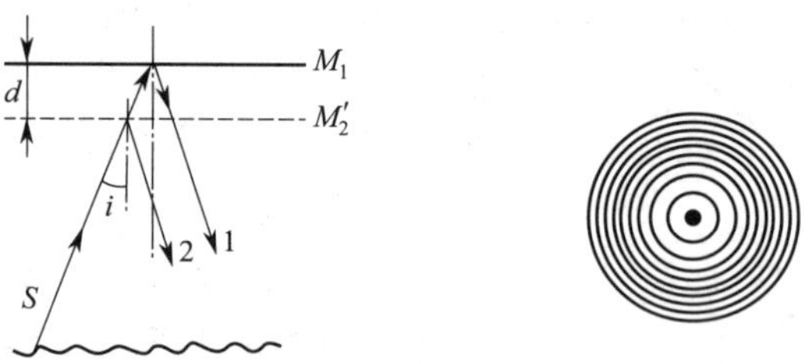

图 23.3　等倾干涉光程差

干涉圆环形成的条件是

$$\delta = 2d\cos i = \begin{cases} k\lambda & \text{(明纹)} \\ (2k+1)\times\dfrac{\lambda}{2} & \text{(暗纹)} \end{cases} \tag{23.2}$$

当 d 一定时，i 越小时 $\cos i$ 越大，则 k 越大，也就是干涉条纹的级次越高。用扩展光源照明时，在干涉圆环的圆心处是扩展光源上所有垂直入射光束的会聚点，$i=0$，光程差最大，即圆心点所对应的干涉级次 k 最高，由圆心向外条纹级次逐次降低。当移动 M_1 的位置使 d 逐渐增大时，第 k 级条纹对应的光程差 $\delta=k\lambda$ 要保持不变，由式(23.2)可知 $\cos i$ 应逐渐减小，i 则变大，即该级圆形条纹的半径将逐渐变大。连续增大 d 时，观察者将看到干涉环一个接一个地由中心“涌”出来；反之，使 d 逐渐减小时，则会看到干涉环一个接一个地从中心“陷”进去。对于圆心点来说，由于 $i=0$，以明条纹为例由式(23.2)，有

$$d=k\frac{\lambda}{2} \tag{23.3}$$

该式表明每“涌”出或“陷”进一个干涉环，对应于 M_1 被移动的距离为半个波长。若观察到有 Δk 个干涉环的变化，则 M_1 与 M_2' 的距离变化了 Δd，由式(23.3)可得

$$\Delta d=\Delta k\frac{\lambda}{2} \tag{23.4}$$

由此关系式，只要数出了“涌”出或“陷”进的干涉环数目 Δk，测出 M_1 移动的距离 Δd，便可计算出单色光源的波长，即 $\lambda=\dfrac{2\Delta d}{\Delta k}$。

3. 等厚干涉条纹与薄膜厚度的测量原理

当 M_1、M_2' 有微小夹角时，M_1 与 M_2' 之间有一楔形空气膜，用扩展光源照明时，可以用眼睛观察到定域在膜附近的等厚干涉条纹。

下面定量讨论干涉条纹形成原理与性质。如图 23.4 所示，由扩展光源 S 发出的不同光束 1 和 2 经 M_1、M_2' 反射后在 M_1 附近相交，当入射角 i 很小时其光程差为

$$\delta=2d\cos i=2d\left(1-2\sin^2\frac{i}{2}\right)\approx 2d\left(1-\frac{i^2}{2}\right)=2d-di^2 \tag{23.5}$$

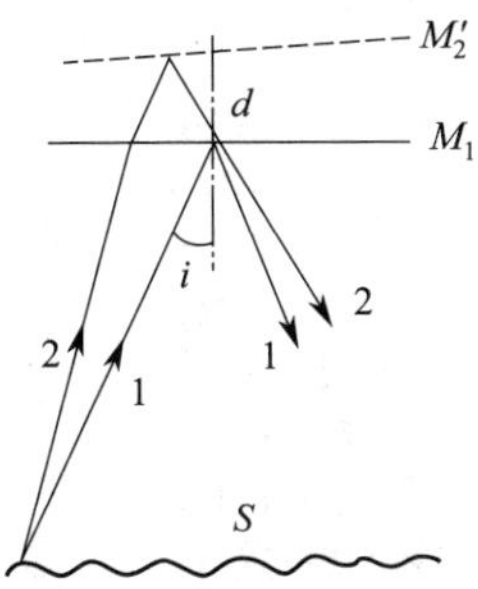

图 23.4　等厚干涉光程差

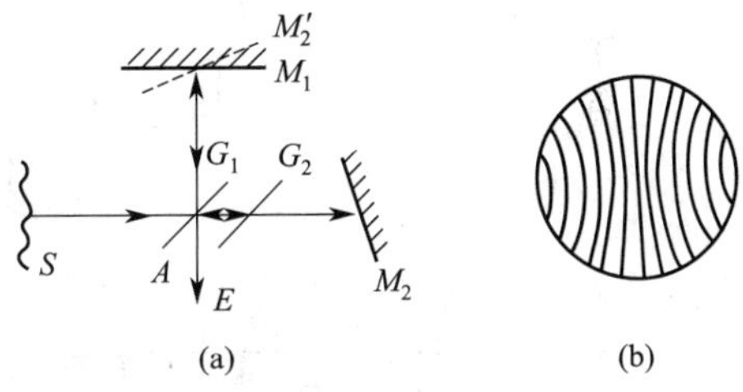

图 23.5　等厚干涉图样

可见，当 i 较小时，di^2 可以忽略，光程差主要取决于空气膜的厚度；在同一厚度 d 的各点，光程差相同，对应同一级干涉条纹，故称之为等厚干涉。

当 M_1、M_2' 相交时，如图 23.5(a)所示，在交线上 $d=0$，所以 $\delta=0$，将交线处出现的条纹称为中央条纹。在中央条纹附近，当 i 很小时，di^2 可以忽略，$\delta\approx 2d$，干涉条纹近似成为平行于中央条纹的等间隔的直条纹。离中央条纹较远处，对应的光程差大，i 也较大，di^2 影响较大，条纹不是严格的等厚线，会发生弯曲，背离中央条纹，离交线越远条纹越弯曲，如图 23.5(b)所示。

当用白光作光源时，各种波长的光产生的干涉条纹相互重叠，只有中央（零级）条纹两

侧看到几条彩色直条纹，明纹和暗纹很明显，离中央条纹较远处，只能看见较弱的黑白相间的弯曲条纹。

利用迈克耳孙干涉仪两束相干光的光路完全分开在两个方向，便于在其光路中放置被研究的物质，观察放置前后光程差变化引起的干涉条纹的移动进行间接测量。例如，放置气体盒测定气体的折射率或放置透明薄片测定薄片的厚度等，下面以薄片的厚度测定为例，测量原理如下：用扩展白光作光源，可以看到等厚干涉的中央（零级）条纹在视场中，将透明薄片放置在一条光路上时，由于光程差的改变，中央（零级）条纹会移出视场，移动 M_1 的位置跟踪中央（零级）条纹，看它朝什么方向移动了多少距离。设薄膜片的厚度为 e，折射率为 n，空气的折射率为 n_0(=1.0003)，则插入薄膜片前、后光程差的变化量为 $\Delta\delta'=2(n-n_0)e$。移动 M_1 的位置调节中央条纹重新回到放置薄片前的位置，此时因 M_1 移动引起的光程差的变化量为 $2n_0d$，则恰好与插入薄膜片引起的光程差相等，即：$2n_0d=2(n-n_0)e$，或写成

$$e=\frac{dn_0}{n-n_0} \tag{23.6}$$

测得 M_1 的移动距离 d，则可计算得薄膜的厚度 e。

【实验内容】

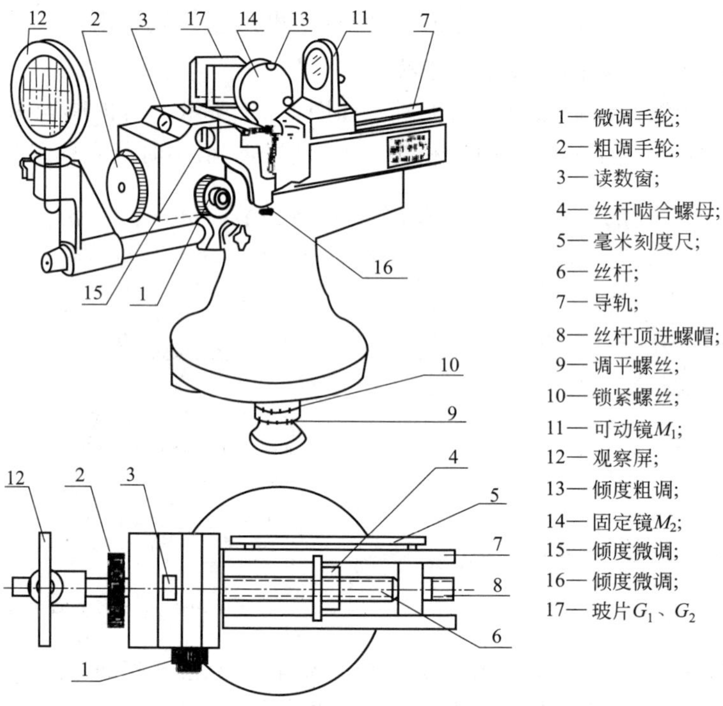

图 23.6 迈克耳孙干涉仪

1. 装置介绍

仪器的干涉系统由分束玻片 G_1，补偿玻片 G_2，平面反射镜 M_1 和 M_2 组成，如图 23.6 所示。M_1 与 M_2 是两块近乎垂直放置的平面反射镜，M_2 的位置是固定的，M_1 由精密丝杆带动在导轨上平移；G_1 与 G_2 是两块相同的厚度均匀的平行平面玻璃板。在 G_1 的后表面上

镀有银或铝的半透半反射膜，使得入射到 G_1 的光线一半反射，一半透射，成为振幅相等的两束光，故称 G_1 为分束玻片。G_2 为补偿玻片，主要起补偿光程的作用。在 M_1、M_2 后有三个可调螺钉，用以调节平面镜的方位。与 M_2 镜架连接的有铅直方向和水平方向两个拉簧微调螺丝，可调节 M_2 与 M_1 之间的相对倾角。安装时，要求 G_1 平行于 G_2，M_1、M_2 与 G_1、G_2 约成 45°夹角。

读数装置由三部分组成：导轨左侧面的主尺，分度为 1mm；粗调手轮 1 为百分度，读数窗 3 显示的读数精度为 10^{-2}mm；微调手轮 2 也为百分度，读数精度 10^{-4}mm，读数时需估读一位到 10^{-5}mm。在同一次测量中，手轮 1 和 2 应单方向旋转，以避免回程误差。

2. 干涉仪和等倾干涉条纹的调节

① 调节 $M_1 \perp M_2$（或 $M_1 // M_2'$）。如图 23.7 所示放置干涉仪。用眼睛观察，调节激光器的方向，使激光束垂直照射 M_2 镜，在 E 处用毛玻璃屏可接收到两组横向分布的小激光斑点，细心调节 M_1 背后三个小螺钉和与 M_2 相连的两个拉簧螺丝，使两组小激光斑点对应重合，此时 M_1 与 M_2 就大致垂直了。

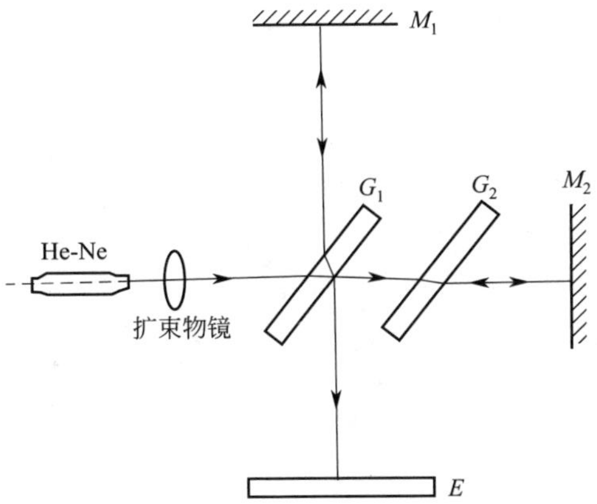

图 23.7 调节 $M_1 \perp M_2$ 时的光路图

② 激光器发出的光束近似平行光，需要在激光器前放置一短焦距扩束镜，如图 23.7 所示，将激光束先会聚成较强的点光源后，再射向 G_1，此时毛玻璃屏放在干涉场内任何地方都可接收到干涉条纹。仔细调节 M_1 背后螺钉和拉簧螺丝，使干涉圆环位于视场中央，这就是等倾非定域干涉条纹。

③ 观察条纹变化：旋转微调手轮 1，移动 M_1 的位置，使 M_1 与 M_2 之间的距离改变，观察干涉圆环的“涌”出和“陷”入。

3. 测量 He-Ne 激光的波长

单向旋转微调手轮 1，将屏上所见的圆形条纹中心调至亮斑或者暗斑，记下此时 M_1 的位置读数 d_1，继续旋转微调手轮 1，同时数出从中心“涌”出或“陷”入的 50～100 个干涉圆环（即 $N=\Delta k$），同时记下此时 M_1 的位置读数 d_2，测 6 次，将 $\Delta d = d_2 - d_1$ 代入式(23.4)计算出激光的波长 $\bar{\lambda}$，并与标准值比较计算相对不确定度。

4. 测透明介质薄片的厚度

旋转微调手轮 1 移动 M_1，使圆纹变粗，当视场中只剩下极少数圆纹时，表明 M_1 与 M_2'之间的距离很小（由于干涉仪中 M_1 和 M_2'的相对位置是看不见的，只能从条纹的形状和变化规律反过来推断）。微调 M_2 的拉簧螺丝，使 M_1 和 M_2'之间构成一个很小的夹角，在屏上可见近似等厚干涉的直条纹。此时换上扩展白光光源，取下毛玻璃屏，直接用眼睛在M_2'附近可看到等厚干涉条纹。继续旋转微调手轮 1，直到在视场中观察到彩色的直条纹为止。彩色条纹的中央（即零级）白（或黑）色条纹就是 M_1 和 M_2'的交线。再旋转微调手轮 1 使零级条纹位于视场中央，以此为准记下 M_1 的位置读数 d_1。在 G_2 与 M_2 之间插入薄云母片，零级条纹会从视场中消失，缓慢旋转微调手轮 1 使零级条纹重新出现在视场中央，记下此时 M_1 的位置读数 d_2。重复测三次，代入式(23.6)计算云母片的厚度 e 。

【注意事项】

① 迈克耳孙干涉仪是精密光学仪器，光学元件全部暴露在外，使用时不得对着仪器说话，元件的光学表面绝对不能用手触摸。

② 调节与测量时用力要适当，特别要注意调节 M_1、M_2 背面的螺钉和拉簧螺丝时要缓慢旋转，用力不能过度，否则轻者使镜面变形，影响测量精度；重者将损伤仪器。

③ 移动 M_1 时，不能超过丝杆行程。要注意蜗轮的离合，以免损伤齿轮。

④ 不要用眼睛直接注视激光。

【思考题】

① 根据迈克耳孙干涉仪的光路，说明各光学元件的作用。

② 如何确定两光束等光程时 M_1 的位置？移动 M_1 镜时，如何判断等效空气层的厚度是在增大（或减小）？

③ 结合你在实验调节过程中出现的现象，总结一下迈克耳孙干涉仪调节的要点及规律。

第四篇　提高、近代及设计性实验

实验 24　光电效应与普朗克常数测定

当一定频率的光波照射在金属表面上，有电子从金属表面逸出的现象称为光电效应，所逸出的电子称为光电子。光电效应是光的经典电磁理论所不能解释的，1905 年爱因斯坦将普朗克关于黑体辐射能量量子化的观点应用于光辐射，提出光量子的概念，成功地解释了光电效应现象。而今光电效应已经广泛地应用于各领域，利用光电效应制成的光电器件（如光电管、光电池、光电倍增管等）已成为生产和科研中不可缺少的器件。本实验利用外光电效应，将一定频率的光照射阴极材料使之发射光电子，通过电场来控制光电子进行研究。

【实验目的】

① 测试光电效应基本特性曲线，进一步加深对光的粒子性的认识；

② 对不同频率光波测量遏止电压 U_S，由 U_S-ν 曲线求出该金属的“红限”频率；

③ 验证爱因斯坦光电效应方程，求普朗克常数 h。

【实验仪器】

GD-ⅢA 型光电效应实验仪。

【实验原理】

爱因斯坦假设光束是由能量为 $h\nu$、速度为 c 的粒子（光子）组成，ν 为光波的频率。当频率为 ν 的光子流照射在金属表面时，光子和金属中的电子相互作用，电子从中获得能量。电子获得的能量取决于光波的频率。仅当 $h\nu$ 大于或等于电子的逸出功 W（电子克服金属表面势能而逸出金属表面所需要的能量）时，电子才能脱离金属表面约的束成为自由电子（即光电子）。设光电子的最大初速度为 $v_{\max}$，根据能量守恒有

$$h\nu=\frac{1}{2}mv_{\max}^2+W \tag{24.1}$$

此式即为爱因斯坦光电效应方程。

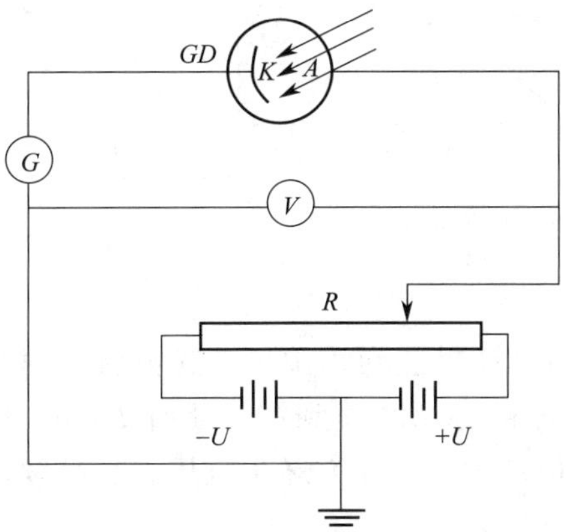

图 24.1　密立根光电效应实验原理图

图 24.1 为密立根光电效应实验的原理图：GD 为光电管；K 为光电管阴极，用一定频率的光照射时，其表面有光电子逸出；A 为光电管阳极，用于接收阴极逸出的光电子；G 为微电流计，用于测量回路中的光电流大小；V 为电压表，用于读取光电管电压值；R 为滑线变阻器，调节 R 可使 A、K 之间获取从 $-U$ 到 $+U$ 连续变化的电压。

1. 光电效应伏安特性

一定频率和强度的光照射在阴极表面时，逸出的光电子其运动方向是任意的，如图24.2所示，其速度介于$0 \sim v_{max}$之间。

通过调节R改变光电管两极间的电压U，则光电子的运动状态会发生变化，下面分图24.2～图24.4三种情况分析讨论。

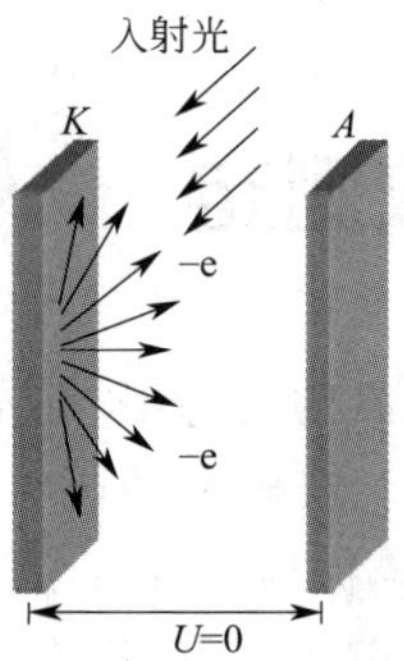

图 24.2　无电场作用

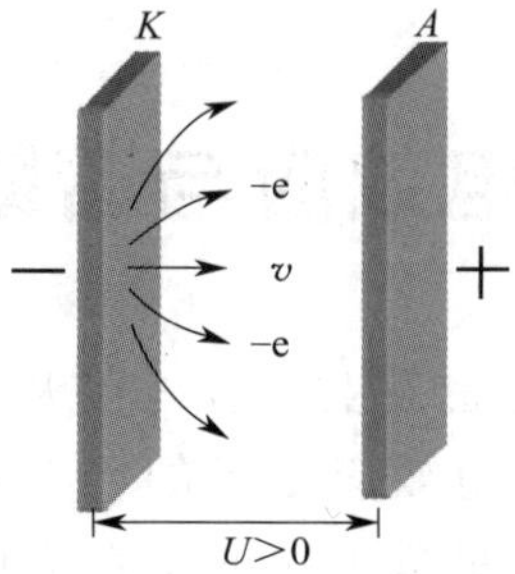

图 24.3　加正向电场

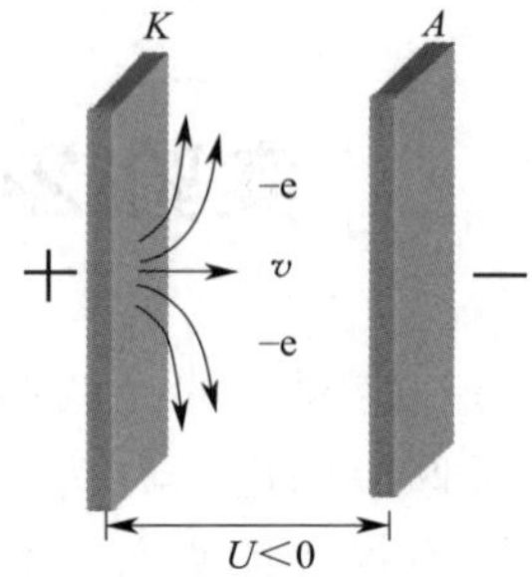

图 24.4　加反向电场

（1）$U=0$时，即无电场作用

光电子以逸出的初速度作自由运动，其中只有部分光电子会到达阳极形成光电流，故$U=0$时$I \neq 0$。

（2）$U>0$时，光电管加正向电场

此时光电子在电场力的作用下加速向阳极运动，如图24.3所示。当U由零增大时，起始阶段光电流I迅速增大。当U增大到一定值后，I缓慢增加，以致最后不再变化而达到恒定值I_{max}，此时I_{max}称为饱和光电流，即所有逸出的光电子全部到达阳极。只要入射光强一定，饱和光电流不随电压的增加而改变。因此，饱和光电流只与入射光的强度有关，且与之成线性关系，如图24.5所示（图中I_M为饱和光电流；P为光强百分比）。

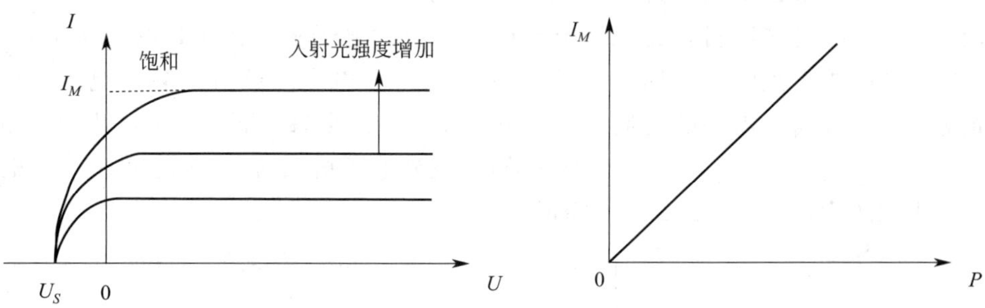

图 24.5　光电效应伏-安特性与光强的关系

（3）$U<0$时，光电管加反向电场

如图24.4所示，光电子在电场力的作用下减速运动，被阻止到达阳极，光电流迅速减小。当反向电压增到某一值U_S时，光电子在到达阳极前被电场减速到零，此时$I=0$，即此时所有光电子均被阻止，光电管处于反向遏止状态，电压值U_S称为遏止电压。若继续增大反向电场，光电流始终为零。

由上述三种情况的分析讨论得到理想状况下的光电效应伏安特性曲线，如图24.6所示。

$I=0$ 时为反向遏止点，而实际的测量中光电效应的反向遏止点并不在 $I=0$ 的地方，对应于反向遏止点的光电流是各种杂散电流的代数和，包括阳极反向电流、暗电流和本底电流。

① 阳极反向电流　由于制造光电管时阳极材料不可避免地被阴极材料所沾染，而且这种沾染在使用的过程中日趋严重，在光的照射下，被沾染的阳极材料也会发射电子，形成阳极电流即反向电流。

② 暗电流和本底电流　光电管没有受到光照射时也会产生电流，称为暗电流，它是由于热电子发射和光电管管壳漏电等原因造成的；本底电流是由于室内各种漫反射的光射入光电管造成的。

图 24.7 为实测伏安特性曲线。U_1 为曲线的抬头点电压（电流上升的起始点，反向电压较大时，电流为一个负的恒定值），U_2 为 $I=0$ 的点，两者均不等于 U_S，在实验中，根据实验仪器的具体情况，选 U_2 为光电管的遏止电压，作光电效应的伏频特性曲线。

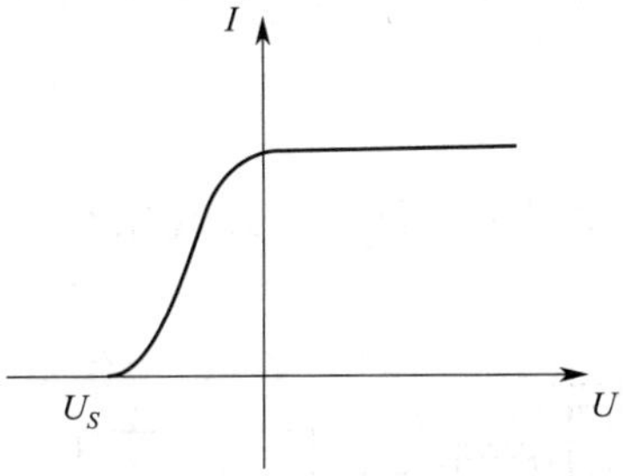

图 24.6　理想伏安特性曲线

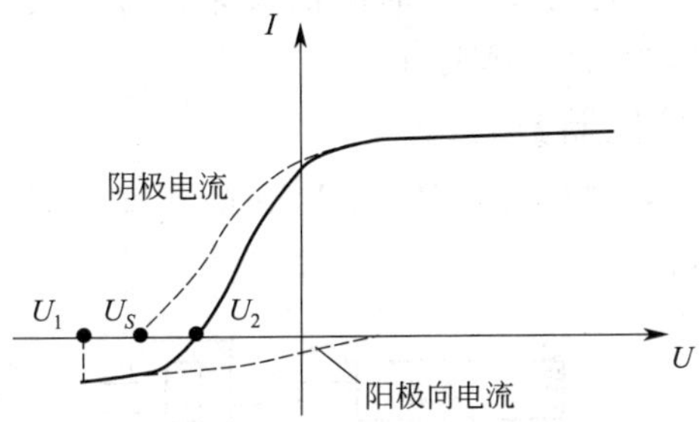

图 24.7　实测伏安特性曲线

2. 光电效应伏频特性研究及普朗克常量测定

由上述的讨论中可知在反向电场作用下，电场力对光电子作负功，使具有最大初动能的光电子在临界情况下到达阳极时速度刚好为零，这时的反向电压为 U_S，则根据功能关系得

$$E_k=\frac{1}{2}mv_{\max}^2=eU_S \tag{24.2}$$

将此式代入式(24.1) 得

$$h\nu=eU_S+W \tag{24.3}$$

即光电子吸收的能量一部分在逸出时被消耗，一部分在电场中受到遏止被消耗。

设入射光频率为 ν_0 时($\nu_0\leqslant\nu$)，逸出的光电子的最大初动能为零，称此刻 ν_0 为阴极材料的红限频率，即能产生光电效应的最低频率，ν_0 与材料有关。即

$$h\nu_0=W \tag{24.4}$$

将此式代入式(24.3)得

$$h\nu=eU_S+h\nu_0 \tag{24.5}$$

经处理得

$$U_S=\frac{h}{e}(\nu-\nu_0)\text{或 }h=\frac{U_S}{\nu-\nu_0}\cdot e \tag{24.6}$$

此式表明遏止电压与频率的关系，如图 24.8 所示，伏频特性曲线为一直线。

由直线的截距可获得材料的红限频率 ν_0 和电子的逸出功 $W=h\nu_0$，由斜率 k 可以求得普朗克常量

$$h=ek \tag{24.7}$$

3. 光电效应的实验规律

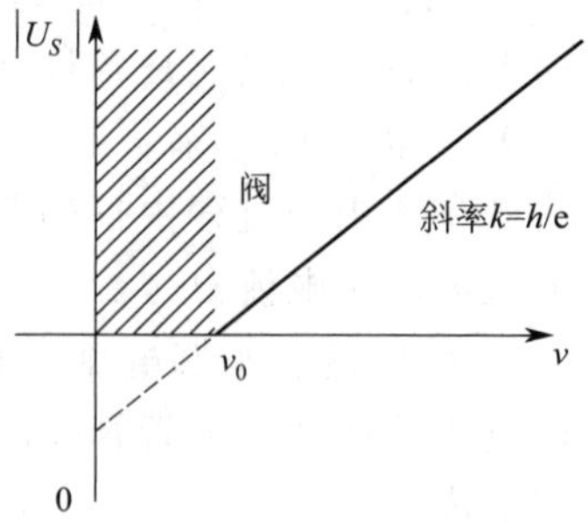

图 24.8 伏频特性曲线图

由以上讨论及实验现象可知光电效应有如下的规律。

① 光电效应与入射光强的关系：饱和光电流与入射光强度成正比；

② 光电子的初动能与频率的关系：光电子的初动能与光强无关，与入射光的频率呈线性关系，即$\frac{1}{2}mv^2=h(\nu-\nu_0)$；

③ 光电效应存在遏止频率：每种金属材料存在一个能产生光电效应的阈频率（遏止频率）ν_0。当入射光的频率小于或等于ν_0时，不论光强多大、照射时间多长，都不会产生光电效应，必须大于遏止频率才会有光电效应；

④ 光电效应与时间的关系：金属材料经光照射，立即逸出光电子，响应时间10^{-9}s，光电效应具有瞬时性。

【实验仪器】

本实验采用GD-ⅢA型光电效应实验（普朗克常数测定）仪，其外观结构如图24.9所示：

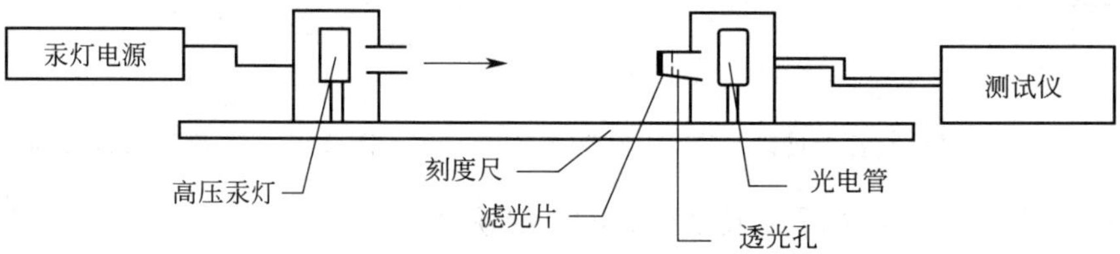

图 24.9 光电效应测试仪结构示意图

① 光电管 阳极为两块镍板，阴极为不透明锑钾铯（Te-K-Se）合金，石英侧窗，光谱响应范围3000～8000Å，峰值波长为3600～4200Å，工作电压20V，阴极灵敏度为10^{-12}Å。

为避免杂散光和外界电磁波对微光电信号的影响，光电管放置在铝质暗箱中，暗箱窗口的内孔为Φ16mm，可放置滤色片和透光孔。

② 光源 GGQ-50WHg型高压汞灯。

③ 滤色片 采用一组宽带通型有色玻璃组合滤色片，本实验使用其中较强的五条谱线（紫外部分：365.0nm，可见光部分：404.7nm、435.8nm、546.1nm、577.0nm）。

④ 透光孔 4种不同直径的透光孔，提供不同的光照强度。

【实验内容】

（1）测试前准备

① 将测试仪及汞灯电源接通，预热15～20min；

② 调节汞灯与光电管所在暗箱间的距离，使两者相距40cm，并保持不变；

③ 连接线路，将仪器上各开关旋钮调到所需位置。

（2）测遏止电压U_S，计算普朗克常数h

① 将“电流量程”选择开关置于Ⅳ（10^{-12}A）档，先将测试仪电流输入电缆断开，调零后再接上；

② 将直径为5mm的透光孔及365.0nm的滤色片装在光电管暗箱的输入口上；

③ 从低到高调节电压，用“零电流法”测量该波长对应的 U_S（$I=0$ 时的电压），将数据记录下来。

④ 依次在暗箱窗口上装上 404.7nm、435.8nm、546.1nm、577.0nm 的滤波片，重复①～③，测出 5 个滤波片的 U_S，将数据分别记录下来。

（3）测量光电效应的伏安特性曲线

① 将“电流量程”选择开关置于Ⅲ（10^{-11}A）档，将测试仪电流输入电缆断开，调零后再接上，测量中，若电流表显示（1---）则表示测得的电流值超过电流表的量程，则更换为Ⅱ（10^{-10}A）档；

② 将直径为 3mm 的透光孔及 435.8nm 的滤色片装在光电管暗箱的输入口上；

③ 从低到高调节电压，根据电流变化快慢合理测量数据，用以绘制 $I \sim U$ 关系曲线；

④ 重复①～③，测出直径为 5mm 的透光孔及 546.1nm 的滤色片的（I，U），同样将数据分别记录下来。

（4）验证饱和光电流和光强关系

① 将“电流量程”选择开关置于Ⅱ（10^{-10}A）档，将测试仪电流输入电缆断开，调零后再接上；

② 当输出电压为最大值时，在同一波长，同一入射距离下，记录透光孔分别为 0mm、3mm、4mm、5mm、6mm 时对应的电流值，将数据记录下来，用以分析 $I_M \sim P$（Φ^2）关系；

③ 当输出电压为最大值时，在同一波长，同一大小的透光孔下，记录光电管与汞灯距离分别 40cm、45cm、50cm、55cm、60cm 时对应的电流值，将数据记录下来，同样用以分析 $I_M \sim P(L)$ 关系。

【数据处理】

① 用坐标纸作出 $|U_S|$-ν 直线。由图求出直线斜率 $k=\dfrac{\Delta|U_S|}{\Delta\nu}$，并代入公式 $h=ek$ 可计算出普朗克常数，并将求出的 h 与公认的 $h_{理}$ 作比较求出相对误差；

② 用坐标纸在同一个坐标系中作出 435.8nm（$\Phi=3$mm）、546.1nm（$\Phi=5$mm）的 I-U_S 关系曲线；

③ 用坐标纸分别作出 I_M-$P(\Phi^2)$ 和 I_M-$P(L)$ 直线，分析光电流与光强的关系。

【注意事项】

① 由于光电流值很小，测试仪灵敏度较高，测量时尽可能回避各种干扰，不能用手触摸导线。

② 测量光电流时，电流超过量程时应及时更换高一挡的量程。

③ 实验过程中不能关闭汞灯。

【思考题】

① 由 U_S-ν 谱特性曲线能否确定阴极材料的逸出功？

② 当加在光电管两端的电压为零时，光电流不为零，这是为什么？

实验 25 激光全息照相

利用光的干涉和衍射原理，将携带物体信息的光波以干涉图样的形式记录下来，并且在一定条件下使其再现，形成原物体逼真的立体像的技术，称为全息术。由于干涉图样记录的是光波的全部信息，包括振幅和位相，因此称这样的工作为全息照相。

【实验目的】

① 了解全息照相的基本原理和主要特点；

② 学习全息照相的实验技术。

【实验仪器】

简易防震台，He-Ne 激光器及电源，快门及定时曝光器，扩束镜，反射镜和分束器，全息干板，被摄物体，暗室及相应洗相设备。

【实验原理】

1. 全息照相

全息照相包括两个过程：一是将来自物体的光波记录下来，叫全息图摄制；二是用一束参考光照明全息底片，重现物光的波阵面，叫作波前再现，整个流程如下：

$$\text{物体}\xrightarrow{\text{全息记录}}\text{全息图}\xrightarrow{\text{全息再现}}\text{物光在现}$$

2. 全息记录（光的干涉）

全息记录即为获得记载着原物信息的干涉图样。为了形成干涉现象，必须有二束相干光参与，一束为由物体发出（反射或透射）的光，称为物光束（记为 O 光束）；另一束为与之相干的光束，称为参考光束（记为 R 光束），R 光束一般采用平面波或球面波。它们分别由下式表示

$$\begin{cases}U_O(x,y)=A_0(x,y)\mathrm{e}^{i\phi_O(x,y)}\\ U_R(x,y)=A_R\mathrm{e}^{i\frac{2\pi}{\lambda}\sin\alpha\cdot y}=A_R\mathrm{e}^{i\phi_R(x,y)}\end{cases}\tag{25.1}$$

当两束相干光在感光界面上相遇（如图 25.1 所示，图中取界面为 $z=0$ 平面）时，则叠加为

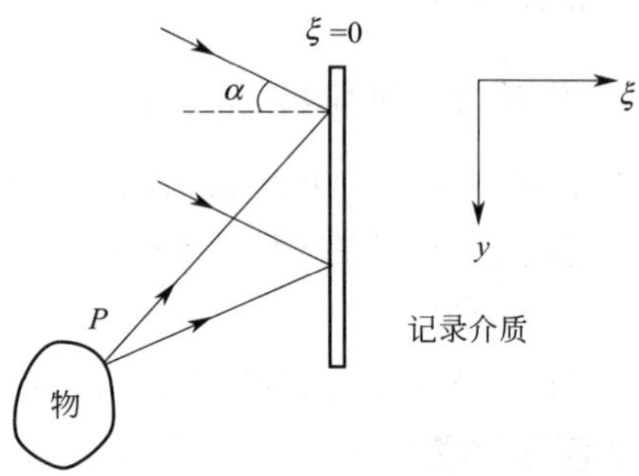

图 25.1 物体的全息记录

$$\widetilde{U}(x,y)=\widetilde{U}_O(x,y)+\widetilde{U}_R(x,y)\tag{25.2}$$

在感光界面处的光强分布为

$$I(x,y)=\widetilde{U}(x,y,t)\cdot\widetilde{U}^*(x,y)\tag{25.3}$$

感光界面上的光强 $I(x,y)$ 可以表示为感光胶片单位时间的曝光量。

将式(25.1)、式(25.2) 代入式(25.3) 中可得

$$\begin{aligned}I(x,y)&=A_R^2+A_O^2+A_RA_O\mathrm{e}^{i(\phi_O-\phi_R)}+A_RA_O\mathrm{e}^{-i(\phi_O-\phi_R)}\\&=A_R^2+A_O^2+2A_RA_O\cos(\phi_O-\phi_R)\end{aligned}\tag{25.4}$$

式(25.4) 右边第一项为物光在界面上的光强分布，第二项为参考光在界面上的光强分布，第三项为物光与参考光在界面上相干图样的数学表达式。由第三项可见，当

$$\phi_O(x,y)-\phi_R(x,y)=2k\pi \quad (k\text{ 为整数})$$

时，为干涉极大值条纹

$$I_{max}(x,y)=[A_O(x,y)+A_R(x,y)]^2$$

当

$$\phi_O(x,y)-\phi_R(x,y)=(2k+1)\pi \quad (k\text{ 为整数})$$

时，为干涉极小值条纹

$$I_{min}(x,y)=[A_O(x,y)-A_R(x,y)]^2$$

按干涉条纹反射度 γ 的定义有

$$\gamma=\frac{I_{max}-I_{min}}{I_{max}+I_{min}}=\frac{2A_RA_O}{A_R^2+A_O^2}=\frac{2\left(\dfrac{A_O}{A_R}\right)}{1+\left(\dfrac{A_O}{A_R}\right)^2} \tag{25.5}$$

当参考光为定值（A_R 为已知）时，干涉条纹的反衬度 γ 反映了物光波振幅 $A_O(x,\ y)$的信息。$\phi_O(x,y)-\phi_R(x,y)=2k\pi$ 描述干涉明条纹的分布与形状，$\phi_O(x,y)-\phi_R(x,y)=(2k+1)\pi$ 描述干涉暗条纹的分布与形状，当把 $\phi_R(x,y)$作为基准（已知）时，则干涉条纹的分布与形状反映了物光波前位相 $\phi_O(x,y)$的分布信息，其中也包括光点源的空间坐标信息，即从物体上各不同点发出的物光到达界面上与参考光发生干涉的图样反映了各物点的空间位置信息。因此干涉图样反映了物光波前的全部信息——振幅 A_O 和位相 ϕ_O。

3. 全息图（全息底片的冲洗）

感光介质（胶片或干板）在曝光（经过相干光的定时光照）之后，经过显影和定影等暗室技术处理，便将所有的特定干涉图样记录下来，成为一张全息图。适当控制曝光量及显影条件，可以使全息图的振幅透过率 $t(x,y)$与曝光量（正比于光强）呈线性关系，即

$$t(x,y)=t_0+\beta I(x,y) \tag{25.6}$$

式中，t_0 和 β 为常数。称这一处理工作为全息底图的线性冲洗。

如此得到的全息图，实为大量正弦光栅的集合，用肉眼直接观察底片，它只是一张灰蒙蒙的片子。

4. 物光波前再现（光的衍射）

用一束与参考光波完全相同（即波长和方向都相同）的平面波照在全息图上，全息图上的正弦光栅将使透射光发生衍射，则在 $z=0$ 平面上由全息图上某一特定正弦光栅决定的透射光的复振幅为

$$\widetilde{U}_t(x,y)=\widetilde{U}_R(x,y)t(x,y) \tag{25.7}$$

将式(25.1)、式(25.6)代入式(25.7)，得

$$\widetilde{U}_t(x,y)=[t_O+\beta(A_O^2+A_R^2)]A_R\mathrm{e}^{i(\phi_R-\omega t)}+\beta A_R^2A_O\mathrm{e}^{i(\phi_O-\omega t)}+\beta A_R^2A_O\mathrm{e}^{i2\phi_R}\mathrm{e}^{-i(\phi_O-\omega t)} \tag{25.8}$$

即全息图上的每一个正弦光栅都将入射的参考光 $\widetilde{U}_R$ 变成三束透射光，它们在 $z=0$ 平面上的波前函数即为式(25.8)中的三项。其中第一项是在参考光 $\widetilde{U}_R(x,\ y)$前面乘上了一个系数 $[t_O+\beta(A_R^2+A_O^2)]$，为衰减了的参考光，称为 0 级衍射。0 级衍射中虽然夹杂着由 A_O^2 引起的“噪声”，但它与物光波的位相无关，故我们对其不感兴趣。

第二项为正弦光栅的 +1 级衍射，它代表原来的物光（由物上 p 点发出的光）在 $z=0$

平面上的波前 $A_0 e^{i\phi_R(x,y)}$ 乘上一个常数系数 βA_R^2。也就是说虽然这时原来物体已不复存在，但在全息图透射空间又重新出现了原来物体发出的光波，仅仅光强发生了改变。

第三项则为－1 级衍射，它包含了物光波的共轭光波 $A_0 e^{-i(\phi_O+\omega t)}$，同时除了强度发生改变($\beta A_R^2$)以外，还多了一个相位因子 $e^{i2\phi_R}$，表示由共轭光波的方向再向其所在一侧转动 $2\phi_R$ 角度。

按照惠更斯原理，因为＋1 级对应的为发散球面波，它的发散中心就是原先物体上 p 点的位置，迎着＋1 级衍射光看去，可以在 p 点原先的地方看到 p 点的虚像。大量光栅的＋1 级发散球面波的发散中心，即构成原先物体的虚像。－1 级衍射波为会聚球面波，是＋1 级波的共轭波。会聚光给出物体的实像，当在－1 级波的会聚中心处放置一个接收屏时，会看到物体的实像。图 25.2 是物光波前再现示意图。

5. 全息照相的特点

① 立体感强。由于全息图记录了物光波的全部信息，所以通过它所看到的虚像是逼真的三维立体图像。如果从不同角度观察全息图，可以看到物体的不同侧面，而且具有视差效果和景深感。

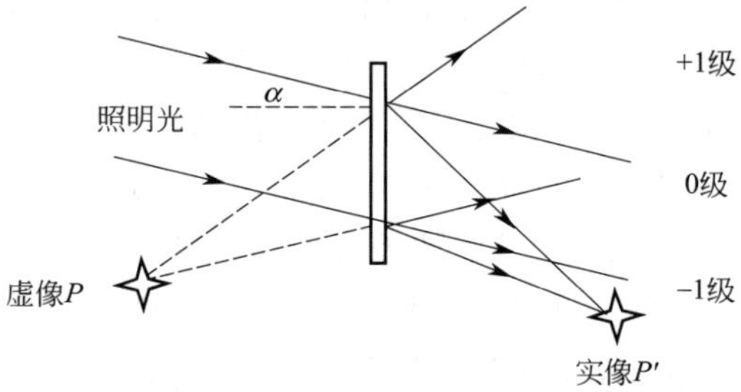

图 25.2 物光波前再现

② 只有底片，无正片与负片之分。底片上图像与物之间不再是点与点之间的对应关系，而是点面对应关系。即每一个物点所发射的光束直接落在记录介质整个平面上。反过来说，全息图中每个局部都包含了物体各点的信息。因而可以用一张全息图的任一碎片实现物光再现。

③ 同一张全息干板上可重叠多个全息图。对不同的物体，采用不同角度的参考光束进行拍摄，则相应的物体再现像就出现在不同的衍射方向上，每一再现像都可做到不受其他再现像的干扰显示出来。

④ 全息图的亮度随入射光强弱而变化，再现光越强，像的亮度越大，反之则暗。

6. 全息照相的条件

为了照好一张全息图，除了采用激光作为光源外，还必须保证下列几个基本条件。

① 保证全息照相所用系统的稳定性。由于全息底片上记录的干涉条纹很细，相当于波长量级，在照相过程中极小的干扰都会引起干涉条件的模糊，甚至使干涉条纹完全无法记录。例如记录过程中若底片移动了 1μm，条纹就会看不清。因此，所有的光学元件都必须用磁性材料或其他方法固定在一个全息台上，这个台又要放在一个隔震系统上，以防止地面振动的干扰。此外，气流通过光路，声波干扰以及温度变化都会引起空气密度的变化，导致光程不稳定，所以曝光时应避免大声喧哗、敲门、吹风等。

② 要用高分辨率的感光底片。普通照相用的底片上的银化合物的颗粒较粗，每毫米只能记录 50 到 100 个条纹，所以不能用来记录全息照相中的细密条纹，全息照相必须用特制的高分辨率感光底片，如天津感光胶片厂生产的 Ⅰ 型全息干板，其极限分辨率为 3000 条/mm。

③ 实验中较常采用的多纵模 He-Ne 激光器，其相干长度约为 20cm。为了保证物光和参考光之间良好的相干性，应尽可能使两光束光程接近。

④ 物光束与参考光束的夹角要适当。为了能在再现时，较清楚地看到原物的像，就要使＋1 级衍射较好地与 0 级和－1 级衍射光束在空间上分开。为此，应尽量加大两光束之间的入射夹角。但是又不能使夹角过大，因为两束光的夹角过大，例如大于 20°时，沿感光板厚度方向又会出现干涉强度分布，使全息图中平面变为立体。因为感光板上的乳胶层有一个厚度 l，当相邻两个干涉面之间的距离 $d \ll l$ 时，就会使全息图具有立体结构，这就是所谓的体积全息图。因此，要想得到较亮的重现像，再现照明光必须以特定角度入射。一般使两束光的入射夹角以 10°～15°为宜。

【实验内容】

本实验主要是训练确保拍摄全息图实验条件的技能，并亲自拍摄一张平面全息底片。

1. 检查防震情况

按图 25.3 调整光路，使两束光夹角 α 尽可能小。移动透镜 D_1 与 D_2，使在 1m 远处的白屏上两束光重合并发生干涉。如能观察到清晰的干涉条纹，则整个体系防震情况符合要求，可以做实验，否则应检查防震情况，直至看清干涉条纹为止。

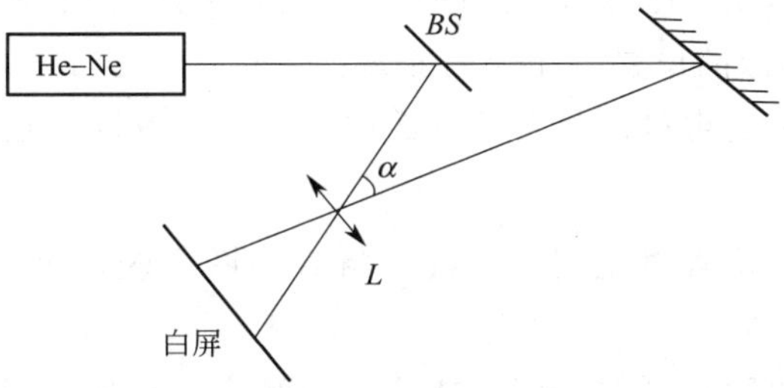

图 25.3 激光全息防震调整光路

2. 按图 25.4 所示布置全息图拍摄光路，并按如下要求对光路进行调整

① 调整激光束等高，可用小孔光栅检查并调节激光器。

② 调节光路中反射镜 M_1 或 M_2 使物光与参考光束等光程。

③ 用一个白屏代替干板固定在干板夹上，使参考光束照在白屏中间，再插入扩束镜，扩束光束中心也照射在白屏中间。挡住参考光束，首先使物光束均匀照明所拍摄的物体，再使物光束的散射光也照射在白屏中间。一定要使参考光与物光束在白屏上很好地重合。

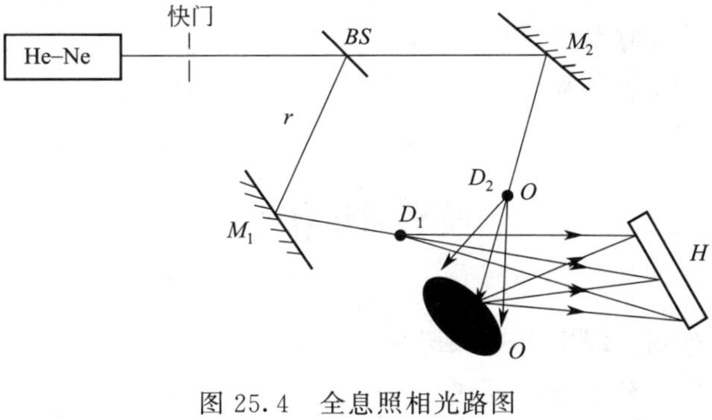

图 25.4 全息照相光路图

3. 记录-拍摄全息图

① 插入曝光定时器的光开关，试一下光开关情况是否正常，然后选择合适的时间。使

光开关处于关闭的位置。

② 干板装固在干板夹上（注意药面朝光束一方）。

③ 稳定工作台（静台）一分钟后，启动曝光定时器。

④ 按照暗室规定将底板显影、定影、水洗、干燥等各项处理。

4. 再现

① 将处理后的干板按原方位装在干板夹上（注意正反面）。

② 移走原物，并挡住物光束。

③ 仅用参考光照射底板。按图25.2分别在+1级和−1级的方向上观察原物虚像与实像，并对情况进行分析。

【注意事项】

① 眼睛不能直接对着激光观察，观察光斑时应将激光束照射在白屏上进行观察。

② 严禁用手触摸光学元件表面。

③ 养成良好习惯，身体不要靠在光学平台上，尤其在拍摄时应远离光学平台。

④ 对于平面全息图来说，如果重现用的照明光的传播方向与参考光的传播方向不同，也能重现虚像和实像，但像的位置有相应的变化。

⑤ 记录全息图的参考光也可以是发散球面波，但要求其应为近轴球面波。

【思考题】

① 再现时必须请老师检查再现图像情况。将观察图像较清晰的角度范围列入报告中并分析原因。

② 根据再现时观察角度范围的限制，能否在一张全息干板上记录几个物体的全息图像？如能请说明如何做。

③ 用激光束将一组物体的正面侧面充分照明然后拍出这一组物体的三维全息图。在观察虚像时，如果前排物体挡住了后排物体的一部分，能否设法将挡着部分看清？普通照片上若发现前排物体挡着后排物体能有办法看清吗？二者比较一下。

④ 三维全息片打碎后，用其中一小块再现观察其虚像，下列哪种说法是正确的？

a. 只能观察原物的一部分。

b. 完全不能再现虚像。

c. 能再现完整的虚像，和没有打碎的全息片再现的虚像无差别。

d. 能再现虚像，但衍射效率降低。

e. 能再现虚像但分辨率降低。

【附录】

暗室操作过程

（1）暗室条件

① 无自然亮光，有红、绿安全灯供选择。

② 小房分割，每小房有水电，可独立操作。

③ 温度控制在15～25℃。

（2）干板处理过程

① 显影，显影液中显影约2～3min，并不停地搅动。显影时间与干板曝光量有关，也

与显影液使用时间有关。所以在显影过程中应注意干板黑度变化，黑度适中为止。显影过程中可以将干板拿出显影液观察。但要注意当干板有一定黑度后，拿出显影液后先到清水中清洗以暂停显影。如黑度不够黑，可以放回显影中继续显影。

② 停影，干板显影后，立即放入清水中漂洗，使干板停止显影，使干板上显影液被清洗掉。

③ 定影，干板在定影液中定影约 1min 即可。对于需长期保存的干板，定影时间应超过 10min。

④ 清洗，定影后的干板在水中清洗 5～10min，且应在流水中清洗。

⑤ 干燥，清洗后的干板应竖起放置直至干板上不含水分为止。教学实验中以采用一定措施快速干燥：先用擦镜纸将干板上的水吸干（注意：绝对不能在干板上擦抹），然后，用吹风机冷风吹干。

实验 26　用纵向磁聚焦法测定电子荷质比

带电粒子的电量与质量的比值称为荷质比，是带电微观粒子的基本参量之一。荷质比的测定在近代物理学的发展中具有重大意义，是研究物质结构的基础。1897 年，汤姆逊 (J. J. Thomson) 正是在对“阴极射线”粒子荷质比的测定中，首先发现电子的。测定荷质比的方法有很多，汤姆逊用的是磁偏转法，而本实验采用的是磁聚焦法。

【实验目的】

① 了解磁聚焦原理；

② 测定电子的荷质比。

【实验仪器】

YB1730B 2A 直流稳压电源，EM-Ⅱ型电子荷质比测定仪。

【实验原理】

如图 26.1 所示电子荷质比测定仪中的示波管内部结构示意图。

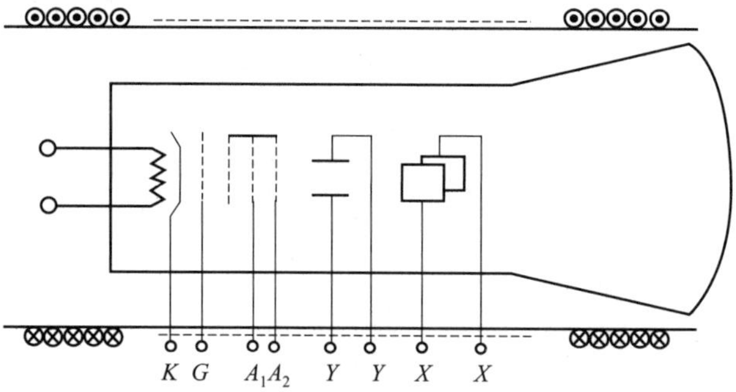

图 26.1　示波管示意图

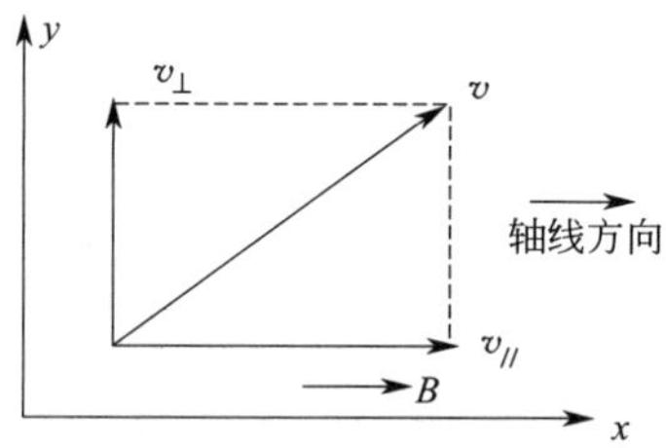

图 26.2　电子运动速度分解图

图 26.1 中 K 为阴极；G 为栅极；A_1、A_2 为加速阳极；Y 为竖直偏转电场；X 为水平偏转电场

由阴极发射的电子在阳极加速电场的作用下获得的水平运动速度 v 满足功能关系

$$\frac{1}{2}mv^2 = eU \tag{26.1}$$

即

$$v=\sqrt{\frac{2eU}{m}} \tag{26.2}$$

当螺线管的励磁电流为零时（即无磁场），电子离开加速电场后以匀速运动到达荧光屏上。当励磁电流不为零时，速度为 v 电子将在磁场中运动，在离开第二阳极 A_2 后将受到洛伦兹力的作用。设电子运动方向与磁场方向有一个夹角 θ，此时电子所受洛伦兹力为

$$F=-ev\times B \tag{26.3}$$

即

$$F=-evB\sin\theta \tag{26.4}$$

将电子的运动速度分解为两个分量，一个是平行于螺线管轴线方向的分量 $v_{//}$，另一个为垂直于螺线管轴线方向的分量 $v_{\perp}$，如图 26.2 所示。显然，在水平方向上，电子不受任

何力的作用，以 $v_{//}$ 做匀速直线运动。在垂直于螺线管轴线方向上，电子将受洛伦兹力作用做匀速圆周运动。两运动的合成则为一螺旋运动，其运动轨迹为一螺旋线，如图 26.3 所示。

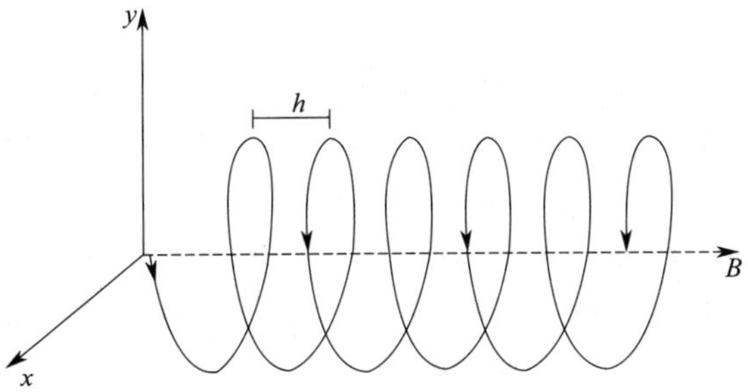

图 26.3　电子螺旋运动示意图

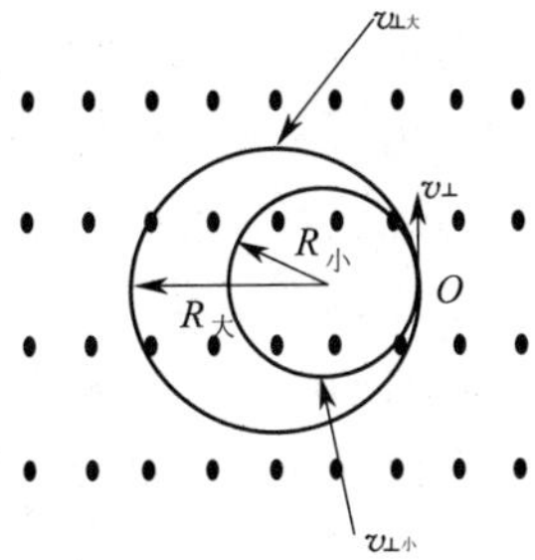

图 26.4　电子圆周运动示意图

电子所受到的洛伦兹力提供其圆周运动的向心力，其圆周运动半径 R、F 及 B、$v_{\perp}$ 之间关系为

$$F=\mathrm{e}v_{\perp}B=\frac{mv_{\perp}^{2}}{R}$$

解得

$$R=\frac{v_{\perp}}{\frac{\mathrm{e}}{m}B} \tag{26.5}$$

由式(26.5)可以看出，$v_{\perp}$ 不同时，电子圆周运动的半径不一样。由 O 点发射的电子将不同以不同的半径作螺旋运动，如图 26.4 所示（沿磁场逆向观察）。将式(26.5)代入圆周运动周期公式得

$$T=\frac{2\pi R}{v_{\perp}}=\frac{2\pi}{\frac{\mathrm{e}}{m}B} \tag{26.6}$$

表明电子圆周运动周期 T 仅与 B 有关，而与 $v_{\perp}$ 无关，即在同一磁场中运动的电子周期相同。显然，从同一点 o 同时出发的电子作圆周运动时，它们经历相同时间（即若干个周期 T）后会回到同一起点，如图 26.4 所示。

电子是经过相同的纵向加速电场 U 加速的，由式（26.2）可知它们获得的水平方向速度 $v_{//}$ 相等，故在运动的任意时刻它们的水平位置是一致的，即始终位于垂直磁场方向的同一平面内。则不难想象出从同一点出发的不同电子的运动轨迹为互相嵌套在一起的螺旋，螺旋的半径正比于 $v_{\perp}$，如图 26.5 所示。图 26.5 是电子螺旋轨迹在垂直于轴向上的投影示意图。

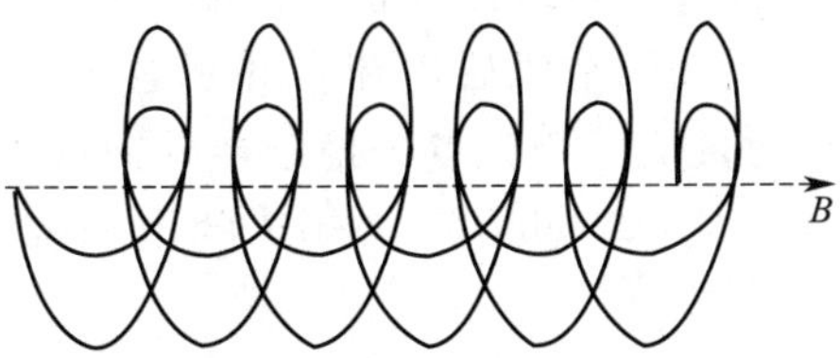

图 26.5　电子螺旋运动轨迹嵌套示意图

将电子一个周期内的水平位移定义为螺距，用 h 表示，如图 26.3 所示，则

$$h = v_{//} T = \frac{2\pi}{\frac{e}{m} B} v_{//} \tag{26.7}$$

显然，所有电子的运动螺距均相等。

综上可知，电子在经历时间 $t = nT$（$n = 1、2、3、\cdots$）后都会回到同一点（等效于螺旋运动起点），这些会聚点距出发点的水平位距离为 $d = nh$（$n = 1、2、3、\cdots$），这个过程称为磁聚焦，上述即为磁聚焦原理。

用 H 表示加速电场第二阳极的右端与荧光屏的距离。通过调节螺线管励磁电流或加速电场，使电子束经历 n 个螺旋运动后聚焦于荧光屏上，则有 $H = nh$（$n = 1、2、3、\cdots$），将此关系及式(26.2)代入式(26.7)得

$$\frac{e}{m} = \frac{8\pi^2 n^2 U}{H^2 B^2} \tag{26.8}$$

螺线管内磁感应强度的计算公式为

$$B = \frac{\mu_0 NI}{\sqrt{L^2 + D^2}}$$

式中，$\mu_0 = 4\pi \times 10^{-7}\,\mathrm{H/m}$；$N$ 为螺线管的总匝数；L、D 为螺线管的长度和直径，将 B 代入式(26.8)得

$$\frac{e}{m} = \frac{8\pi^2 n^2 (L^2 + D^2)}{(\mu_0 NH)^2} \times \frac{U}{I^2} = \frac{n^2 (L^2 + D^2)}{2 \times 10^{-14} N^2 H^2} \times \frac{U}{I^2} \tag{26.9}$$

实验中可以采用两种调节方法测量电子荷质比：固定加速电压调励磁电流或固定励磁电流调加速电压，本实验使用前一种方法。由式(26.7)可知，当 U 不变，I 由零逐渐增大时，B 也由零增大，则螺距 h 为由大变小，电子束由无穷远聚焦变为有限距离聚焦。当荧光屏上第一次出现聚焦点时（此时 $n = 1$，$H = h$），将此时加速电压和励磁电流值代入式(26.9)即可求得电子荷质比。此时荷质比计算式简化为

$$\frac{e}{m} = \frac{(L^2 + D^2)}{2 \times 10^{-14} N^2 H^2} \times \frac{U}{I^2} \tag{26.10}$$

当继续增大励磁电流时，荧光屏上会出现连续聚焦，记下连续两次聚焦的励磁电流值，也能求得荷质比。第二种方法也是用连续聚焦的方法进行测量的，只不过计算公式要发生变化，请读者自行推导。

【实验内容】

① 接通电子荷质比测定仪的电源，预热3min，调节加速电压旋钮至750V左右（仪器不同，电压可不相同）。

② 调节聚焦和亮度，使光点聚焦到最佳状态，亮度不宜太亮。

③ 接通螺线管电源，由小到大调节励磁电流，并观察荧光屏上的光斑，随着电流的增大一面旋转，一面缩小，直到会聚成一个光点。稳定半分钟后再正式读数。

④ 依次测出750V、800V、850V、900V、950V的电压和电流值，将电压表和电流表的读数 $+I$ 记入数据表中。

⑤ 将螺线管励磁电流调回到零，并将稳压电源输出端两接线对换，即励磁电流反向，由小到大调节励磁电流。屏上反向旋转再次会聚成一点。依次测出750V、800V、850V、900V、950V、1000V时，将电压表和电流表读数 $-I$ 记入表26.1中。

表 26.1 磁聚焦 *U-I* 关系表

U/V	750	800	850	900	950	1000
$+I$/A						
$-I$/A						
$\bar{I}$/A						
$U/\bar{I}^2$						
e/m/(C/kg)						
$\overline{e/m}$						

【数据处理】

按式（26.10）计算 e/m 值，公式中取 $H=0.145\text{m}$，将测量值与理论值（理论值为 $1.7588\times10^{11}\text{C/kg}$）比较。

【注意事项】

① 由于示波管电源电压高达 1000V，操作者应特别注意安全。

②调节聚焦时观察光点会聚到最佳状态，但亮点不宜太亮，以免难以判断是否聚焦最好。

③调节亮度之后，高压会有变化，因此再次调节高压细调，使高压指到需要的位置。

④实验完毕，关掉电源，不要立即拆除线路，要等到电容器放电完毕（约 5min）之后，再拆除线路。

【思考题】

① 未加偏转电压时，如果将电子束和励磁螺线管内 B 的方向调到与地磁场方向平行（或反平行），试说明地磁场的存在不影响 e/m 的测量值。

② 励磁螺线管内的电流反向后再逐渐增大，荧光屏上的亮线是否反向偏转？为什么？

实验 27　弗兰克-赫兹实验

20 世纪初，在原子光谱的研究中确定了原子能级的存在。原子光谱中的每根谱线都是原子从某个较高能级向较低能级跃迁时的辐射形成的。原子能级的存在，除了可由光谱研究证实外，还可利用慢电子轰击稀薄气体原子的方法来证明。弗兰克和赫兹两位德国实验物理学家采用微电流测量技术，用简便的伏安法测量特别设计的电子器件——弗兰克-赫兹管的非线性伏安特性，研究了电子与原子碰撞前后电子能量改变的情况，测定了汞原子的第一激发电位，从而证明了丹麦物理学家玻尔提出的原子具有能级结构的量子理论，同时结合光谱测量技术验证了频率定则，成为玻尔理论的一个重要实验依据。弗兰克和赫兹因其这一项工作获得了 1925 年底的诺贝尔物理学奖。

【实验目的】

① 加深对测量电子元器件伏安特性实验方法的了解；

② 了解弗兰克-赫兹管的设计思想和基本的实验方法；

③ 通过测定原子的第一激发态电位，验证原子能级的存在。

【实验仪器】

FD-FH-Ⅰ型弗兰克-赫兹实验仪，示波器。

【实验原理】

1. 玻尔原子量子理论

玻尔原子量子理论包括如下几个要点。

① 原子只能处在一些量值确定的能量状态，简称定态。各定态的能量之间均有一定的间隔。各定态能量的顺序排列，称为原子的能级。能量最低的定态，称为基态，其他定态称为激发态。处于基态的原子是最稳定的，而激发态则是不稳定的。

② 原子的能量状态只能在定态之间发生变化，变化时其能量改变总是与一个确定电磁波频率 ν 对应的能量子相联系。即当原子从定态 i 变到定态 j 时，其能量改变 ΔE 为

$$\Delta E=|E_j-E_i|=h\nu \tag{27.1}$$

式中，$h=6.63\times10^{-34}$ J·S，称为普朗克常数。

原子状态在其定态之间的变化过程叫作跃迁。

当 $E_j<E_i$ 时，原子跃迁是从高能态变为低能态，原子要向外界放出量值为 $h\nu$ 的能量；当 $E_j>E_i$ 时，原子跃迁是从低能态跃迁到高能态，实现此跃迁过程的方式有两种：一种是通过吸收确定频率 ν 的电磁辐射，此时跃迁前后两个能级间的能量差为 $\Delta E=h\nu$；另一种是通过使具有一定能量的电子和原子碰撞，此时要求电子的动能

$$E_k=\frac{1}{2}mv^2\geqslant\Delta E=E_j-E_i \tag{27.2}$$

而原子从电子上只吸收 $\Delta E=E_j-E_i$ 的能量。

一般情况下，原子都处在稳定的基态。当原子吸收了外界能量之后，将跃迁到激发态。激发态是不稳定的，处于激发态的原子会很快地跃迁到稳定的基态，同时放出频率为 ν 的电磁波（能量为 $h\nu$），称此为原子的自发跃迁（辐射）。

2. 弗兰克-赫兹管的伏安特性

（1）弗兰克-赫兹管（简称 F-H 管）的伏安特性

图 27.1 是弗兰克实验的原理图，图中弗兰克-赫兹管（F-H 管）一般为独立部件，单独放置。电源组通常与控制系统做在一个机箱内，组成具有调节、控制、测试功能的实验仪。二者通过导线相互连接。

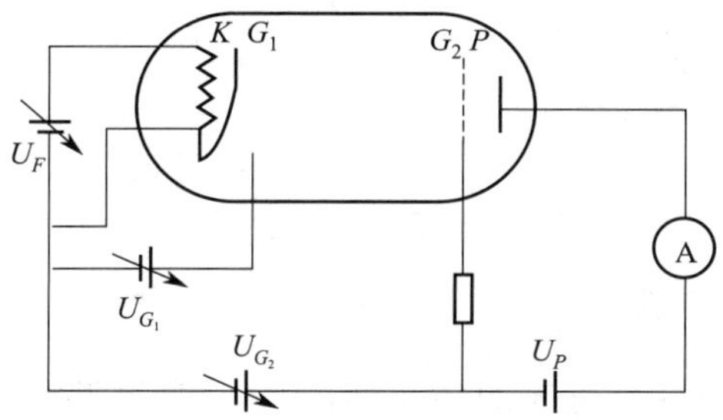

图 27.1 弗兰克实验的原理图

弗兰克-赫兹管内有四个电极：P 为阳极，又称板极；G_1 和 G_2 分别为第一、第二栅极；K 为阴极。工作时，在 G_1 和 K 之间加电压 U_{G_1}，G_1 上的电压为正，称为第一栅压；在 G_2 和 K 之间加电压 U_{G_2}，G_2 上的电压为正，称为第二栅压，$U_{G_2}>U_{G_1}$；在 P 和 G_2 之间加电压 U_{PG_2}，G_2 上的电压为正，称为拒斥电压；U_F 为灯丝电压。U_F 的作用是给阴极 K 加热，使其发射热电子；U_{G_2} 的作用是防止因阴极 K 表面附近积累电子而产生势垒，以提高发射效率；U_{G_2} 是在 G_2 与 K 之间建立一个加速电场，为从 K 上发射出的电子加速。测量时，U_{G_2} 要连续变化，故又称扫描电压；U_{PG_2} 的电场与 U_{G_2} 电场方向相反，用来使穿过 G_2 的电子减速，故称为拒斥电压。

弗兰克-赫兹管不同于一般的真空管，其内不是真空，而是存有一定压强的稀薄气体，称为工作气体。工作气体可以是 He、Ne、Ar 等惰性气体，也可以是汞蒸气。使用惰性气体时，在制作管子的过程中，已将一定量的气体充入管内，其气压一定。使用汞蒸气为工作物质时，则在制作管子时，在管子底部放入足够量的液态汞，在管子外部配上加热器。使用时，给管子加热，使液态汞蒸发，在管内产生达到饱和蒸气压的汞蒸气。充有惰性气体的管子在使用时不需要加热。弗兰克-赫兹最初做实验用的是汞管，充汞的弗兰克-赫兹管的实验现象丰富，不仅可以测第一激发态的电位，还可以测更高激发态的电位，甚至电离态的电位。还可以用来研究不同气体密度对曲线的影响，实验训练效果更好，但汞管的寿命较短，故目前实验中较多采用充 Ar 管，Ar 管中的气压一般适用于测原子的第一激发态电位。

在调节好各栅极电压和灯丝电压后，让 U_{G_2} 连续改变测得的 F-H 管伏安特性如图 27.2 所示。因为纵坐标电流值一般为微安级，故需用微电流放大器进行测量。另外，实验关心的只是各个电压下电流的相对值，故图 27.2 中纵坐标是用曲线在示波器上经一定 Y 增益后的位置坐标来标明的。

（2）F-H 管伏安特性的物理机制

从图 27.2 可以看到电流 I_P 具有明显的周期性，即曲线的相邻峰与峰或谷与谷之间的电压间隔几乎是相同的，实质上 F-H 管电流的周期性来源于电子与原子间的碰撞，现解释如下。

由阴极 K 发射出的热电子，在第二栅极电压 U_{G_2} 的作用下，由 K 飞向 G_2 附近，速度达到最大。对于初速度为零的电子，设其在飞行过程中没有与原子发生碰撞，则当其到达 G_2 时所获得的最大速度 v_0 与 U_{G_2} 的关系为

$$\frac{1}{2}mv_0^2=eU_{G_2} \tag{27.3}$$

由于阴极 K 发射的热电子，其初速度的大小和方向都不尽相同，但沿 KG_2 方向的速度分量

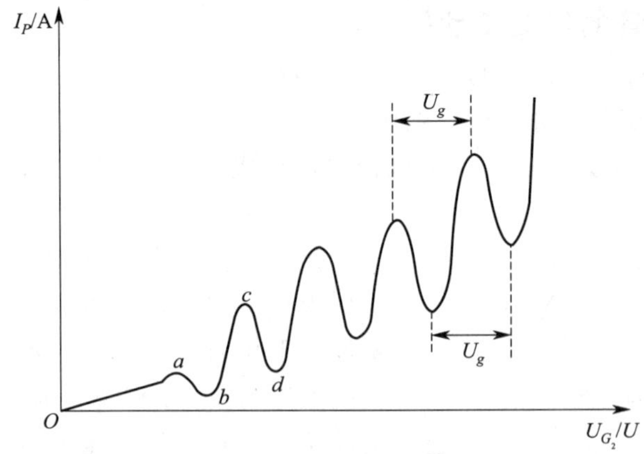

图 27.2 F-H 管伏安特性曲线

都大于或等于零，因而对于飞行过程中电子不与原子发生碰撞的理想情况，v_0 是这些最大速度中的最小值。然而实际情况是会有许多飞行电子在飞行过程中与原子发生碰撞，因而会使其沿 KG_2 方向的速度减小。综上分析，从阴极 K 发射的热电子，在加速电压 U_{G_2} 的作用下，到达 G_2 附近时，其获得的速度是有一定涨落的（动能也如此），即速度具有统计性。

当从零开始逐渐升高第二栅压 U_{G_2} 时，在起始阶段，因 U_{G_2} 较低，到达并穿过 G_2 的电子中，即使速度（能量）最大的电子，也因拒斥电压 U_{PG_2} 的阻滞作用而飞不到板极 P，因而板极电流为零。当 U_{G_2} 的值增大时便会使一些电子的能量（速度）大到可以克服拒斥电压 U_{PG_2} 的静电场的作用而到达板极 P，从而形成板极电流 I_P；继续加高 U_{G_2}，会有更多的加速电子穿过第二栅极 G_2 而到达板极 P，因此表现为板极电流 I_P 随加速电压 U_{G_2} 增高而增大的现象。这是实验曲线第一峰的上升阶段，在此阶段内电子与气体原子间发生的碰撞本质上属于弹性碰撞。由于气体很稀薄，发生正面碰撞的概率较低，故电子沿 KG_2 方向速度降低并不明显，因而减速影响小于加速的影响。

当 U_{G_2} 增大到某一特征电压 U_g 时，会使到达 G_2 附近的电子中一些速度较大的电子的动能 $E_K \geqslant eU_g$，而 U_g 为气体的第一激发态 E_1 与基态 E_0 之间的电势差，即有

$$eU_g = E_1 - E_0 \tag{27.4}$$

这时，这些电子将与原子发生非弹性碰撞，原子从电子上吸收从基态跃迁到第一激发态所需的能量 $\Delta E = eU_g$，使电子或者根本就不能穿过 G_2，或者即使能穿过 G_2，余下的能量也不足以克服拒斥场的静电作用到达板极。因而使板极电流 I_P 开始下降。U_{G_2} 继续增高，在 G_2 附近与原子发生非弹性碰撞的电子数增多，因而能穿过 G_2 到达 P 的电子数继续减少，使 I_P 随 U_{G_2} 的增大而减小。这就是曲线第一峰的下降阶段。

继续增大加速电压 U_{G_2}，有些电子在尚未到达 G_2 之前就因具有的能量大于 eU_g 而与原子发生非弹性碰撞，随后再从较小的速度开始继续被电压 U_{G_2} 加速。当 U_{G_2} 增大到一定值时，电子与原子发生非弹性碰撞之后，还能在到达 G_2 之前被加速到足够的能量，使之可以穿过 G_2 克服拒斥场的阻力而达到板极 P，这时 I_P 又会增大，随着 U_{G_2} 继续增大，这样的电子不断增加，因此表现为 I_P 又随 U_{G_2} 的增大而增大。当 U_{G_2} 达到足以使这样的电子到达 G_2 附近，因被加速而获得的动能 E_k 又达到了 eU_g，于是又与 G_2 附近的原子发生第二次非弹性碰撞，相应地 I_P 又开始下降，这便形成了曲线的第二个峰。按同样的物理机制，随着 U_{G_2} 的不断加大，电子会在 G_2 附近与原子发生第三次、第四次，……非弹性碰撞，从而形

成图 27.2 所示的实验曲线。I_P 峰值有一定的宽度，是由于从阴极发射的电子的速度服从一定的统计分布规律。

3. 玻尔原理的实验验证

综上分析，实验曲线相邻峰与峰（或谷与谷，第一个峰除外）之间对应的加速电压 U_g 正是 F-H 管中工作气体的第一激发态到基态之间的电位差。原子从电子上吸收了能量 eU_g，从基态跃迁到第一激发态，处于激发态的原子是不稳定的，会因自发跃迁而回到基态，将能量 eU_g 以电磁辐射的形式放出，辐射的频率为 ν。按照玻尔的理论，应有 $h\nu = eU_g$。弗兰克与赫兹最初做实验用的工作气体为汞蒸气，测得 $eU_g = 4.9\text{V}$，由此算出汞原子由第一激发态跃迁到基态放出光的波长应为

$$\lambda = \frac{hc}{eU_g} = \frac{3.63 \times 10^{-34} \times 3.00 \times 10^{8}}{4.9 \times 1.6 \times 10^{-19}} = 2.5 \times 10^{-7}(\text{m}) \tag{27.5}$$

从光谱学实验中观测到，汞原子的这个光谱线的波长是 $2.537 \times 10^{-7}\text{m}$，与弗兰克-赫兹实验的测量结果相符合。

4. 弗兰克-赫兹实验曲线其他特征的成因

实际的弗兰克-赫兹管的阴极和栅极往往是用不同的金属材料制成的，因此会产生接触电势差。接触电势差的存在使真正加到电子上的加速电压不等于 U_{G_2}，而是 U_{G_2} 与接触电势差代数和。这将影响弗兰克-赫兹实验曲线第一个峰的位置，使它左移或右移。实验开始时，阴极 K 附近积聚较多的电子，这些空间电荷使从 K 发出的电子受到阻滞而不能全部参与导电，随着 U_{G_2} 的增大，空间电荷逐渐被驱散，参与导电的电子逐渐增多，所以弗兰克-赫兹实验曲线的各个峰位总是呈上升趋势。板极电流不降到零，主要是由于电子与原子碰撞有一定的概率造成的。因为管内气体稀薄，在 K 与 G_2 之间，总有一些电子没有与原子发生碰撞，直接通过 G_2 而达到 A，形成板流。

【实验内容】

1. 用示波器观察 I_P-U_{G_2} 曲线

① 调节示波器（示波器的调试方法参照实验 3），使 CH1 和 CH2 通道的 Y 偏转因数分别为 1V/Div 和 2V/Div；

② 将主机面板上的“U_{G_2K} 输出”和“I_P 输出”连接示波器的 CH1 和 CH2，打开电源开关；

③ 把扫描开关调节至“自动”挡，扫描速度开关调节至“快速”，I_P 电流增益波段开关调节至“10nA”；

④ 将 I_P 调节至最大，U_F、U_{G_1}、U_P 电压调节至主机上部标定数值，此时可在示波器面板上观察到稳定的 I_P-U_{G_2} 曲线。

2. 手动测量 I_P-U_{G_2} 曲线

① 扫描开关打向“手动”挡，将 U_{G_2} 调节至最小，然后逐渐增大，寻找 I_P 值的极大和极小值对应的点以及相应的 U_{G_2} 的值，即找出对应的极值点（U_{G_2}，I_P），也就是 I_P-U_{G_2} 关系曲线中波峰和波谷对应的位置，相邻波峰或波谷的横坐标之差就是 Ar 的第一激发电位。

② 每隔 1V 记录一组数据，列出表格，并用坐标纸绘制出 I_P-U_{G_2} 曲线图。

③ 改变灯丝电压、第一阳极或拒斥电压，重复步骤①和②，观察实验曲线的变化，分析原因。

【数据处理】

① 用示波器观察 I_P-U_{G_2} 曲线，并将观察到的曲线在坐标纸上绘出；

② 解释由于改变灯丝电压引起 I_P-U_{G_2} 曲线变化的原因；

③ 用坐标纸描绘出手动测量结果的 I_P-U_{G_2} 曲线，并求出所有相邻峰（或谷）对应的 U_{G_2} 之差，取平均值，给出 U_g 值。

【注意事项】

① F-H 管顶上的烧结处，要避免碰撞或用力，以免破损使管子漏气。

② 灯丝电压不宜超过标准值 6.3V 的±10%，电压过高，阴极发射能力过强，管子易老化；过低会使阴极中毒，都会损坏管子。

③ 调节 U_F 和 U_{G_2} 时应注意，U_F 和 U_{G_2} 过大会导致管子电离，此时管内的电流会增大直至烧毁管子，所以一旦发现 I_P 出现负值或正值超过 10μA，应迅速关机，待仪器冷却一段时间后再重新开机。

实验 28 磁悬浮导轨实验

磁悬浮是利用悬浮磁力使物体处于一个无摩擦、无接触悬浮的平衡状态。目前应用成型的有三种，它们是超导磁悬浮、常导电磁悬浮、永磁悬浮。其中永磁悬浮技术是通过永磁体与永磁体或导磁介质之间的排斥和吸引力实现悬浮功能，所以能达到悬浮低耗能的特点。我们这里所采用的实验仪器就是利用永磁技术将滑块悬浮进行动力学实验，是一个将磁悬浮机理和动力学相结合的实验项目。

【实验目的】

① 了解磁悬浮的物理思想和永磁悬浮技术；

② 测量重力加速度 g，并学习消减系统误差的方法；

③ 学习用作图法处理实验数据，掌握匀变速直线运动规律。

【实验仪器】

磁悬浮导轨，磁悬浮滑块（2 个），光电门（2 个），DHSY-1 型磁悬浮导轨实验智能测试仪，水平仪。

【实验原理】

1. 磁悬浮原理

磁悬浮实验装置如图 28.1 所示。

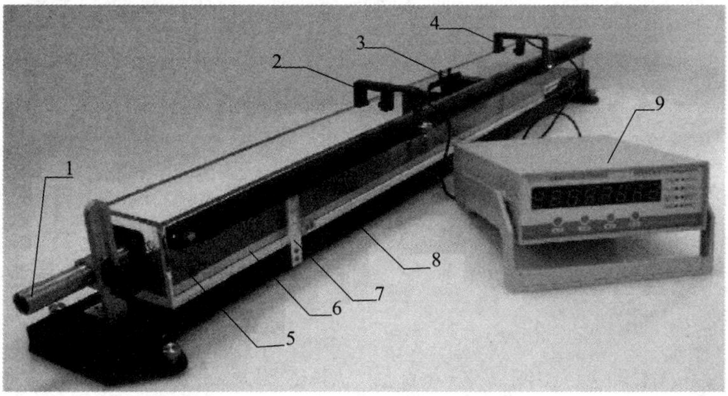

图 28.1 磁悬浮实验装置

1—手柄；2—光电门Ⅰ；3—磁浮滑块；4—光电门Ⅱ；
5—导轨；6—标尺；7—角度尺；8—基板；9—计时器

磁悬浮导轨实际上是一个槽轨，长约 1.2m，在槽轨底部中心轴线嵌入钕铁硼 NdFeB 磁钢，在其上方的滑块底部也嵌入磁钢，形成两组带状磁场。由于磁场极性相反，上下之间产生斥力，滑块处于非平衡状态（如图 28.2）。为使滑块悬浮在导轨上运行，采用了槽轨。并在导轨的基板上安装了带有角度刻度的标尺，可根据实验要求，把导轨设置成不同角度的斜面。

2. 匀变速直线运动

如图 28.3 所示，沿光滑斜面下滑的物体，在忽略空气阻力的情况下，可视作匀变速直

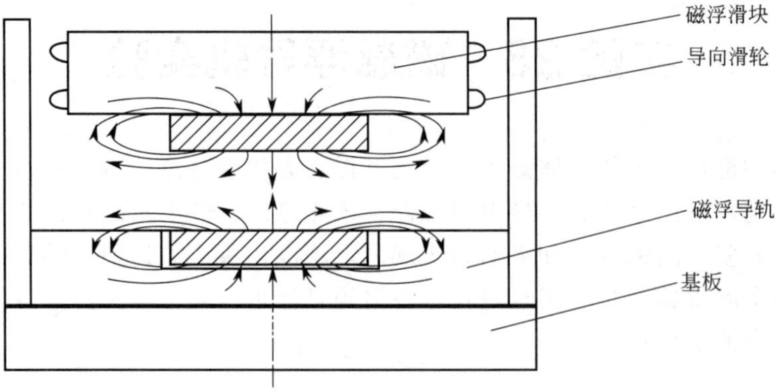

图 28.2 磁悬浮导轨截面图

线运动。匀变速直线运动的速度公式、位移公式、速度和位移的关系分别为

$$v=v_0+at \tag{28.1}$$

$$s=v_0t+\frac{1}{2}at^2 \tag{28.2}$$

$$v^2=v_0^2+2as \tag{28.3}$$

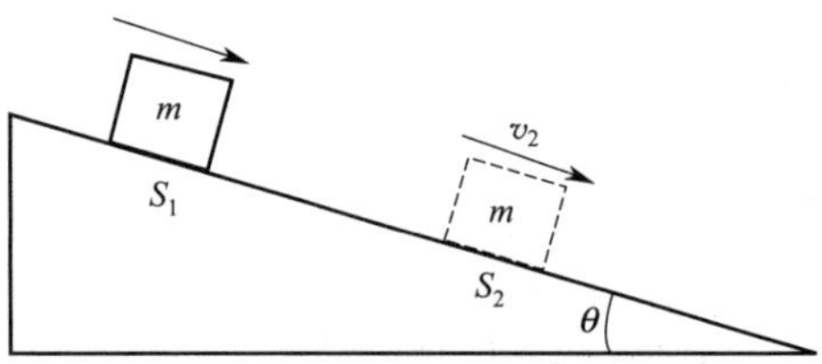

图 28.3 沿光滑斜面下滑的物体

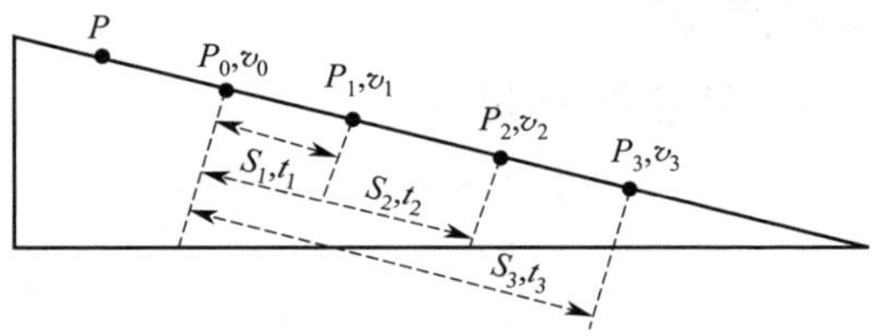

图 28.4 沿光滑斜面下滑物体的数据测量

如图 28.4 所示，在斜面上物体从同一位置 P 处静止开始下滑，在 P_0 处放置第一光电门，分别在不同位置 P_1、P_2、P_3、…处放置第二光电门，用智能速度加速度测试仪测量滑块经过两光电门所用时间 t_1、t_2、…和在各处时的速度 v_0、v_1、v_2、…。以 t 为横坐标，v 为纵坐标作 v-t 图，如果图线是一条直线，则证明该物体所作的匀变速直线运动，其图线的斜率即为加速度 a，截距为 v_0。

同样取 S_i 作$\frac{S}{t}$-t 图和 v^2-S 图，若为直线，也证明物体所作的是匀变速直线运动，两图斜率分别是$\frac{1}{2}a$ 和 $2a$，截距分别为 v_0 和 v_0^2。

物体在磁悬浮导轨中运动时，摩擦力和磁场的不均匀性对小车可产生作用力，对运动物体有些阻力作用，用 F_f 来表示，即 $F_f=ma_f$，a_f 作为加速度的修正值。

系统质量保持不变，改变系统所受外力，考察动摩擦力的大小及其与外力 F 的关系。

考虑到滑块在磁悬浮导轨中运动时，将其所受阻力用 F_f 来表示，根据力学分析滑块所受的力

$$ma=mg\sin\theta-F_f$$

则有

$$F_f=mg\sin\theta-ma \tag{28.4}$$

用已知重力加速度 $g=9.80\text{m/s}^2$ 以及小车质量，通过测量不同轨道角度 θ 时的滑块加速度值 a，可以求得相应的动摩擦力大小。

将 F_f 与 F 的值作图，可以考察 F_f 与 F 的关系。

3. 重力加速度的测定，及消减导轨中系统误差的方法

令 $F_f=ma_f$，则有

$$a=f\sin\theta-a_f \tag{28.5}$$

式中，a_f 为与动摩擦力有关的加速度修正值。

$$a_1=g\sin\theta_1-a_{f_1} \tag{28.6}$$

$$a_2=g\sin\theta_2-a_{f_2} \tag{28.7}$$

$$a_3=g\sin\theta_3-a_{f_3} \tag{28.8}$$

$$\cdots$$

根据前面得到的动摩擦力 F_f 与 F 的关系可知，在一定的小角度范围内，滑块所受的动摩擦力 F_f 近似相等，且 $F_f \ll g\sin\theta$，即

$$a_{f_1}\approx a_{f_2}\approx a_{f_3}\ll g\sin\theta$$

由式(28.6)～式(28.8) 可得到

$$g=\frac{a_2-a_1}{\sin\theta_2-\sin\theta_1}=\frac{a_3-a_2}{\sin\theta_3-\sin\theta_2}=\cdots \tag{28.9}$$

4. 系统质量保持不变，改变系统所受外力，考察加速度 *a* 和外力 *F* 的关系

根据牛顿第二定理 $F=ma$，$a=\frac{1}{m}F$，斜面上 $F=mg\sin\theta$，故

$$a=kF \tag{28.10}$$

设置不同的角度 θ_1、θ_2、θ_3、…的斜面，测量物体运动的加速度 a_1、a_2、a_3、…作 a-F 拟合直线图，求出 k，$k=\frac{1}{m}$，即 $m=\frac{1}{k}$。

【实验内容】

1. 检查磁悬浮导轨的水平度，检查测试仪的测试准备

把磁悬浮导轨设置为水平状态。将水平仪放置在导轨槽中，调整导轨支撑脚使导轨水平。

检查导轨上的光电门是否与测试仪的光电门相连，开启电源，检查“功能”是否置于“加速度”(计时器按模式 0 功能进行操作)。

光电门接线时请注意：加速度测量时将首先经过的光电门定义为光电门 1，否则测量会出现错误。

2. 阻力产生的加速度 a_f 的测量

把磁悬浮导轨设置成水平状态，将滑块放到导轨中，用手轻推一下，让其以一定的初速度从左（斜面状态时的上端）到右运动，依次通过光电门 1 和 2，测出加速度值 a_f。重复多次，用不同力度推动滑块得到不同的 a_f 值，比较每次测量结果查看规律。平均测量结果，得到滑块阻力加速度 $\overline{a}_f$。

3. 匀变速运动规律研究

调整导轨成斜面（如图 28.4)，倾斜角为 θ（$\geqslant 2°$)。将斜面上的滑块每次从同一位置 P

处由静止开始下滑，光电门1位置于 P_0，光电门2位置于 P_1、P_2、…处，用智能速度加速度仪测量 Δt_0、Δt_1、Δt_2、…和速度为 v_0、v_1、v_2、…；依次记录 P_0、P_1、P_2、…的位置和速度 v_0、v_1、v_2、…及由 P_0 到 P_i 的时间 t_i，列表记录所有数据。

4. 重力加速度 g 的测量

两光电门之间距离固定为 s，改变斜面倾斜角 θ，滑块每次由同一位置滑下，依次经过两个光电门，记录其加速度 a_i，由式(28.5)或式(28.9)计算加速度 g，跟当地重力加速度 $g_{标}$ 相比较，并求其误差。

5. 系统质量保持不变，改变系统所受外力，考察加速度 a 和外力 F 之间的关系

记录滑块质量 $m_{标}$，利用以上内容的实验数据，计算不同倾斜角时，系统所受外力 $F=m_{标}g\sin\theta$，根据式（28.10）作 a-F 拟合直线图，求斜率 k，$k=\dfrac{1}{m}$，即可求得 $m=\dfrac{1}{k}$。比较 m 和 $m_{标}$，并作误差分析。

实验完成后，磁悬浮滑块不可长时间放置在导轨中，防止滑轮被磁化。

【数据处理】

1. 匀变速直线运动的研究

i	P_i/cm	$s_i=P_i-P_0$/cm	Δt_0/ms	v_0/cm·s^{-1}	Δt_i/ms	v_i/cm·s^{-1}	t_i/ms
1							
2							
3							
4							
5							
6							

$P_0=$__________cm　　$\Delta x=3.00$cm　　$\theta=$________

分别作直线 v-t 图和 $\dfrac{s}{t}$-t 图，若所得均为直线，则表明滑块作匀变速直线运动，由直线斜率与截距求出 a 和 v_0，将 v_0 与上列数据表中 $\overline{v}_0$ 作比较，并加以分析。

2. 重力加速度 g 的测量

i	θ_i	a_i/cm·s^{-2}	$\sin\theta_i$	g_i/cm·s^{-2}
1				
2				
3				
4				
5				

$s=s_2-s_1$__________cm　　$\Delta x=3.00$cm　　$a_f=$__________cm·s^{-2}

① 根据 $g_i=\dfrac{a_i-a_f}{\sin\theta}$，分别算出每个倾斜角度下的重力加速度 g_i；

② 计算测得的重力加速度的平均值 $\overline{g}$，与当地 $g_{标}$ 相比较，求出

$$E_g=\frac{|g_{标}-\overline{g}|}{g_{标}}\times 100\%$$

3. 加速度 a 和外力 F 之间的关系

i	θ_i	$\sin\theta_i$	$F=m_{标} g\sin\theta_i$	$a_i/cm \cdot s^{-2}$
1				
2				
3				
4				
5				

$s=s_2-s_1$ ________ cm　　$\Delta x=3.00$cm　　$m_{标}=$ ________ g

作 a-F 拟合直线图，求斜率 k，$k=\frac{1}{m}$，求出 $m=\frac{1}{k}$。比较 m 和 $m_{标}$，求出

$$E_m=\frac{|m-m_{标}|}{m_{标}}\times 100\%$$

【思考题】

① 实验进行中仔细观察，磁悬浮滑块在导轨中运动时，产生阻力的因素有哪些？

② 在设置导轨水平状态时，除了用水平仪以外，还可用什么其他方法判定导轨是否水平？

实验29　核磁共振

核磁共振是指磁矩不为零的原子核，在恒定的磁场中，与附加交变磁场作用而产生的共振跃迁现象。核磁共振技术在物理、化学、生物、医学、计量科学和石油分析与勘探等众多领域有广泛应用。其中广为人知的核磁共振成像技术（MRI）是继断层扫描（CT）后医学影像的又一重大进步。

【实验目的】

① 了解核磁共振实验基本原理。

② 学习利用核磁共振校准磁场和测量 g 因子的方法。

【实验仪器】

核磁共振仪，核磁共振仪电源，永磁铁，示波器和数字频率计。

【实验原理】

原子内部的核子和电子都有自旋，自旋产生磁矩。当核磁矩处在恒定外磁场中时产生进动和能级分裂。在外加弱交变电磁场作用下，自旋核会吸收特定频率的电磁波，从较低能级跃迁到较高能级，这种过程就是核磁共振。

量子力学认为，原子核的自旋角动量只能取离散值 $p=\sqrt{I(I+1)}\hbar$，其中 I 为自旋量子数，公式中的$\hbar=h/2\pi$，h 为普朗克常数。由于原子核的自旋角动量在空间给定方向是量子化的，即只能取离散值 $P_z=m\hbar$，其中量子数 m 只能取 I，$I-1$，…，$-(I-1)$，$-I$ 共（$2I+1$）个数值。

有自旋角动量的原子核同时具有与之相联系的自旋磁矩，简称核磁矩，其大小为

$$\mu=g\frac{\mathrm{e}}{2M}p \tag{29.1}$$

式中，e 为质子电荷量；M 为质子的质量；g 是一个由原子核结构决定的因子。对于不同种类的原子核，g 的数值不同，所以称为原子核的 g 因子。g 因子可正可负，g 为正值时，核磁矩的方向与自旋角动量方向相同；g 为负值时，核磁矩的方向与自旋角动量的方向相反。

由于核自旋角动量在任意给定的 z 方向只能取（$2I+1$）个离散值，所以核磁矩在 z 方向的投影也只能取（$2I+1$）个离散值

$$\mu_z=g\frac{\mathrm{e}m}{2M}\hbar \tag{29.2}$$

原子核的核磁矩通常用 $\mu_N=\mathrm{e}\hbar/2M$ 作单位，μ_N 称为核磁子。μ_z 可记为 $\mu_z=gm\mu_N$。与角动量本身的大小$\sqrt{I(I+1)}\hbar$相对应，核磁矩本身的大小为 $g\sqrt{I(I+1)}\mu_N$。

除了用 g 因子表征核的磁性质外，通常还引入另一个可以由实验测量的物理量 γ，定义 γ 为原子核的磁矩与自旋角动量之比

$$\gamma=\mu/p=g\mathrm{e}/2M \tag{29.3}$$

也可写成 $\mu=\gamma p$，相应的 $\mu_z=\gamma p_z$。

当不存在外磁场时，具有不同磁矩的（$2I+1$）个核子处于同一能级。但是，当施加恒

定的外磁场 B 后，情况便发生了变化。为方便起见，通常把外磁场 B 的方向定为 z 的方向，外磁场 B 对核磁矩有作用，其相互作用能为

$$E=-\mu \cdot B=-\mu_z B=-\gamma p_z B=-\gamma m\hbar B$$

$$m=I,(I-1),(I-2),\cdots,-(I-2),-(I-1),-I \tag{29.4}$$

式中，量子数 m 取值不同，故核磁矩的能量也不同，从而原来简并的同一能级分裂为 $(2I+1)$ 个子能级。可见在外磁场中各个子能级的能量与量子数 m 有关，因此量子数 m 又称为磁量子数。这些不同子能级的能量虽然各不相同，但相邻能级之间的能量间隔 $\Delta E=\gamma\hbar B$ 却是一样的。而且，对于质子而言，$I=1/2$，因此 m 只能取 $m=1/2$ 和 $m=-1/2$ 两个数值，施加磁场前后的能级分别如图 29.1 中（a）和（b）所示。

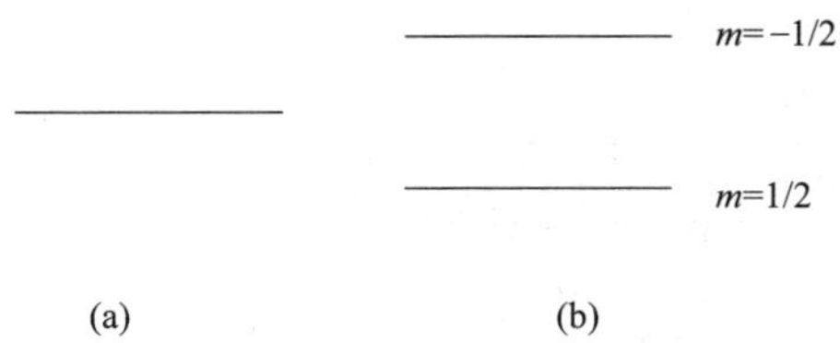

图 29.1　施加磁场前后的能级图

在外磁场中，原子核在不同能级上的分布服从玻尔兹曼能量分布，因此处于下能级的粒子数要比上能级的多，其数量差由 ΔE 的大小、系统的温度和系统的总粒子数决定。此时，若在与 B 垂直的方向上再施加一个高频电磁场（通常称为射频场），当射频场的频率满足 $\Delta E=h\nu$ 时，会引起原子核在上下能级间的跃迁。由于开始时处于下能级的核比在上能级的要多，所以净效果是往上跃迁的比往下跃迁的要多，从而使系统的总能量增加，相当于系统从射频场吸收了能量。

当 $\Delta E=h\nu$ 时，引起的上述跃迁称为共振跃迁，简称为共振。共振时满足 $\Delta E=h\nu=\gamma\hbar B$，即射频场达到共振的频率为

$$\nu=\frac{\gamma}{2\pi}B \tag{29.5}$$

若用角频率 $\omega=2\pi\nu$ 表示，则共振条件可写成

$$\omega=\gamma B \tag{29.6}$$

对于质子，大量实验测得 $\gamma/2\pi=42.577469\text{MHz/T}$，但对于原子或分子中处于不同基态的质子，因其处于不同的化学环境，受到周围电子屏蔽的情况不同，$\gamma/2\pi$ 的值略有不同，这种差别称为化学位移。对于温度为 25℃ 球形容器中水样品的质子，$\gamma/2\pi=42.577469\text{MHz/T}$。本实验可采用这个数值作为很好的近似值。通过测量质子在磁场 B 中的共振频率 ν_H 可以实现对磁场的校准，即

$$B=\frac{2\pi\nu_H}{\gamma} \tag{29.7}$$

反之，若磁场 B 已校准，通过测量未知原子核的共振频率 ν 便可求得原子核的 γ 值（通常用 $\gamma/2\pi$ 值表征）或 g 因子。

$$\frac{\gamma}{2\pi}=\frac{\nu}{B} \tag{29.8}$$

$$g=\frac{\nu/B}{\mu_N/h} \tag{29.9}$$

式中，$\mu_N/h=7.6225914\text{MHz/T}$。

为了观察到共振现象，通常有两种方法：一种是固定 B，连续改变射频场的频率，这种方法称为扫频方法；另一种就是本实验采用的方法，即固定射频场的频率，连续改变磁场的

大小，这种方法称为扫场方法。如果磁场的变化不是太快，而是缓慢通过与共振频率 ν 对应的磁场时，用一定的方法可以检测到系统对射频场的吸收信号曲线，如图 29.2(a)所示，称之为吸收曲线。但是，如果扫场变化太快，得到的将是如图 29.2(b)所示的带有尾波的衰减振荡曲线。需要说明的是，扫描场的快慢是相对样品而言的。比如本实验采用的扫场为频率 50Hz，幅度在 $10^{-5} \sim 10^{-3}$T 的交变磁场，对固态聚四氟乙烯样品而言是变化非常缓慢的磁场，其吸收信号如图 29.2（a）所示，而对水样品而言却是变化非常快的磁场，其吸收信号如图 29.2（b）所示，而且磁场越均匀，尾波中振荡的次数越多。

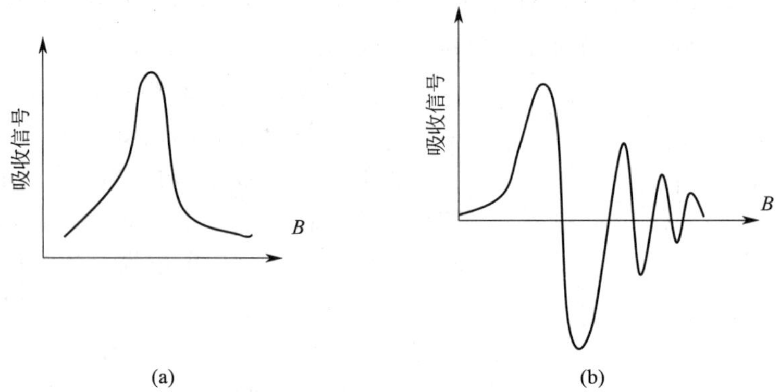

图 29.2　射频场的吸收信号曲线

【实验内容】

1. 校准永久磁铁中心的磁场 B_0

（1）仪器连接与设置

核磁共振实验连线如图 29.3，将“扫场电源”的两个“扫场输出”与扫场线圈的输入端连接，“X 轴偏转输出”与示波器的 X 轴（外接）相接，“电源输出”与“边限振荡器”的“电压输入”连接。将“边限振荡器”的“NMR 输出”与示波器 CH1 通道相接，将“频率测量”与频率计的 A 通道相接。

把样品为水（掺有硫酸铜）的探头插入到磁铁中心，并使测试仪前端的探测杆与磁场在同一水平方向上，左右移动测试仪使探杆端头的探头大致处于磁场的中间位置。把示波器的扫描速度定在 1ms/div 的位置，Y 轴放大旋钮放在 0.5V/div 或 1V/div 的位置。接通各电源，将“扫场电源”的扫场调节旋钮顺时针调到接近最大（旋至最大后往回旋半圈）。然后调节测试仪上的频率调节旋钮，改变振荡频率（由小到大或由大到小），同时观察示波器，搜索共振信号。

（2）共振信号的搜索

永久磁铁的磁场 B_0 与交变磁场叠加的总磁场为

$$B=B_0+B'\cos\omega' t \tag{29.10}$$

式中，B'是交变磁场的幅度；ω'是市交流电的角频率。总磁场在（B_0-B'）～（B_0+B'）的范围内按图 29.4 的正弦曲线随时间变化，由式(29.6) 可知，只有 ω/γ 落在这个范围内才能发生共振。为了容易找到共振信号，要加大 B'（即把扫场的输出调节到较大值），使可能发生共振的磁场变化范围增大；另一方面要调节射频场的频率，使 ω/γ 落在这个范围内。一旦 ω/γ 落在这个范围内，在磁场变化的某些时刻总磁场 $B=\omega/\gamma$，在这些时刻就能

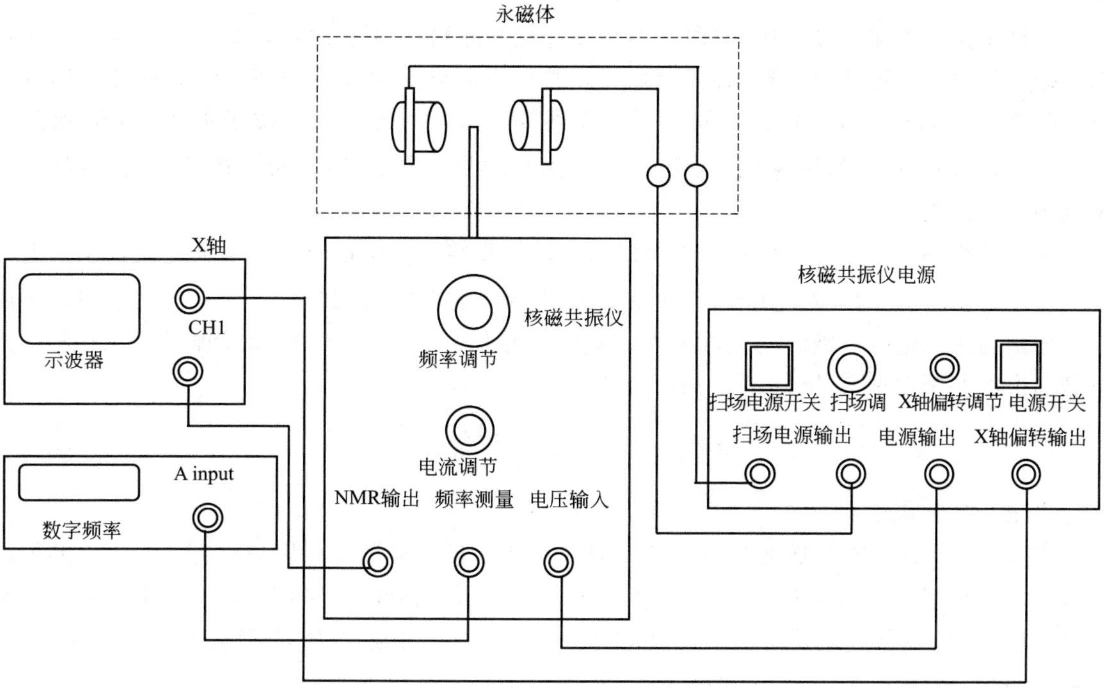

图 29.3 核磁共振实验连线图

观察到共振信号。如图 29.4 所示，共振发生在 $B=\omega/\gamma$ 的水平虚线与正弦曲线交点对应的时刻。一旦观察到共振信号，应进一步调整测试仪探杆在磁场中左右的位置，使尾波中振荡的次数最多。

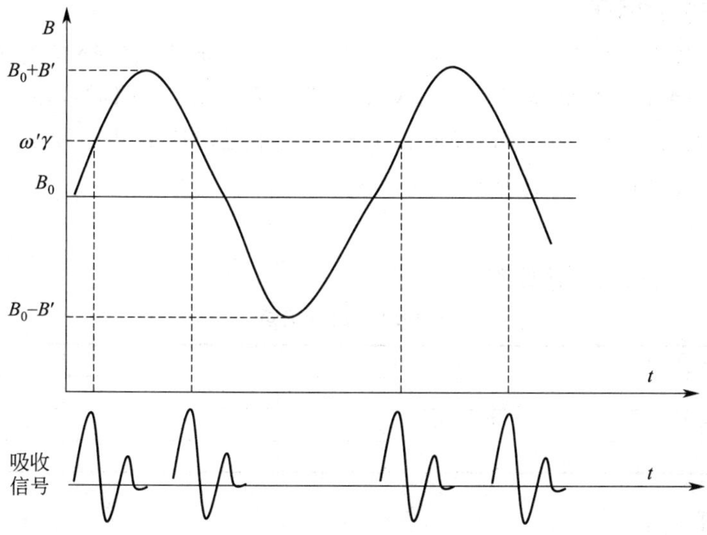

图 29.4 扫场的共振吸收曲线

从图 29.4 可以看出，当 $\omega/\gamma\neq B_0$ 时，各个共振信号发生的时间间隔并不相等，共振信号在示波器上的排列不均匀。只有当 $\omega/\gamma=B_0$ 时，它们才均匀排列，这时共振发生在交变磁场为 0 时，而且从示波器的时间标尺可以测出它们的时间间隔为 10ms。当然，当 $\omega/\gamma=B_0-B'$ 或 $\omega/\gamma=B_0+B'$ 时，示波器上也能观察到均匀排列的共振信号，但它们的时间间隔是 20ms。

一旦观察到共振信号，B_0 的误差不会超过扫场的幅度 B'。因此，为了减少误差，在找到共振信号之后应逐渐减小扫场的幅度 B'，并相应调节射频场的频率，使共振信号保持在时间间隔为 10ms 的均匀排列，同时记下共振频率 ν_H，利用水中质子的 $\gamma/2\pi$ 值和公式 (29.7) 求出磁场中待测区域的 B_0 值。值得注意的是，当 B' 很小时，扫场变化范围缩小，尾波中振荡的次数也减少。

为了计算 B_0 的测量误差 ΔB_0，可以采取以下步骤：保持这时扫场幅度不变，调节射频场的频率，使共振先后发生在 B_0-B' 和 B_0+B' 处，这时，图 29.4 中与 ω/γ 对应的水平虚线将分别与正弦曲线的波谷与波峰相切。此时共振信号均匀排列并且时间间隔为 20ms，记下这两次的共振频率 ν_H' 和 ν_H''，利用公式

$$B'=\frac{(\nu'_H-\nu''_H)/2}{\gamma/2\pi} \tag{29.11}$$

便可求出扫场的幅度。

实际上 B_0 的估计误差比 B' 还要小，这是因为借助示波器窗口网格坐标的帮助，共振信号排列均匀程度的判断误差通常不超过 10%，而且由于扫场大小是时间的正弦函数，容易算出相应的 B_0 的估计误差是扫场幅度 B' 的 80% 左右。考虑到 B' 的测量本身也存在误差，可取 B' 的 1/10 作为 B_0 的估计误，即

$$\Delta B_0=\frac{B'}{10}=\frac{(\nu'_H-\nu''_H)/20}{\gamma/2\pi} \tag{29.12}$$

上式表明，由波峰到波谷共振频率的差值可以计算出 B_0 的估计误差 ΔB_0。本实验 ΔB_0 只要求保留一位有效数字。

2. 测量 ^{19}F 的 g 因子

把样品为水的探头换成样品为聚四氟乙烯的探头，并把测试仪探杆放在扫场中相同的位置，把示波器的纵向放大旋钮调节到 50mV/div 或 20mV/div，用同样的方法测量聚四氟乙烯中 ^{19}F 与 B_0 对应的共振频率 ν_F 以及在波峰和波谷附近对应的共振频率 ν_F' 和 ν_F''，利用式 (29.9) 求出 ^{19}F 的 g 因子，并计算相应的误差。

【数据处理】

(1) 将数据记入表 29.1 并处理

表 29.1　数据记录

$\gamma/\pi/2$(MHz/T)	ν_H	ν'_H	ν''_H
$\mu_N/h/$(MHz/T)	ν_F	ν'_F	ν''_F

(2) 数据处理

$$\bar{B}_0=\frac{\nu_H}{\gamma/2\pi}=$$

$$\Delta B_0=\frac{B'}{10}=\frac{(\nu'_H-\nu''_H)/20}{\gamma/2\pi}=$$

$$B_0=\bar{B}_0\pm\Delta B_0=$$

$$E_{B_0}=\frac{\Delta B_0}{\bar{B}_0}\times 100\%=$$

$$\bar{g}=\frac{\nu_F/\bar{B}_0}{\mu_N/h}=$$

$$\Delta\nu_F=\frac{\nu'_F-\nu''_F}{20}=$$

$$E_g=\sqrt{\left(\frac{\Delta\nu_F}{\nu_F}\right)^2+\left(\frac{\Delta B_0}{\bar{B}_0}\right)^2}\times 100\%=$$

$$\Delta g=E_g\bar{g}=$$

$$g=\bar{g}\pm\Delta g=$$

【注意事项】

① 实验前应调节示波器使其处于正常工作状态。

② 测试样品应放在永磁铁的中心位置。

【思考题】

① 如何确定对应于磁场为 B_0 时核磁共振的共振频率？

② 如何调出共振信号？

③ 不加扫描电场能否观察到共振信号？

【附录】

核磁共振系统构成

DH2002 型核磁共振仪是由边限振荡器、扫描电源、磁铁、频率计以及示波器等组成的测量系统。仪器结构如下。

1. 磁铁结构

永磁铁、扫描线圈等安装在底座上，其中扫描电源通过底座上 2 个插孔加到扫场线圈。

2. 核磁共振仪电源（图 29.5）

① 扫场电源开关：扫场电源的开与关控制（电源开指示灯亮）。

② 扫场调节旋钮：用于捕捉共振信号，顺时针旋转幅度增大。

③ X 轴偏转调节旋钮：用于相位的调节，顺时针旋转幅度增大。

④ 电源开关：电源的开与关控制（电源开指示灯亮）。

⑤ 扫场电源输出：用连接线连接到磁铁底座上的 2 个接线柱。

⑥ 电源输出（三芯航空插头）：提供“边限振荡器”工作电源。

⑦ X 轴偏转输出：接至示波器的外接输入端。

3. 核磁共振仪（图 29.6）

① 频率调节旋钮：用于频率的调节，顺时针旋转频率增大。

② 工作电流调节旋钮：使振荡器处于边限振荡状态，以提高核磁共振信号检测的灵敏度，并避免信号的饱和。

③ NMR 输出：用于信号的观测，接示波器。

④ 频率输出：接频率计共振频率的测量。

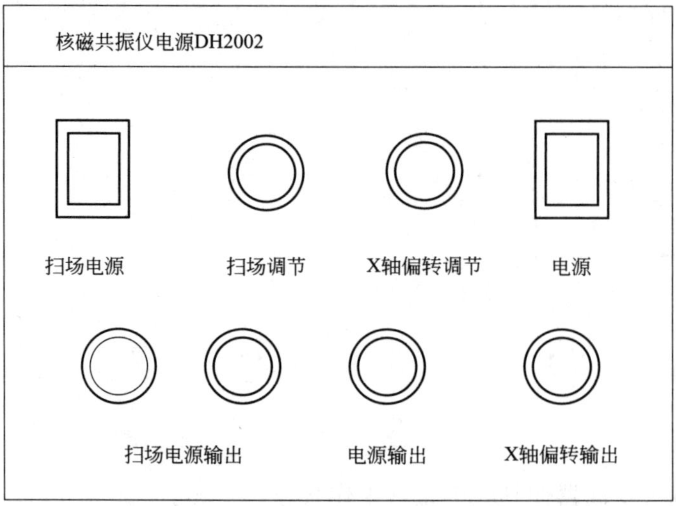

图 29.5 核磁共振仪电源

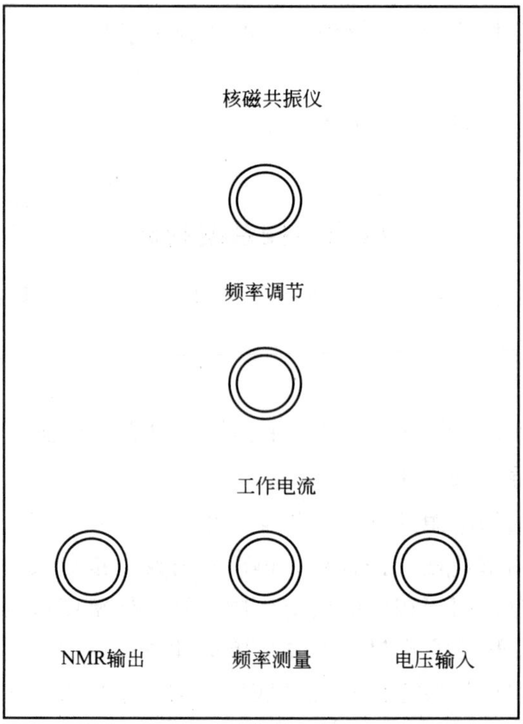

图 29.6 核磁共振仪

⑤ 电压输入：边限振荡器工作电源输入。

实验 30 用单摆法测重力加速度

重力加速度 g 是一个反映地球引力强弱的地球物理常数，其值随地理纬度和海拔高度的不同而不同（两极的 g 最大，赤道附近的 g 最小，两者相差约 1/300）。准确地测定不同地区的重力加速度，对物理学、地球物理学、重力探矿、空间科学等都具有重要意义。

重力加速度的测定有多种不同的测量方法，单摆法属于最经典的物理实验之一，有着悠久的历史。伽利略和惠更斯等物理学家都对单摆实验进行过细致的研究。1583 年，伽利略在比萨教堂内观察到了圣灯的缓慢摆动过程，发现“连续摆动的圣灯，每次摆动所用的时间间隔是相等的，与摆动的振幅无关”，这就是单摆的等时性原理。这一发现，为后来惠更斯设计摆钟及其制造摆钟奠定了基础，使得当时计时精度提高了近 100 倍。

单摆法测量重力加速度，存在着许多影响测量精度的因素，如摆长、周期测量的误差等。本实验采用的计时装置为数字式定数计时器，它具有光电测控、数字显示、存储计时等特点，尽可能地减少了测量周期的误差。

【实验目的】

① 测定当地的重力加速度。

② 掌握用单摆测量重力加速度的方法，要求相对不确定度 $U_r \leqslant 0.5\%$。

③ 研究单摆周期 T 与摆长 L 之间的关系。

④ 学习用作图法处理实验数据。

【实验仪器】

单摆装置（如图 30.1），数字式计数计时器，游标卡尺，钢卷尺等。

【实验原理】

1. 单摆测量重力加速度 g 的原理

把一根轻质且不可伸长的细线的一端固定，另一端系着一个金属小球，当线的质量远小于小球的质量，且球的直径远小于线长时，此装置可视为单摆。当小球在重力作用下以很小的摆角 θ（$\theta<5°$）摆动时，单摆近似于简谐运动，摆球受力满足：$F=-kx$。其位移、速度和加速度分别为 $x=A\sin\omega t$，$v=\dfrac{dx}{dt}=A\omega\cos\omega t$，$a=\dfrac{dv}{dt}=-A\omega^2\sin\omega t=-\omega^2 x$。

由牛顿第二定律：$F=ma=-m\omega^2 x$，所以 $k=m\omega^2$。由角频率 $\omega=\dfrac{2\pi}{T}$可得

$$k=m\frac{4\pi^2}{T^2} \tag{30.1}$$

单摆受力分析如图 30.2 所示，回复力 $F=mg\sin\theta\approx-mg\dfrac{x}{L}=-kx$，所以 $k=\dfrac{mg}{L}$，代入式(30.1) 可得

$$g=4\pi^2\frac{L}{T^2} \tag{30.2}$$

由式(30.2) 可得单摆的周期公式

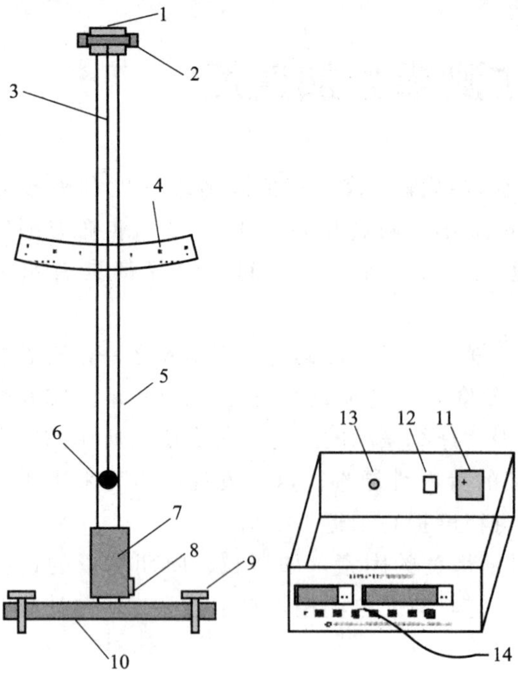

图 30.1 单摆装置示意图

1—摆线支头；2—绕线支杆及高度调节；
3—摆线；4—角度尺；5—支杆；6—小钢球；
7—光电门；8—光电门接线柱；9—可调底脚；
10—A 型底座；11—国标线；12—电源开关；
13—光电门接口；14—计数计时器前面板

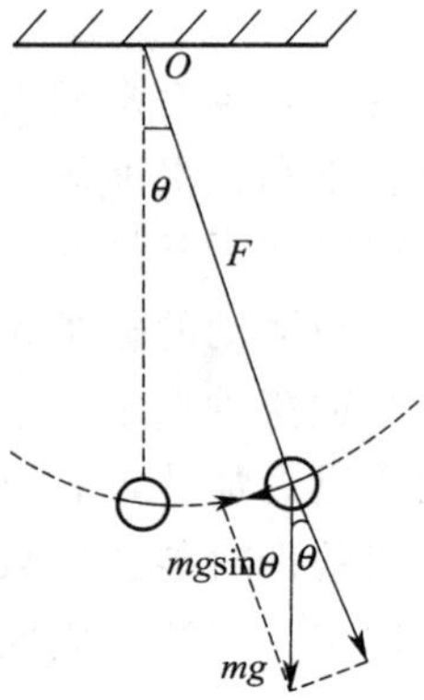

图 30.2 单摆受力图

$$T=2\pi\sqrt{\frac{L}{g}} \tag{30.3}$$

为了减少测量周期的相对误差，通常采用累积放大法，即测量连续摆动 n 个周期的总时间 t，周期 $T=\frac{t}{n}$，以提高测量精度，代入式(30.2) 可得

$$g=4\pi^2\ \frac{n^2L}{t^2} \tag{30.4}$$

2. 不确定度 U_g 的分析

间接测量重力加速度的不确定度传递公式如下

相对不确定度，$U_r=\sqrt{\left(\frac{U_L}{L}\right)+\left(2\ \frac{U_T}{T}\right)^2}$；

标准不确定度，$U_g=gU_r=g\sqrt{\left(\frac{U_L}{L}\right)+\left(2\ \frac{U_T}{T}\right)^2}$。

（U_L 和 U_T 分别是测量长度和时间的仪器误差，由实验室给出）

可见，在 U_L、U_T 大致一定的情况下，增大摆长 L 和摆动周期 T 可以提高测量 g 的精度。改变摆长为 L_1、L_2，测出对应的周期为 T_1、T_2，从式(30.3) 可推导出

$$T_2^2 - T_1^2 = \frac{4\pi^2 (L_2 - L_1)}{g} \tag{30.5}$$

令 $\Delta L = L_2 - L_1$，可得

$$g = \frac{4\pi^2 \Delta L}{T_2^2 - T_1^2} \tag{30.6}$$

式中，ΔL 是摆长 L 从 L_1 变化为 L_2 时所改变的长度。上述方法回避了摆球质心位置不易精确确定从而导致摆长 L 不能确定的问题。该方法把摆长 L 的测量转换为容易测准的摆长改变量 ΔL，提高了测量的精确度，并简化了测量过程。

【实验内容】

（1）实验仪器的调整

附件调整，先将角度尺从上往下调节 25cm，根据小球的位置来确定位置。调节单摆装置的底脚使带线的小钢球、角尺和光电门在同一线上。

熟悉单摆装置的结构和性能，按要求调整好仪器，了解所使用的数字式计数计时器的结构和功能后，测量单摆的摆长 L。测量摆线悬点与摆球球心之间的距离 L

$$L = l + \frac{d}{2} \tag{30.7}$$

式中，l 为摆线长度；d 为小钢球的直径。分别用钢卷尺、游标卡尺测量摆线长 l 和小钢球直径 d，连续测量三次，取三次测量的平均值 $\bar{l}$ 和 $\bar{d}$ 计算摆长。

（2）摆动周期 T 的测量

当摆长为 L 时，用累积放大法测出摆动 30 次所用的时间 t，重复测量 5 次，求出单摆的平均周期

$$\bar{T} = \frac{\sum_{i=1}^{5} t_i}{5 \times 30} \tag{30.8}$$

（3）改变摆长 2 次，每次改变的长度不小于 100mm

重复步骤 1、2，用计数计时器分别测 30 个周期的时间 t，连续各测量 5 次。分别测出三种不同摆长 L_i 值和相应的 $\bar{T}_i$ 值。

【数据处理】

实验过程中数据记录在下列表 30.1、表 30.2 中，并对数据进行处理。

表 30.1 摆长的测量数据表

测量次数	项目名称			
	小钢球直径 d/mm	摆线长 l_1/mm	摆线长 l_2/mm	摆线长 l_3/mm
1				
2				
3				
平均值/mm	$\bar{d}=$	$\bar{l}_1=$	$\bar{l}_2=$	$\bar{l}_3=$
摆长 $\bar{L}_i=\bar{d}+\bar{l}_i$/mm				

表 30.2 周期的测量数据表

测量次数	摆长 $\bar{L}_1$ 的时间 t_1/ms	摆长 $\bar{L}_2$ 的时间 t_2/ms	摆长 $\bar{L}_3$ 的时间 t_3/ms
1			
2			
3			
4			
5			
平均值/ms			
周期 $\bar{T}_i$/ms			

（1）对同一摆长求重力加速度

对同一摆长多次测量周期，根据式(30.2) $g=4\pi^2\dfrac{L}{T^2}$，用最大摆长代入相应的数据进行计算。用间接测量重力加速度的不确定度传递公式，相对不确定度

$$U_r=\sqrt{\left(\frac{U_L}{L}\right)+\left(2\frac{U_T}{T}\right)^2}$$

其中由于存在两次估读，取最大误差的值，即 $U_L=1\text{mm}$，而对周期 T 计算其标准偏差 U_T。

再由不确定度关系 $U_g=gU_r=g\sqrt{\left(\frac{U_L}{L}\right)+\left(2\frac{U_T}{T}\right)^2}$，计算标准不确定度 U_g。

本地区重力加速度：$g=\bar{g}\pm U_g=$________$\pm$________ （mm/s^2）

（2）研究周期 T 与单摆摆长 L 的关系，并求重力加速度

以 $\bar{L}_i$ 为横坐标，$\bar{T}_i^2$ 为纵坐标，在坐标纸上作出 $\bar{T}_i^2-\bar{L}_i$ 的曲线，在曲线上任取相距较远的两个点（L_1，T_1^2）和（L_2，T_2^2），求出直线的斜率 $k=\dfrac{L_2-L_1}{T_2^2-T_1^2}$。

由斜率 k 计算当地的重力加速度 g，即 $g=4\pi^2k=\dfrac{4\pi^2(L_2-L_1)}{T_2^2-T_1^2}$，并与 g 的公认值比较，计算 g 的相对误差 $U_r=\dfrac{|g_{\text{测量}}-g_{\text{公认}}|}{g_{\text{公认}}}\times100\%$。

【注意事项】

① 单摆摆动过程中摆角 $\theta<5°$。

② 单摆必须在垂直平面内摆动，防止形成圆锥摆。

③ 测周期时，应从摆球通过平衡位置开始计数计时。

【思考题】

① 摆长是指单摆装置中哪两点之间的距离？如何测量摆长？怎样减少摆长的测量误差？

② 如何测量单摆的周期？为什么在测量单摆周期过程中以摆球经过平衡位置开始计数计时？

③ 根据间接测量不确定传递公式，分析哪个物理量对重力加速度 g 的测量影响最大？

④ 单摆在摆动过程中因受到空气阻力作用，振幅会越来越小，请问单摆的周期是否发生变化？并简要说出物理理论的依据。

⑤ 试问还有哪些方法可以测量重力加速度？

实验 31 用示波器测量铁磁材料的磁滞回线

磁性材料在工程、电力、信息、交通等领域有着广泛的应用，测得磁滞回线是电磁学中一个重要的内容，是研究和应用磁性材料最有效的方法之一。

【实验目的】

① 了解磁性材料的基本磁化特性；

② 掌握磁化曲线和磁滞回线的测量方法；

③ 进一步熟悉数字示波器的使用；

④ 学会用示波器测量动态磁滞回线的原理和方法。

【实验仪器】

示波器、交流电源、磁环、电容箱、交流电阻箱。

【实验原理】

1. 铁磁材料的磁滞回线

铁磁物质具有保持原先磁化状态的性质，铁磁体在反复磁化的过程中，它的磁感应强度的变化总是滞后于它的磁场强度，这种现象称作磁滞。这是铁磁物质的一个重要特征。

铁磁材料被磁化后，磁场强度减小时，磁感应强度不沿原曲线变化，当磁场强度减小到0时，磁感应强度仍保留一定的数值，这称之为剩磁 B_r。继续减小磁场强度，当到达某一负值时，磁感应强度变为 0，此时的磁场强度称为矫顽力 H_c。在磁场中，铁磁体的磁感应强度与磁场强度的关系可用曲线来表示。当磁化磁场做周期的变化时，铁磁体中的磁感应强度与磁场强度的关系是一条闭合回线，这条闭合回线称为磁滞回线（如图 31.1）。它表示铁磁材料的一个基本特征，它的形状、大小均有一定实用意义。比如材料的磁滞损耗就与回线的面积成正比，回线所包围的面积表示该铁磁物质通过一个磁化循环过程中所消耗的能量，称作磁滞损耗。当从初始状态开始改变磁场强度，在磁场强度从小到大的单调增加过程中，不同磁化电路对应的磁滞回线正顶点的连线称作基本磁化曲线。

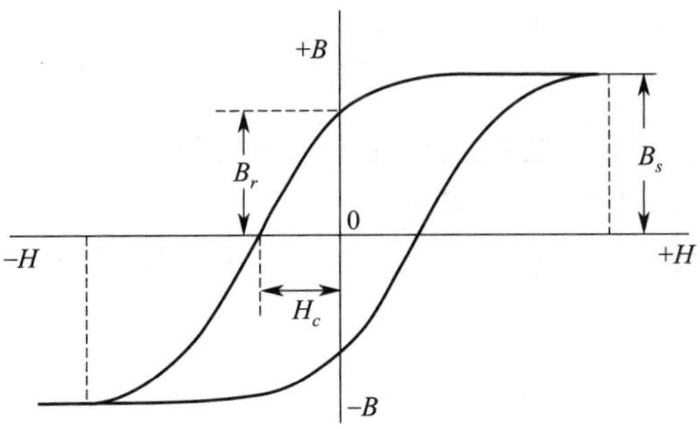

图 31.1 磁滞回线

退磁方法，从理论上来分析，要消除剩磁，只要加一反向电流，使外加磁场刚好等于铁磁材料的矫顽力，但通常不知道矫顽力的大小，所以无法确定所通反向电流的大小。我们可以从磁滞回线中得到启示，如果铁磁材料磁化达到饱和，然后不断改变磁化电流方向，与此同时逐渐减小磁化电流，一直到 0，这依旧可以达到退磁的目的。

2. 示波器测量铁磁材料的磁滞回线

关于示波器的用法参考“实验 3 模拟示波器的调节与使用”。

利用示波器测量铁磁材料磁滞回线的原理图如图 31.2 所示，L 为被测样品的评价长度（虚线框内），N_1、N_2 分别为初级磁化线圈匝数和次级线圈匝数，R_1、R_2 为电阻，C 为电容。

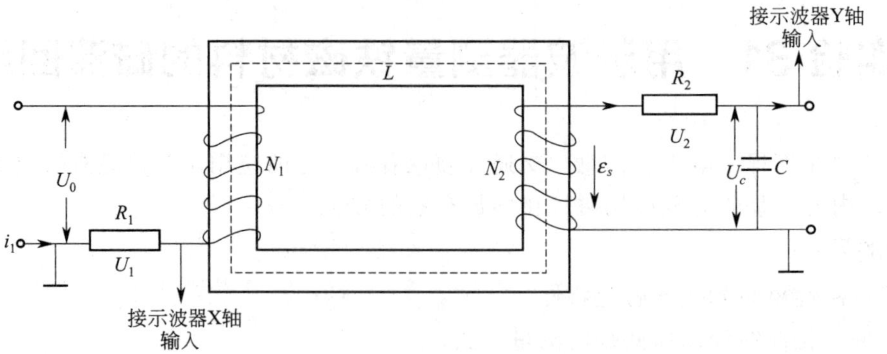

图 31.2 示波器测铁磁材料磁滞回线原理图

当初级端输入交流电压 U_0 时就产生交变的磁化电流 i_1，由安培环路定律可算得磁场强度 H 为

$$H=\frac{N_1 i_1}{L} \tag{31.1}$$

而 $i_1=\frac{U_1}{R_1}$，所以有

$$H=\frac{N_1}{L}\frac{U_1}{R_1}=\frac{N_1}{LR_1}U_1 \tag{31.2}$$

即

$$U_1=\frac{LR_1}{N_1}H \tag{31.3}$$

由式(31.3) 可知 U_1 和 H 成正比，加到示波器 X 轴的电压 $U_1=U_x$ 能反映 H。它表明示波器荧光屏上电子束水平偏转的大小与样品中的磁场强度成正比。

交变的 H 在样品中产生交变的磁感应强度 B，根据电磁感应定律，在次级线圈中产生感应电动势为

$$\varepsilon_2=-N_2 S\frac{\mathrm{d}B}{\mathrm{d}t} \tag{31.4}$$

式中，S 为环的横截面积。

若 i_2 为次级电流，且电容 C 上的电量为 q，则应有

$$\varepsilon_2=i_2R_2+\frac{q}{C}=i_2R_2+U_C \tag{31.5}$$

U_C 为电容 C 上的电压，在上式中已考虑次级线圈匝数 N_2 较小，忽略其自感电动势。

当次级回路中所选元件 R_2 和 C 很大，使电容 C 上的电压降 $U_C=\frac{q}{C}$ 比起电阻上的电压降 i_2R_2 小到忽略不计时，可得到 $\varepsilon_2=i_2R_2$，即

$$i_2=\frac{\varepsilon_2}{R_2}=-\frac{N_2S}{R_2}\times\frac{\mathrm{d}B}{\mathrm{d}t} \tag{31.6}$$

将关系式 $i_2=\frac{\mathrm{d}q}{\mathrm{d}t}=C\frac{\mathrm{d}u_C}{\mathrm{d}t}$ 代入式(31.6) 中得

$$C\frac{\mathrm{d}u_C}{\mathrm{d}t}=-\frac{N_2S}{R_2}\times\frac{\mathrm{d}B}{\mathrm{d}t} \tag{31.7}$$

将式(31.7) 两边积分，整理后得到 B 的数值为

$$U_C=\pm\frac{N_2S}{CR_2}B \tag{31.8}$$

式中，的负值考虑相位差的问题。式中，N_2、S、R_2 和 C 都是固定值。由式(31.8)可知电容器 C 上的电压 U_C 和 B 成正比，加到示波器 X 轴的电压 U_C 确能反映 B，它表明示波器显示电子束垂直方向偏转的大小与样品中的磁感应强度成正比。

可见，只要将 U_1、U_C 分别接到示波器 X 轴和 Y 轴输入，则在荧光屏上扫描出来的图像就能如实反映被测样品的磁滞回线。依次改变 U_1 值，便可得到一组磁滞回线，各条磁滞回线顶点的连线便是基本磁化曲线。

基本磁化曲线上的点与原点连线的斜率为磁导率

$$\mu=\frac{B}{H} \tag{31.9}$$

【实验内容】

(1) 调节示波器

示波器的具体用法参考“实验 3　模拟示波器的调节与使用”。

(2) 测量铁磁材料的磁化曲线和磁滞回线

① 参考图 31.2 连接线路；

② 自行设计参数（一般 R_2 的值为 $10^4\sim10^6\Omega$。选 C 时，使其容抗$\frac{1}{2\pi fC}$比 R_2 小几十倍即可）并观测磁化曲线。

测量前使磁滞回线处在饱和磁化场下，调节 $U_入$ 逐渐减小 $U_入$ 直至为 0，以使被磁化样品退磁，然后逐渐增大电压，每改变一次电压，记下相应的磁滞回线顶点的坐标。由 0 开始，逐点描在坐标纸上，连成曲线，即为磁化曲线。

【数据处理】

① 在坐标纸上绘出该铁磁材料的磁滞回线图。

② 画出基本磁化曲线。

③ 根据所绘图形，计算出该铁磁材料的磁导率 μ。

【思考题】

在具体实验过程中，示波器不但能显示出待测材料的动态磁滞回线，还能观察和分析磁滞回线，这就需要确定示波器所示图形所表示的具体数值。该如何去给示波器荧光屏上的 X 轴（即 H 轴）和 Y 轴（即 B 轴）定标？

实验32　电表的改装

【实验目的】

① 培养学生根据要求设计简单实验的能力；

② 掌握将微安表改装成较大量程电流表和电压表的原理和方法；

【实验仪器】

表头、导线、电阻若干、万用表、电烙铁等。

【实验原理】

实验用的直流电流表都是磁电式电表。它的结构特点是在固定的均匀辐射磁场内安装活动线圈，流过线圈电流的大小与线圈偏转角度成正比，故可用线圈的偏转角度来标志流过线圈电流的大小。它具有灵敏度高、功率消耗小、受磁场影响小、刻度均匀和读数方便等优点。

用于改装的微安表通常称为表头，一般只能测量微小的电流和电压。若用其测量较大电流和电压，就必须进行改装来扩大量程，磁电式系列多量程表都是经过改装的。改装好的电表还得经过刻度校准，即将改装的电表与一个精确的电表比较，从而确定电表刻度的误差。

（1）表头内阻的测定

表头内阻 R_g 主要指表头线圈的电阻，它是电表改装的重要参数之一，必须事先测定好。测量 R_g 的方法有很多种，例如替代法、半值法（半偏法）、比较法、伏安法等。

（2）扩大微安表量程

使表针偏转到满刻度所需要的电流 I_g 称为表头的量程。I_g 越小，电表的灵敏度越高。表头内线圈的电阻 R_g 称为表头的内阻，一般很小，欲用表头测量超过其量程的电流，就必须扩大它的量程。扩大量程的办法就是在表头上并联一个适当的分流电阻。

（3）微安表改装成伏特表

微安表所能测量的电压是很低的。为了能够测量较高的电压，可在微安表上串联一个适当的分压电阻。

【实验内容】

① 测量待测微安表头的内阻；

② 自行设计电路图，扩大一只微安表量程再将其改装成伏特表，并进行校准，计算出其准确度等级。

【注意事项】

微安表表头的量程很小，在测量微安表表头内阻时，应加入保护电阻，防止因电流过大烧坏表头。

【思考题】

① 将量程为 $I_g=500\mu A=0.5mA$、内阻 $R_g=100\Omega$ 的表头改成 $I_m=5mA$ 的毫安表需要并联一个多大电阻？

② 校正毫安表时，如果发现改装表的读数相对于标准表的读数偏高，试问要达到标准表的读数，此时改装表的分流电阻应调大还是调小？校正电压表时，如发现改装表读数相对于标准表的读数偏低，试问要达到标准表的读数，此时改装表的分压电阻应调大还是调小？

实验 33 望远镜的改装及放大倍率的测定

望远镜是一种利用凹透镜和凸透镜观测遥远物体的光学仪器，是通过透镜的光线折射或光线被凹镜反射使之进入小孔并会聚成像，再经过一个放大目镜而使人看到远处的物体，并且显得大而近的仪器。望远镜可分为反射式、折射式和折返式三大类，本实验要求了解折射式望远镜的工作原理和放大倍率的测量。

【实验目的】

① 组装 $M=-15$ 的内调焦望远镜，并通过内调焦望远镜的组装，了解望远镜的基本结构和工作原理。

② 掌握光学系统的共轴调节技术，学习望远镜放大倍率的测量方法。

【实验仪器】

光具座、夹具若干、标尺、凸透镜、凹透镜。

【实验原理】

望远镜的基本光学系统是由两个共轴的光学系统——长焦距的物镜 L_1 和短焦距的目镜 L_2 组成。当用于观察无限远的物体时，物镜的第二焦点与目镜的第一焦点重合，即两系统的光学间隔 Δd 为零；当观察有限远的物体时，两系统的光学间隔 Δd 是一个不为零的小量。用望远镜观察有限远的物体时，其物像关系如图 33.1 所示。

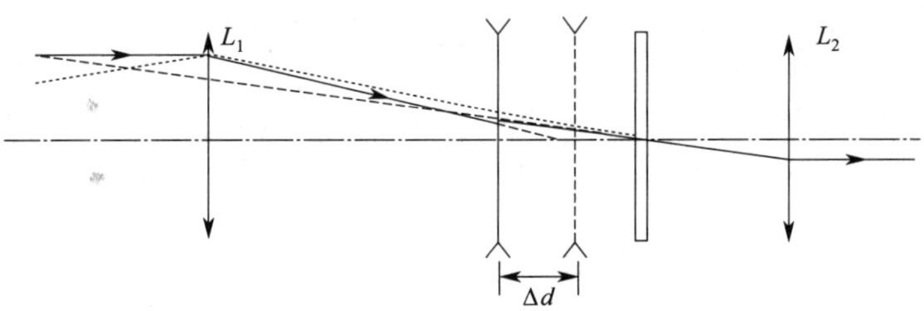

图 33.1 内调焦望远镜物像关系图

用光学零件位置上的变化，实现调焦作用的光学系统称为调焦系统。望远镜的调焦系统分为外调焦系统和内调焦系统。外调焦系统是指以目镜相对于物镜的位置变化实现的调焦作用。而内调焦系统，是指物镜内部有一个负的调焦镜组构成的复合物镜，利用负镜组对远近不同的物体进行调焦，使像始终位于一个固定的位置上，故把这个起内调焦作用的负镜组称为调焦镜。

望远镜的放大倍率（绝对值）等于物镜焦距 f_0 与目镜的焦距 f_e 之比，随物镜和目镜的焦距符号不同，放大率可正可负。如果 M 为正值，则像是正立的，为伽利略望远镜，如果 M 为负值，像是倒立的，为开普勒望远镜。

望远镜放大倍率的测定：将组装好的望远镜对无穷远调焦，在望远镜物镜前放置一直径为 D_1 的圆孔光阑，用扩展光源照亮光阑后，在望远镜后面可找到该光阑的实像，其直径为 $-D_2$，则

$$M=-\frac{f_0}{f_e}=\frac{D_1}{D_2} \tag{33.1}$$

【实验内容】

（1）组装 $M=-15$ 的内调焦望远镜

自行选择测量方法和仪器，要求所选用的方法能使测量结果精度较高，所选用的方法和所选用仪器的测量范围能够满足待测透镜组的需要。

（2）望远镜放大倍率的测定

测定组装望远镜的放大倍率，与设计值比较，分析测量的误差。

附　　录

附录一　中华人民共和国法定计量单位

我国的法定计量单位（以下简称法定单位）包括：

① 国际单位制的基本单位，见附表 1.1；

② 国际单位制的辅助单位，见附表 1.2；

③ 国际单位制中具有专门名称的导出单位，见附表 1.3；

④ 国家选定的非国际单位制单位，见附表 1.4；

⑤ 由以上单位构成的组合形式的单位；

⑥ 由词头和以上单位构成的十进倍数和分数单位（词头见附表 1.5）。

附表 1.1　国际单位制的基本单位

量的名称	单位名称	单位符号
长度	米	m
质量	千克(公斤)	kg
时间	秒	s
电流	安培	A
热力学温度	开尔文	K
物质的量	摩尔	mol
发光强度	坎德拉	cd

附表 1.2　国际单位制的辅助单位

量的名称	单位名称	单位符号
平面角	弧度	rad
立体角	球面度	sr

附表 1.3　国际单位制中具有专门名称的导出单位

量的名称	单位名称	单位符号	其他表示实例
频率	赫兹	Hz	s^{-1}
力;重力	牛顿	N	$kg \cdot m/s^2$
压力,压强;应力	帕斯卡	Pa	N/m^2
能量;功;热量	焦耳	J	$N \cdot m$
功率;辐射通量	瓦特	W	J/s
电荷量	库仑	C	$A \cdot s$
电位;电压;电动势	伏特	V	W/A
电容	法拉	F	C/V
电阻	欧姆	Ω	V/A
电导	西门子	S	A/V
磁通量	韦伯	Wb	$V \cdot s$

续表

量的名称	单位名称	单位符号	其他表示实例
磁通量密度;磁感应强度	特斯拉	T	Wb/m^2
电感	亨利	H	Wb/A
摄氏温度	摄氏度	℃	
光通量	流明	lm	cd・sr
光照度	勒克斯	lx	lm/m^2
放射性活度	贝可勒尔	Bq	s^{-1}
吸收剂量	戈瑞	Gy	J/kg
剂量当量	希沃特	Sv	J/kg

附表 1.4 国家选定的非国际单位制单位

量的名称	单位名称	单位符号	换算关系和说明
时间	分 [小]时 日(天)	min h d	1min=60s 1h=60min=3600s 1d=24h=86400s
平面角	[角]秒 [角]分 度	(″) (′) (°)	1″=(π/648000)rad (π为圆周率) 1′=60″=(π/10800)rad 1°=60′=(π/180)rad
旋转速度	转每分	r/min	$1r/min=(1/60)s^{-1}$
长度	海里	n mile	1n mile=1852m（只用于航程）
速度	节	kn	1kn=1n mile/h=(1852/3600)m/s（只用于航程）
质量	吨 原子质量单位	t u	1t=1000kg $1\ u\approx1.6605655\times10^{-27}kg$
体积	升	L,(l)	$1L=1dm=10^{-3}m^3$
能	电子伏	eV	$1\ eV\approx1.602177\times10^{-19}J$
级差	分贝	dB	
线密度	特[克斯]	tex	1tex=1g/km

附表 1.5 用于构成十进倍数和分数单位的词头

所表示的因数	词头名称	词头符号
10^{18}	艾[可萨]	E
10^{15}	拍[它]	P
10^{12}	太[拉]	T
10^{9}	吉[咖]	G
10^{6}	兆	M
10^{3}	千	k
10^{2}	百	h
10^{1}	十	da
10^{-1}	分	d
10^{-2}	厘	c
10^{-3}	毫	m
10^{-6}	微	μ
10^{-9}	纳[诺]	n
10^{-12}	皮[可]	p
10^{-15}	飞[母托]	f
10^{-18}	阿[托]	a

附录二　基本常数表

物理量	符　号	数　值	单　位	相对不确定度/10^{-6}
真空中光速	c	299 792 458	$m \cdot s^{-1}$	（精确）
真空磁导率	μ_0	$4\pi \times 10^{-7}$	$N \cdot A^{-2}$	（精确）
真空电容率 $1/\mu_0 c^2$	ε_0	8.854187817…	$10^{-12} F \cdot m^{-1}$	（精确）
牛顿引力常数	G	6.67259(85)	$10^{-11} m^3 \cdot kg \cdot s^{-2}$	128
普朗克常数	h	6.6260755(40)	$10^{-34} J \cdot s$	0.60
以 eV 为单位	$h/\{e\}$	4.1356692(12)	$10^{-15} eV \cdot s$	0.30
$h/(2\pi)$	$\hbar$	1.05457255(63)	$10^{-34} J \cdot s$	0.60
以 eV 为单位	$\hbar/\{e\}$	6.5821220(20)	$10^{-16} eV \cdot s$	0.30
基本电荷	e	1.60217733(49)	$10^{-19} C$	0.30
	e/h	2.41798836(72)	$10^{14} A \cdot J^{-1}$	0.30
磁通量子 $h/(2e)$	Φ_0	2.06783461(61)	$10^{-15} Wb$	0.30
约瑟夫森频率－电压比	$2e/h$	4.8359767(14)	$10^{14} Hz \cdot V^{-1}$	0.30
量子化霍尔电导	e^2/h	3.87404614(17)	$10^{-5} S$	0.045
量子化霍尔电阻				
$h/e^2 = \frac{1}{2}\mu_0 c/\alpha$	R_H	25812.8056(12)	Ω	0.045
玻尔磁子 $e\hbar/(2m_e)$	μ_B	9.2740154(31)	$10^{-24} J \cdot T^{-1}$	0.34
以 eV 为单位	$\mu_B/\{e\}$	5.78838263(52)	$10^{-5} eV \cdot T^{-1}$	0.089
核磁子 $e\hbar/(2m_p)$	μ_N	5.0507866(17)	$10^{-27} J \cdot T^{-1}$	0.34
以 eV 为单位	$\mu_N/\{e\}$	3.15245166(28)	$10^{-8} eV \cdot T^{-1}$	0.089
精细结构常数 $\frac{1}{2}\mu_0 c e^2/h$	a	7.29735308(33)	10^{-3}	0.045
精细结构常数的倒数	a^{-1}	137.0359895(61)		0.045
里德伯常数 $\frac{1}{2} m_e c a^2/h$	R_∞	10973731.534(13)	m^{-1}	0.0012
以 Hz 为单位	$R_\infty c$	3.2898419499(39)	$10^{15} Hz$	0.0012
以 J 为单位	$R_\infty hc$	2.1798741(13)	$10^{-18} J$	0.60
以 eV 为单位	$R_\infty hc/\{e\}$	13.6056981(40)	eV	0.30
玻尔半径 $a/4\pi R_\infty$	a_0	0.529177249(24)	$10^{-10} m$	0.045
电子质量	m_e	0.91093897(54)	$10^{-30} kg$	0.59
		5.48579903(13)	$10^{-4} u$	0.023

续表

物理量	符 号	数 值	单 位	相对不确定度/10^{-6}
以eV为单位	$m_ec^2/\{e\}$	0.51099906(15)	MeV	0.30
电子荷质比	$-e/m_e$	−1.75881962(53)	$10^{10}C\cdot kg^{-1}$	0.30
电子磁矩	μ_e	9.2847701(31)	$10^{-24}J\cdot T^{-1}$	0.34
以玻尔磁子为单位	μ_e/μ_B	1.001159652193(10)		1×10^{-5}
以核磁子为单位	μ_e/μ_N	1838.282000(37)		0.020
电子磁矩异常 μ_e/μ_0^{-1}	a_e	1.159652193(10)	10^{-3}	0.008 6
电子 g 因子 $2(1+a_e)$	g_e	2.002319304386(20)		1×10^{-5}
质子质量	m_P	1.6726231(10)	$10^{-27}kg$	0.59
		1.007276470(12)	u	0.012
以eV为单位	$m_Pc^2/\{e\}$	938.27231(28)	MeV	0.30
质子—电子质量比	m_P/m_e	1836.1521701(37)		0.20
质子荷质比	e/m_P	95788309(29)	$C\cdot kg^{-1}$	0.30
质子磁矩	μ_P	1.41060761(47)	$10^{-26}J\cdot T^{-1}$	0.34
以玻尔磁子为单位	μ_P/μ_B	1.521032202(15)	10^{-3}	0.010
以核磁子为单位	μ_P/μ_N	2.792847386(63)		0.023
质子旋磁比	γ_P	26752.2128(81)	$10^4s^{-1}\cdot T^{-1}$	0.30
	$\gamma_P/(2\pi)$	42.577469(13)	$MHz\cdot T^{-1}$	0.30
中子质量	m_n	1.6749286(10)	$10^{-27}kg$	0.59
		1.008664904(14)	u	0.014
以eV为单位	$m_nc^2/\{e\}$	939.56563(28)	MeV	0.30
中子—电子质量比	m_n/m_e	1838.683662(40)		0.022
中子—质子质量比	m_n/m_P	1.001378404(9)		0.009
中子磁矩(标量大小)	μ_n	0.96623707(40)	$10^{-26}J\cdot T^{-1}$	0.41
以玻尔磁子为单位	μ_n/μ_B	1.04187563(25)	10^{-3}	0.24
以核磁子为单位	μ_n/μ_N	1.91304275(45)		0.24
阿伏伽德罗常数	N_A,L	6.0221367(36)	$10^{23}mol^{-1}$	0.59
法拉第常数	F	96485.309(29)	$C\cdot mol^{-1}$	0.30
玻尔兹曼常数	R	8.314510(70)	$J\cdot mol^{-1}\cdot K^{-1}$	8.4
R/N_A	k	1.380658(12)	$10^{-23}J\cdot K^{-1}$	8.5
以eV为单位	$k/\{e\}$	8.617358(73)	$10^{-5}eV\cdot K^{-1}$	8.4
斯忒藩—玻尔兹曼常数				
$(\pi^2/60)k^4/(\hbar^4c^3)$	σ	5.67051(19)	$10^{-8}W\cdot m^{-2}\cdot K^{-4}$	34

附录三　常用物理量数据表

附表 3.1　在 20℃ 时某些金属的弹性模量（杨氏模量）

金　属	杨氏模量(Pa 或 $N\cdot m^{-2}$)	金　属	杨氏模量(Pa 或 $N\cdot m^{-2}$)
铝	$7.000\sim7.100\times10^{10}$	锌	8.000×10^{10}
钨	4.15×10^{11}	镍	2.050×10^{11}
铁	$1.900\sim2.100\times10^{11}$	铬	$2.400\sim2.500\times10^{11}$
钢	$1.050\sim1.300\times10^{11}$	合金钢	$2.100\sim2.100\times10^{11}$
金	7.9×10^{10}	碳钢	$2.000\sim2.100\times10^{11}$
银	$7.000\sim8.200\times10^{10}$	康铜	1.630×10^{11}

附表 3.2　液体的黏滞系数

液体	温度/℃	$\eta/(\times10^{-6}Pa)$	液体	温度/℃	$\eta/(\times10^{-6}Pa)$
汽油	0	1788	甘油	−20	134×10^{6}
	18	530		0	121×10^{6}
乙醇	−20	2780		20	1499×10^{6}
	0	1780		100	12945
	20	1190	蜂蜜	20	650×10^{4}
甲醇	0	817		80	100×10^{3}
	20	584	鱼肝油	20	45600
乙醚	0	296		80	4600
	20	243	水银	−20	1855
变压器油	20	19800		0	1685
蓖麻油	10	242×10^{4}		20	1554
葵花籽油	20	50000		100	1224

附表 3.3　固体的线胀系数

物质	温度或温度范围/℃	$\alpha/(\times10^{-6}℃^{-1})$	物质	温度或温度范围/℃	$\alpha/(\times10^{-6}℃^{-1})$
铝	0～100	23.8	锌	0～100	32
铜	0～100	17.1	铂	0～100	9.1
铁	0～100	12.2	钨	0～100	4.5
金	0～100	14.3	石英玻璃	20～200	0.5
银	0～100	19.6	窗玻璃	20～200	9.5
钢(0.05%碳)	0～100	12.0	花岗石	20	6～9
康铜	0～100	15.2	瓷器	20～700	3.4～4.1
铅	0～100	29.2			

附表 3.4　某些元素及无机化合物的密度

物质	密度/(g/cm^3)	物质	密度/(g/cm^3)	物质	密度/(g/cm^3)	物质	密度/(g/cm^3)
铝	2.702	铬	7.20	铟	7.30	镍	8.90
锑	6.684	三氧化铬	5.21	碘	4.93	白金	21.45
砷	5.727	钴	8.9	铁	7.86	钾	0.86
硼	2.34	铜	8.92	铅	11.34	氯化钾	1.984
镉	8.642	氧化亚铜	6.0	镁	1.74	银	10.5
钙	1.54	氧化铜	6.3～6.49	锰	7.20	硅	2.32～2.34
金刚石	3.51	硫酸铜	3.605	汞	13.59	钠	0.97
石墨	2.25	锗	5.35	氧化汞	9.8	锌	7.14
炭	1.8～2.1	金	18.88	钼	10.2	钨	19.35

附表 3.5 水在不同温度下的密度

温度/℃	密度/(g/cm³)	温度/℃	密度/(g/cm³)	温度/℃	密度/(g/cm³)
0	0.99987	30	0.99567	65	0.98059
3.98	1.00000	35	0.99406	70	0.97781
5	0.99999	38	0.99299	75	0.97489
10	0.99973	40	0.99224	80	0.97183
15	0.99913	45	0.99025	85	0.96865
18	0.99862	50	0.98807	90	0.96534
20	0.99823	55	0.98573	95	0.96192
25	0.99707	60	0.98324	100	0.95838

附表 3.6 液体的密度（常温常压）

物质	密度/(g/cm³)	物质	密度/(g/cm³)	物质	密度/(g/cm³)
汽油	0.70	甲醇	0.80	橄榄油	0.92
乙醚	0.71	煤油	0.81	鱼肝油	0.94
石油	0.75～1.00	柴油	0.85	蓖麻油	0.97
丙酮	0.79	甲苯	0.87	纯水(4℃)	1.00
乙醇	0.79	植物油	0.90～0.93	醋酸	1.05
氨水(含氨35%)	0.88	海水	1.03	水银(汞)	13.6

附表 3.7 声音在某些固体中的传播速度

物质	纵波速度/(m/s)(无限媒质中)	横波速度/(m/s)(无限媒质中)	棒内纵波速度/(m/s)
铝	6420	3040	5000
铍	12890	8880	12870
黄铜	4700	2110	3480
铜	5010	2270	3750
硬铝	6320	3130	5150
金	3240	1200	2030
电解铁	5950	3240	5120
铅	1960	690	1210
镁	5770	3050	4940
镍	6040	3000	4900
铂	3260	1730	2800
银	3650	1610	2680
不锈钢	5790	3100	5000
锡	3320	1670	2730
钨	5410	2640	4320
锌铅	4210	2440	3850
熔解石英	5968	3764	5760
硼硅酸玻璃	5640	3280	5710
丙烯树脂	2680	1100	1840
尼龙	2620	1070	1800
聚乙烯	1950	540	920
聚苯乙烯	2350	1120	2240

附表 3.8 固体的比热

物质	温度/℃	比热	
		kcal/(kg·K)	kJ/(kg·K)
铝	20	0.214	0.895
黄铜	20	0.0917	0.380
铜	20	0.092	0.385
铂	20	0.032	0.134
生铁	0～100	0.13	0.54
铁	20	0.115	0.481
铅	20	0.0306	0.130
镍	20	0.115	0.481
银	20	0.056	0.234
钢	20	0.107	0.447
锌	20	0.093	0.389
玻璃	−40～0	0.14～0.22	0.585～0.920
冰	−40～0	0.43	1.979

附表 3.9 液体的比热

物质	温度/℃	比热/kJ/(kg·K)
乙醇	0	2.30
	20	2.47
甲醇	0	2.43
	20	2.47
乙醚	20	2.34
水	0	4.220
	20	4.182
氟利昂-12	20	0.84
变压器油	0～100	1.88
汽油	10	1.42
	50	2.09
水银	0	1.465
	20	1.390
甘油	18	2.43

附表 3.10 物质的熔点（1atm）

物质	熔点/℃	物质	熔点/℃	物质	熔点/℃
氦	−272.2	冰	0	青铜	900
氢	−259	苯	5.48	锗	958
臭氧	−251.4	铯	28	镭	960
氖	−248.6	铷	38.5	银	962
氧	−218.8	磷	44.2	黄铜	1000
氟	−218	石蜡	54	金	1064
氮	−210	钾	63	铜	1084
一氧化碳	−200	萘	80	铀	1150
氩	−189.4	钠	97.7	白铸铁	1200
一氧化氮	−163.6	硫	112.8	锰	1250
氪	−157	碘	113	铍	1285
乙醚	−117	橡胶	125	钢	1300～1400
酒精	−114	铟	156.6	硅	1420
氯化氢	−112	锂	186	镍	1455
二硫化碳	−112	硒	220	钴	1494
氙	−111.5	钙	850		

附表 3.11 物质的导热系数

物质	温度/℃	导热系数/(W/m·K)	物质	温度/℃	导热系数/(W/m·K)
二氧化碳	0	0.0142	玻璃	20	0.838
氩	0	0.0163	混凝土	20	0.838
一氧化碳	0	0.0210	瓷	20	1.04
空气	0	0.0239	耐火砖	20	1.05
氮	0	0.0243	熔凝石英	0	1.38
氧	0	0.0247	冰	0	2.31
氖	0	0.0461	岩盐	20	3.69
氦	0	0.143	石英晶体（垂直于晶轴）	0	7.25
氢	0	0.170			
二硫化碳	0	0.142	石英晶体（平行于晶轴）	0	13.6
乙醚	15	0.135			
甲苯	0	0.146	康铜(40%镍)	18	22.6
煤油	13	0.149	铅	0	35.2
乙醇	12	0.177	钢(1.5%碳)	18	50.3
甲醇	12	0.207	软铁(0.5%碳)	18	54.5
醋酸	12	0.197	镍	18	58.7
硫酸(60%)	32	0.440	青铜(9%锌、6%锡)	18	58.7
盐酸(25%)	32	0.0482	锡	18	65.8
水	20	0.0599	铂	0	70.0
汞	0	10.4	黄铜(30%锌)	18	108.9
石棉	0	0.0419	镁	0	157.5
毡	0	0.0419	钨	17	196.9
软木	30	0.0503	铝	20	201.1
木材	30	0.126～0.419	金	18	295.4
绝缘砖	30	0.147	铜	0	385.5
云母	50	0.503	银	18	421.5
红砖	50	0.629			

附表 3.12 一些气体的折射率

物质名称	折射率(n_D)
空气	1.0002926
氢气	1.000132
氮气	1.000296
水蒸气	1.000254
二氧化碳	1.000488
甲烷	1.000444

附表 3.13 一些液体的折射率

物质名称	温度/℃	折射率(n_D)
水	20	1.3330
乙醇	20	1.3614
甲醇	20	1.3288
乙醚	22	1.3510
丙酮	20	1.3591
二硫化碳	18	1.6255
三氯甲烷	20	1.446
甘油	20	1.474
加拿大树胶	20	1.530
苯	20	1.5011
α-溴代萘	20	1.6582

附表 3.14 一些晶体和光学玻璃的折射率

物质	n_D	物质	n_D
熔凝石英	1.45843	重冕玻璃 ZK8	1.61400
氯化钠	1.54427	火石玻璃 F8	1.60551
氯化钾	1.49044	重火石玻璃 2F1	1.64750
萤石(CaF_2)	1.43381	重火石玻璃 ZF6	1.75500
冕玻璃 K6	1.51110	钡火石玻璃 BaF8	1.62590
冕玻璃 K9	1.51630	重钡火石玻璃 ZBaF3	1.65680

附表 3.15 一些单轴晶体的 n_o 和 n_e

物质	n_o	n_e
方解石	1.6584	1.4864
晶态石英	1.5442	1.5533
电　石	1.669	1.638
硝硫酸	1.5874	1.3361
锆　石	1.923	1.968

附表 3.16 一些双轴晶体的折射率

物质	n_α	n_β	n_γ
云　母	1.5601	1.5936	1.5977
蔗　糖	1.5397	1.5667	1.5716
酒石酸	1.4953	1.5353	1.6046
硝酸钾	1.3346	1.5056	1.5061

附表 3.17 汞灯光谱线波长表

颜　色	波长/nm	相对强度	颜　色	波长/nm	相对强度
紫外部分	237.83	弱	紫	404.66	强
	239.95	弱	紫	407.78	强
	248.20	弱	紫	410.81	弱
	253.65	很强	蓝	433.92	弱
	265.30	弱	蓝	434.75	弱
	269.90	弱	蓝	435.83	很强
	275.28	弱	青	491.61	弱
	275.97	弱	青	496.03	弱
	280.40	弱	绿	535.41	弱
	289.36	弱	绿	536.51	弱
	292.54	弱	绿	546.07	很强
	296.73	强	黄绿	567.59	弱
	302.25	强	黄	576.96	强
	312.57	强	黄	579.07	强
	313.16	强	黄	585.93	弱
	334.15	强	黄	588.89	弱
	365.01	很强	橙	607.27	弱
	366.29	强	橙	612.34	弱
	307.42	弱	橙	623.45	强
	390.44	弱	红	671.64	弱
			红	690.75	弱
			红	708.19	弱

续表

颜　色	波长/nm	相对强度	颜　色	波长/nm	相对强度
红外部分	773	弱	红外部分	1530	强
	925	弱		1692	强
	1014	强		1707	强
	1129	强		1813	弱
	1357	强		1970	弱
	1367	强		2250	弱
	1396	弱		2325	弱

附表 3.18　钠灯光谱线波长表

颜　色	波长/nm	相对强度
黄	588.99	强
	589.59	强

附表 3.19　氢灯光谱线波长表

颜　色	波长/nm	相对强度	颜　色	波长/nm	相对强度
紫	410.17	弱	红	656.29 （以上属巴尔末线系）	强
蓝	434.05	弱			
青	486.13	弱			

附表 3.20　氦灯光谱线波长表

颜　色	波长/nm	相对强度	颜　色	波长/nm	相对强度
紫	388.86	强	青	471.31	弱
紫	396.47	弱	绿	492.19	弱
紫	402.62	弱	绿	501.57	强
紫	412.08	弱	绿	504.77	弱
紫	414.38	弱	黄	587.56	很强
蓝	438.79	弱	红	667.81	强
蓝	447.15	强	红	706.52	强

附表 3.21　氖灯光谱线波长表

颜　色	波长/nm	相对强度	颜　色	波长/nm	相对强度
蓝	453.78	弱	橙	618.21	强
蓝	456.91	强	橙	621.73	较强
青	478.89	弱	橙	626.65	较强
青	479.02	弱	红	630.48	很弱
绿	533.08	弱	红	633.44	较强
绿	534.11	弱	红	638.30	强
绿	540.06	弱	红	640.22	强
黄	585.24	弱	红	650.65	强
黄	588.19	弱	红	659.81	强
黄	594.48	较弱	红	667.83	弱
黄	596.54	较弱	红	692.95	较弱
橙	614.31	较弱	红	703.24	较弱
橙	616.36	较弱	红	717.39	较弱

附表 3.22　几种常用激光器的主要谱线波长

氦氖激光器/nm	632.8									
氦镉激光器/nm	441.6	325.0								
氩离子激光器/nm	528.7	514.5	501.7	496.5	488.0	472.7	465.8	457.9	454.5	437.1
红宝石激光器/nm	694.3	693.4	510.0	360.0						
Nd 玻璃激光器/μm	1.35	1.34	1.32	1.06	0.91					
CO_2 激光/μm	10.6									

附表 3.23　光波的波长范围和频率范围

光谱区域	波长范围(真空中)	频率范围/Hz
远红外	100～10μm	$3\times10^{12}\sim3\times10^{13}$
中红外	10～2μm	$3\times10^{13}\sim1.5\times10^{14}$
近红外	2～760nm	$1.5\times10^{14}\sim3.9\times10^{14}$
红光	760～622nm	$3.9\times10^{14}\sim4.7\times10^{14}$
橙光	622～597nm	$4.7\times10^{14}\sim5.0\times10^{14}$
黄光	597～577nm	$5.0\times10^{14}\sim5.5\times10^{14}$
绿光	577～492nm	$5.5\times10^{14}\sim6.3\times10^{14}$
青光	492～450nm	$6.3\times10^{14}\sim6.7\times10^{14}$
蓝光	450～435nm	$6.7\times10^{14}\sim6.9\times10^{14}$
紫光	435～390nm	$6.9\times10^{14}\sim7.7\times10^{14}$
紫外	390～5nm	$7.7\times10^{14}\sim6.0\times10^{16}$

附表 3.24　电介质的绝缘强度

物质	绝缘强度/(V/mm)	物质	绝缘强度/(V/mm)
干木材	800	硝酸纤维素塑料	14000～23000
沥青	1000～2000	樟脑	16000
空气	3000	树脂	16000～23000
棉、丝	3000～5000	石蜡	16000～30000
大理石	4000～6500	硬橡胶	20000～38000
玄武岩	4000～7000	石英玻璃	20000～40000
瓷器	4000～25000	聚苯乙烯	25000
玻璃	5000～13000	油漆(湿)	25000
纸	5000～14000	矿物油	25000～57000
钛酸钡	5000～30000	绝缘清漆(凡立水)	27000～40000
熔凝石英	8000	蜡纸	30000～40000
橡胶	10000～20000	聚乙烯	50000
电木	10000～30000	聚四氟乙烯	60000
蜂蜡	10000～30000	琥珀	90000
硼硅酸玻璃	10000～50000	油漆(干)	100000
绝缘布	10000～50000	云母	160000
中国桐油	12000	真空	∞

附表 3.25 导体的电阻率

金属	电阻率/(×10^{-6}Ω·m)		金属	电阻率/(×10^{-6}Ω·m)	
	0℃	18℃		0℃	18℃
银	0.0147	0.0158	铂	0.098	0.105
铜	0.0156	0.0168	钯	0.102	0.1075
金	0.0206	0.0221	锡	0.110	0.113
铝	0.0242	0.0272	铷	0.116	0.126
铬	0.026		钌	0.116	0.145
镁	0.032	0.043	钽	0.0138	0.147
钙	0.040	0.045	铊	0.159	0.175
钠	0.043	0.046	铯	0.182	0.208
钼	0.0438	0.0472	铅	0.195	0.207
铑	0.0465	0.050	铪	0.296	0.320
铱	0.0485	0.053	锶	0.303	0.324
钨	0.0489	0.0532	砷	0.352	0.376
锌	0.055	0.0595	锑	0.363	0.398
铍	0.055	0.063	镓	0.408	0.439
钾	0.061	0.069	锆	0.410	0.450
钴	0.062	0.068	钡	0.575	
镍	0.066	0.075	镧	0.576	0.598
镉	0.067	0.075	镨	0.635	0.668
铟	0.0835	0.091	铈	0.726	0.740
锂	0.085	0.091	钛	0.820	0.890
锇	0.089	0.0945	汞	0.937	0.954
铁	0.086	0.099	铋	1.090	1.180
合金及碳的电阻率	黄铜(铜 66%+锌 34%)				0.065
	锰铜(铜 84%+锰 12%+镍 4%)				0.048
	康铜(铜 54%+镍 46%)				0.50
	镍铬合金(镍 60%+铬 15%+铁 25%)				1.10
	铁铬铝合金(铁 60%+铬 30%+铝 5%)				1.40
	铝镍铁合金				1.60
	碳				35
	弧光灯中的碳棒(0℃时)				40～60

注：四种常用金属在 20℃时的电阻率是：银 0.016、铜 0.017、铝 0.027、铁 0.096（单位：10^{-6}Ω·m）。

附表 3.26 绝缘体的电阻率（常温下）

物质	电阻率/(Ω·m)	物质	电阻率/(Ω·m)
石棉	1×10^{6}	垂直于晶轴	1×10^{14}
象牙	2×10^{6}	丙烯树脂	10^{12}～10^{15}
聚氯乙烯	2.5×10^{6}	天然橡胶	10^{12}～10^{15}
大理石	10^{7}～10^{9}	金刚石	5×10^{12}
绝缘纸	10^{7}～10^{10}	硫酸铜	6.7×10^{13}
硝酸纤维素塑料	10^{8}～10^{10}	火漆	8×10^{13}
玻璃纤维	10^{8}～10^{11}	沥青	10^{13}～10^{15}
干燥木材	10^{8}～10^{12}	硬橡胶	10^{13}～10^{16}
凡士林	10^{9}～10^{13}	绝缘用矿物油	10^{13}～10^{17}
聚酯树脂	10^{10}～10^{13}	石蜡	10^{14}～10^{17}
氯乙烯	10^{10}～10^{14}	琥珀	5×10^{14}
玻璃	10^{10}～10^{14}	松香	5×10^{14}
氯化橡胶	10^{11}～10^{13}	硫	10^{14}～10^{15}
蜂蜡	10^{11}～10^{13}	环氧树脂	10^{14}～10^{15}
人造蜡(氯苯)	10^{11}～10^{14}	聚四氟乙烯	10^{14}～10^{17}
云母	10^{12}～10^{13}	聚苯乙烯	10^{15}～10^{17}
硬质陶瓷	10^{11}～10^{15}	聚乙烯	$>1\times10^{16}$
绝缘漆	10^{12}～10^{13}	熔凝石英	75×10^{16}
二氧化硅(平行晶轴)	1×10^{12}		

参 考 文 献

[1] 赵维义．大学物理实验教程．北京：清华大学出版社，2007.

[2] 胡盘新．大学物理手册.2版．上海：上海交通大学出版社，2007.

[3] 鄢仁文．大学物理实验．上海：同济大学出版社，2012.

[4] 朱鹤年．物理实验研究．北京：清华大学出版社，1994.

[5] 龙作友．大学物理实验．武汉：武汉理工大学出版社，2006.

[6] 胡三珍．光学．武汉：华中师范大学出版社，2009.

[7] 赵凯华．电磁学．北京：高等教育出版社，2011.

[8] 杨清雷，王泽华，朱国全，等．新编大学物理实验．北京：化学工业出版社，2020.